程式設計與生活 – 使用C語言

（第五版）（附範例光碟）

邏輯林　編著

全華圖書股份有限公司　印行

前言

　　一般來說，以人工方式處理日常生活事務，只要遵循程序就能達成目標。但以下類型案例告訴我們，以人工方式來處理，不但效率低浪費時間，且不一定可以在既定時間內完成。

1. 不斷重複的問題。例：早期人們要提存款，都必須請銀行櫃檯人員辦理。人多時，等候的時間就拉長。現在有了可供存提款的自動櫃員機 (ATM) 之後，存提款變成一件輕輕鬆鬆的事了。
2. 大量計算的問題。例：設 $f(x) = x^{100} + x^{99} + \cdots + x + 1$，求 $f(13)$。若用手算，則無法在短時間內完成。現在有了計算機工具，很快就能得知結果。
3. 大海撈針的問題。例：從 500 萬輛車子中，搜尋一部車牌為 888-8888 的汽車。若用肉眼的方式去搜尋，則曠日廢時。現在有了車輛辨識系統，很快就能發現要搜尋的車輛。

　　一個好的工具，可以使問題處理更加方便及快速。以上案例都可利用電腦程式設計求解出來，由此可見程式設計與生活的關聯性。程式設計是一種利用電腦程式語言解決問題的工具，只要將所要處理的問題，依據程式語言之語法描述出問題的流程，電腦便會根據我們所設定之程序，完成所要的目標。

　　多數的程式設計初學者，因學習成效不彰，對程式設計課程興趣缺缺，進而產生排斥。導致學習效果不佳的主要原因，有下列三點：

1. 上機練習時間不夠，又加上不熟悉電腦程式語言的語法撰寫，導致花費太多時間在偵錯上，進而對學習程式設計缺乏信心。
2. 對問題的處理作業流程（或規則）不了解，或畫不出問題的流程圖。
3. 不知如何將程式設計應用在日常生活所遇到的問題上。

　　因此，初學者在學習程式設計時，除了要不斷上機練習，熟悉電腦程式語言的語法外，還必須了解問題的處理作業流程，才能使學習達到事半功倍的效果。

　　本書所撰寫之文件，若有謬錯或疏漏之處，尚祈先進及讀者們指正。謝謝！

2018/11/1 丑時

邏輯林 於　清 交 小 徑 交 清

學習資源

○ **編譯器（complier）：**

本書所用的編譯器是免費的 Dev-C++ 5.0 整合開發環境軟體，其下載位置為：http://orwelldevcpp.blogspot.tw。書上所有的範例程式碼，在 Dev-C++ 5.0 的整合開發環境中均執行無誤。

○ **程式設計相關網站：**

在學習程式設計過程中，若遭遇困難時，可以搜尋以下網站，尋找相關的資源。

https://ocw.nthu.edu.tw/ocw/index.php?page=mediaContent&id=1078

（計算機程式設計——清華大學 資工系 陳煥宗 教授）

目錄

Chapter 01 電腦程式語言介紹

1-1　何謂程式設計 1-3

1-2　C 語言簡介 1-4

　　1-2-1　C 語言程式之架構 1-4

　　1-2-2　撰寫程式的良好習慣 1-6

　　1-2-3　撰寫程式時常疏忽的問題 1-6

1-3　Dev-C++ 5 軟體簡介 1-7

　　1-3-1　Dev-C++ 5 軟體下載及安裝說明 1-7

　　1-3-2　Dev-C++ 5 軟體操作環境設定說明 1-11

1-4　利用 Dev-C++ 5 軟體來撰寫原始程式 (.c) 1-13

　　1-4-1　建立單一程式架構的步驟 1-14

　　1-4-2　建立專案程式架構的步驟 1-16

1-5　如何提升讀者對程式設計的興趣 1-20

1-6　自我練習 1-21

Chapter 02 C語言的基本資料型態

2-1　基本資料型態 2-2

　　2-1-1　整數 2-2

　　2-1-2　浮點數 2-3

　　2-1-3　字元 2-4

2-2　常數與變數宣告 2-6

2-3　資料運算處理 2-9

　　2-3-1　指定運算子（=）... 2-10

　　2-3-2　算術運算子 2-10

　　2-3-3　遞增運算子 (++) 及遞減運算子 (--) 2-10

　　2-3-4　比較 (或關係) 運算子 2-13

2-3-5　邏輯運算子 2-13

2-3-6　位元運算子 2-15

2-4　運算子的優先順序 2-18

2-5　資料型態轉換 2-19

2-6　自我練習 2-20

Chapter 03　基本輸出函式及輸入函式

3-1　資料輸出 3-3

3-1-1　標準廣泛輸出函式 printf( ) 3-4

3-1-2　標準字元輸出函式 putchar( ) 3-8

3-1-3　標準字串輸出函式 puts( ) 3-9

3-2　資料輸入 3-9

3-2-1　標準廣泛輸入函式 scanf( ) 3-11

3-2-2　標準字元輸入函式 getchar( ) 3-19

3-2-3　非標準字元輸入函式 getche( ) 3-20

3-2-4　非標準字元輸入函式 getch( ) 3-20

3-2-5　非標準字元輸入函式 kbhit( ) 3-21

3-2-6　標準字串輸入函式 gets( ) 3-22

3-3　發現問題 3-23

3-4　自我練習 3-25

Chapter 04　程式之設計模式──選擇結構

4-1　程式運作模式 4-2

4-2　選擇結構 4-3

4-2-1　if 選擇結構（單一狀況、單一決策） 4-3

4-2-2　if…else…選擇結構（兩種狀況、正反決策） 4-7

4-2-3　if … else if … else 選擇結構（多種狀況、多方決策） 4-8

4-2-4　switch 選擇結構（多種狀況、多方決策） 4-11

4-3　巢狀選擇結構 4-16

4-4　進階範例 4-18

4-5　自我練習 4-22

Chapter 05　程式之設計模式──迴圈結構

5-1　程式運作模式 5-2

5-2　迴圈結構 5-3

　　5-2-1　前測式迴圈結構 5-4

　　5-2-2　後測式迴圈結構 5-14

　　5-2-3　巢狀迴圈 5-16

5-3　「break;」與「continue;」敘述 5-20

　　5-3-1　「break;」敘述的功能與使用方式 5-20

　　5-3-2　「continue;」敘述的功能與使用方式 5-23

5-4　發現問題 5-24

5-5　進階範例 5-26

5-6　自我練習 5-34

Chapter 06　庫存函式

6-1　常用庫存函式 6-3

6-2　數學運算函式 6-3

6-3　字元轉換及字元分類函式 6-13

6-4　時間與日期函式 6-28

6-5　聲音函式 6-37

6-6　停滯函式 6-41

6-7　自我練習 6-42

Chapter 07　陣列

7-1　陣列宣告 7-3

　　7-1-1　一維陣列宣告 7-3

　　7-1-2　一維陣列初始化 7-4

　　7-1-3　字串 7-8

7-2　排序法與搜尋 7-9

　　7-2-1　氣泡排序法 (Bubble Sort) 7-10

　　7-2-2　資料搜尋 7-13

7-3　C 語言常用之字串庫存函式 7-16

7-4　C 語言常用之字串與數字轉換庫存函式 7-45

7-5 二維陣列宣告 7-50

    7-5-1 二維陣列初始化 7-51

    7-5-2 字串陣列 7-54

7-6 三維陣列宣告 7-56

    7-6-1 三維陣列初始化 7-57

7-7 隨機亂數庫存函式 7-60

7-8 進階範例 7-63

7-9 自我練習 7-92

Chapter 08 指標

8-1 一重指標變數 8-2

    8-1-1 一重指標和一維陣列 8-7

    8-1-2 一重指標和二維陣列 8-8

    8-1-3 一重指標和三維陣列 8-10

8-2 多重指標變數 8-11

    8-2-1 二重指標變數 8-11

    8-2-2 三重指標變數 8-16

    8-2-3 指標與字串 8-22

8-3 指標的初值設定 8-23

8-4 進階範例 8-25

8-5 自我練習 8-31

Chapter 09 前置處理程式

9-1 #include 前置處理指令 9-2

9-2 #define 前置處理指令 9-3

    9-2-1 巨集指令 9-4

    9-2-2 巨集指令與函式的差別 9-7

    9-2-3 參數型巨集指令 9-8

9-3 使用自訂標頭檔 9-9

9-4 自我練習 9-11

Chapter 10 使用者自訂函式

10-1　使用者自訂函式...10-2

　　10-1-1　定義使用者自訂函式......................................10-2

　　10-1-2　宣告函式...10-4

　　10-1-3　呼叫函式...10-4

10-2　函式的參數傳遞方式...10-10

　　10-2-1　傳址呼叫的函式定義....................................10-10

　　10-2-2　傳址呼叫的函式宣告....................................10-12

　　10-2-3　傳址呼叫的函式之呼叫方式..........................10-12

　　10-2-4　傳遞陣列...10-14

10-3　遞迴..10-24

10-4　進階範例..10-29

10-5　自我練習..10-61

Chapter 11 變數類型

11-1　內部變數與外部變數...11-2

11-2　動態變數、靜態變數及暫存器變數.......................................11-6

11-3　自我練習..11-11

Chapter 12 使用者自訂資料型態

12-1　結構資料型態...12-2

　　12-1-1　定義結構...12-2

　　12-1-2　宣告結構變數..12-5

　　12-1-3　使用結構變數..12-5

　　12-1-4　巢狀結構...12-8

12-2　結構資料排序...12-10

12-3　結構與函數..12-13

12-4　列舉資料型態...12-17

　　12-4-1　定義列舉...12-17

　　12-4-2　宣告列舉變數..12-19

　　12-4-3　使用列舉變數..12-19

12-5　共用資料型態...12-21

　　　　12-5-1 定義共用 12-22

　　　　12-5-2　宣告共用變數 12-23

　　　　12-5-3　使用共用變數 12-23

　　12-6　進階範例 12-26

　　12-7　自我練習 12-30

Chapter 13　動態配置記憶體

　　13-1　記憶體配置函式 malloc( ) 13-2

　　　　13-1-1　動態配置一維陣列 13-3

　　　　13-1-2　動態配置二維陣列 13-5

　　　　13-1-3　動態配置三維陣列 13-11

　　13-2　動態配置結構陣列 13-18

　　13-3　自我練習 13-21

Chapter 14　檔案處理

　　14-1　檔案類型 14-2

　　14-2　檔案存取 14-3

　　　　14-2-1　開檔函式 fopen( ) 14-4

　　　　14-2-2　關檔函式 fclose( ) 14-6

　　　　14-2-3　檔案 I/O（輸入 / 輸出）函式 14-8

　　14-3　隨機存取結構資料 14-29

　　14-4　二進位 BMP 圖形檔處理 14-36

　　14-5　顯示檔案處理出現錯誤的原因 14-51

　　14-6　進階範例 14-53

　　14-7　自我練習 14-66

01

電腦程式語言介紹

教學目標

1-1　何謂程式設計

1-2　C語言簡介

1-3　Dev-C++ 5軟體簡介

1-4　利用Dev-C++ 5軟體來撰寫原始程式(.c)

1-5　如何提升讀者對程式設計的興趣

1-6　自我練習

當人類在日常生活中遇到問題時，常會開發一些工具來解決它。例如：發明筆來寫字、發明腳踏車來替代雙腳行走等等。而電腦程式語言也是解決問題的一種工具，過去傳統的人工作業方式，有些都已改由電腦程式來執行。例如；過去車子都是手排車，要換檔時，必須由駕駛手動控制；現在自排的車子要換檔時，是經由電腦程式根據當時的時速狀況來控制變速箱，判斷是否要換檔。又例如：過去大學選課作業是靠行政人員處理，現在則是透過電腦程式來撮合。因此，電腦程式在日常生活中已是不可或缺的一種工具。

人類必須借助相互了解的語言才能進行溝通；同樣地，當人類要與電腦溝通時，也必須使用彼此間都能了解的語言，像這樣的語言被稱為電腦程式語言（Computer Programming Language）。電腦程式語言分成兩大類：其中一類為編譯式的程式語言，執行效率高；另一類為直譯式的程式語言，執行效率差。編譯式的程式語言（如 COBOL、C、C++ 等），是指利用其語法寫出的程式（被稱為原始程式），必須經過編譯器（Compiler）編譯成機器碼（Machine Code），再由電腦中央處理器（CPU：Central Processing Unit）直接解讀程序，若編譯無誤，才可以執行，且下次無須重新編譯；否則必須修改程式且重新編譯。而直譯式的程式語言（如 BASIC、HTML 等），是指原始程式必須經過直譯器（Interpreter）將指令一邊翻譯成機器碼一邊執行，直到產生錯誤或執行結束才停止，下次執行時，仍要重新經過直譯器翻譯成機器碼並執行。

編譯式的程式語言，從原始程式變成可執行檔的過程分成編譯（Compile）及連結（Link）兩部分，分別由編譯程式（Compiler）及連結程式（Linker）負責。編譯程式負責檢查程式的語法是否正確，以及程式中所使用的函式是否有定義。當原始程式編譯正確後，接著才由連結程式連結程式中之函式所在的位址，若連結正確，進而產生原始程式之可執行檔。

程式從撰寫階段到執行階段會遇到的問題有三類：編譯錯誤 (compile error)，連結錯誤 (link error) 及執行錯誤 (run-time error)。編譯錯誤及連結錯誤是指程式撰寫違反程式語言之語法規則，這兩類錯誤被稱為「語法錯誤」。例如，在 C 語言中，大多數的指令是以「;」（分號）作為該指令之結束符號，若違反此規則，就無法通過編譯。執行錯誤是指程式在執行階段發生邏輯上的錯誤或產生的結果不符合設計者的要求，這類錯誤被稱為「語意錯誤」。例如，a=b/c;，在語法上是正確的，但執行時，若 c 的值為 0，則會發生除零錯誤 (divided by zero)，使程式異常中止。

1-1　何謂程式設計

利用任何一種電腦程式語言所撰寫的指令集，被稱為電腦程式。而撰寫程式的整個過程，被稱為程式設計。程式設計的步驟如下：

1. 了解問題的背景知識。
2. 構思解決問題的程序，並繪出流程圖。
3. 選擇一種電腦程式語言，依據步驟 2 的流程圖撰寫指令集。
4. 編譯程式並執行，若編譯正確且執行結果符合問題的需求，則結束；否則必須重新檢視步驟 1~3。

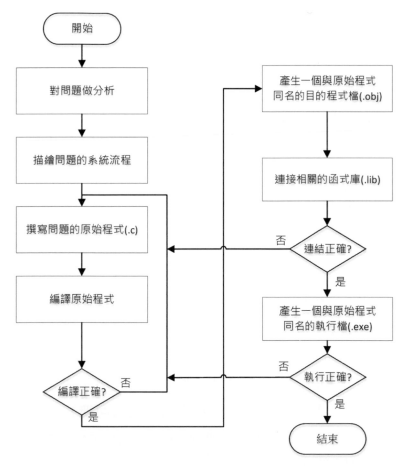

圖1-1　程式設計流程圖

由圖 1-1，可知一個程式撰寫完到可以執行，還必須經過兩個階段：先將原始程式 (.c)，經過編譯程式變成目的程式 (.obj)，接著將一個（或一個以上）的目的程式與使用到的一些函式庫經過連結程式變成執行檔 (.exe)。

1-2 C語言簡介

　　C 語言是 Dennis Ritchie 和 Ken Thompson 兩人在 1972 年於 AT&T 貝爾實驗室所發表的電腦程式語言，主要目的是為了研發 UNIX 系統。後來，許多研究單位及學術機構根據 Dennis Ritchie 和 Ken Thompson 所著的 "C programming language" 一書，各自發展自己的 C 語言編譯程式，但缺乏統一標準，且存在許多的缺失。為了統一 C 語言標準，美國國家標準局（American National Standards Institute, ANSI）於 1983 年成立一個特別委員會，且於 1989 年制定一套 C 語言的國際標準語法，並稱之為 ANSI C。

1-2-1 C語言程式之架構

　　C 語言程式的撰寫順序依序為：

1. **前置處理指令區：**

   程式的開端處為前置處理指令區。在此區中，以「#include」或「#define」開頭的敘述，稱之為前置處理指令。編譯器在編譯程式前，前置處理器 (Preprocessor) 會先完成前置處理指令交代的工作。「#include」的作用，是將其後「< >」中的「.h」檔之內容，加到原始程式的開端處，這個動作稱之為含括 (include)。副檔名為「.h」的檔案，稱之為標頭檔 (header file) 或含括檔 (include file)。C 語言的函式被使用之前，都必須經過宣告，而有些內建函式不用宣告而可直接使用，其原因為宣告都寫在相對應的「.h」檔中，所以直接含括「.h」檔就等於宣告對應的內建函式。「#define」的目的，是將其後的「名稱」定義成「常數」或「巨集函式」，方便之後以「名稱」來代替該「常數」或「巨集函式」。

2. **整體（或全域）變數及整體函式宣告區（可有可無）：**

   為整體（或全域）變數及整體（或全域）自訂函式宣告的位置。（參考「第十一章 變數類型」）

3. **主函式區：**

   程式主要的目的都是撰寫在這裡，即撰寫在 int main (void) { } 內部。

4. **自訂函式區（可有可無）：**

   使用者自己定義的函式都撰寫在這裡。（參考「第十章 使用者自訂函式」）

例：每個原始程式必須有下列 7 列敘述。

```
#include <stdio.h>          //引入標頭檔stdio.h
#include <stdlib.h>         //引入標頭檔stdlib.h
int main(void)              //主函式
  {
      ...
      system("pause");      //暫停程式執行
      return 0;             /*結束*/
  }
```

三 程式解說

1. 此程式只有前置處理指令區及主函式區。

2. int main (void) ﹛﹜ 被稱為主函式，程式主要的目的都是撰寫在這裡。main 前面的「int」是整數的意思，表示程式在執行結束時，會傳回一個整數給作業系統。「( )」內的「void」表示執行 main 主函式時，不用傳入任何資料。

3. 在 C 語言中，任何函式一定要宣告過，才能使用。system( ) 函式為 C 語言的庫存函式，且宣告在「stdlib.h」中。使用「#include <stdlib.h>」敘述的目的，是將 system( ) 函式的宣告加入原始程式中。

4. 寫在「//」後的文字被稱為註解，文字不可超過一列。註解是寫給人看的，編譯器遇到註解時，會跳過註解文字不做任何編譯，因此註解可寫可不寫。

5. 寫在「/*」與「*/」之間的那些文字也被稱為註解，文字可以超過一列以上。「/*」與「*/」不能寫成巢狀形式（例：/*… /*…*/…*/）。

6. 「return 0;」的作用是將整數「0」傳回給作業系統。

7. 「﹛」及「﹜」分別為程式區塊的開始敘述及結束敘述。

8. 「;」(分號) 表示一個程式敘述的結束，大多數的程式敘述尾部都要加上「;」，只有少數程式敘述不必在尾部加上「;」。例，程式區塊的開始敘述「﹛」及結束敘述「﹜」；流程控制敘述「if」、「else」、「else if」、「switch」、「for」、「while」及「do while」；前置處理指令敘述「#include」及「#define」；函數的定義處…等的尾部都不必加上「;」。

main (void) ﹛﹜ 主函式的內部結構由上往下包括以下三個部份：

1. 區域變數或區域函式之宣告區：主函式內使用的區域變數或區域函式，通常在此區宣告，方便日後追蹤，但也可寫在核心程式撰寫區中。

2. 核心程式撰寫區：是解決問題的主要程式撰寫區。

3. 結束區：以「return 0;」敘述，作爲主函式的結束。

≡ 範例 1

寫一程式，輸出「歡迎您來到 C 的世界！」。

```
1   #include <stdio.h>
2   #include <stdlib.h>
3   int main(void)
4   {
5     printf("歡迎您來到C的世界!\n");
6     //顯示歡迎您來到C的世界（然後換列）
7     system("pause");  //暫停程式執行
8     return 0;  //程式結束
9   }
```

執行結果

歡迎您來到C的世界!

1-2-2　撰寫程式的良好習慣

撰寫程式不是只貪圖快速方便，還要考慮到將來程式維護及擴充。貪圖快速方便，只會讓將來程式維護及擴充付出更多的時間及代價。因此，養成良好的撰寫程式習慣是學習程式設計的必經過程。以下是良好的撰寫程式習慣方式：

1. 一列一指令敘述：方便程式閱讀及除錯。

2. 程式碼的適度內縮：內縮是指程式碼右移幾個空格的意思。
   當程式碼屬於多層結構時，適度內縮裡層的程式碼，使程式具有層次感，方便程式閱讀及除錯。

3. 善用註解：讓程式碼容易了解，以及程式維護和擴充更快速方便。

1-2-3　撰寫程式時常疏忽的問題

1. 忘記將使用的函數所在的標頭檔（或含括檔）含括進來。

2. 忘記加「;」或多加「;」。

3. 忽略了大小寫字母的不同。

4. 使用 scanf( ) 函式時，忘記在變數前加上「&」（取址運算子）。

5. 忽略了不同資料型態間在使用上的差異性。

6. 將字元常數與字串常數的表示法混淆。

7. 忘記在一區間的前後，分別加上「{」及「}」。

8. 將「=」與「==」的用法混淆。

1-3　Dev-C++ 5軟體簡介

C 語言的軟體有很多種，而本書所有的範例程式都是利用 Dev-C++ 5 軟體所完成的。Dev-C++ 5 為 Bloodshed 軟體公司所開發的一套免費開放的程式設計軟體，其所佔的空間很小，且功能強大。Dev C++ 5 於 2005/2/22 後不再更新，但依舊仍有問題產生。Orwell 修正 Dev C++ 5 原始碼，並更新編譯器成為 Orwell Dev C++ 5。目前最新的版本為 5.11 (2015/4/27 released)。

Dev-C++ 軟體之介面為一整合發展環境（IDE）視窗，將編輯器（Editor）、編譯程式（Complier）、連結程式（Linker）及執行程式（Run）整合在同一視窗，以方便使用者從編輯程式到執行程式的運作。

1-3-1　Dev-C++ 5軟體下載及安裝說明

一、軟體下載的官方網頁：http://orwelldevcpp.blogspot.tw

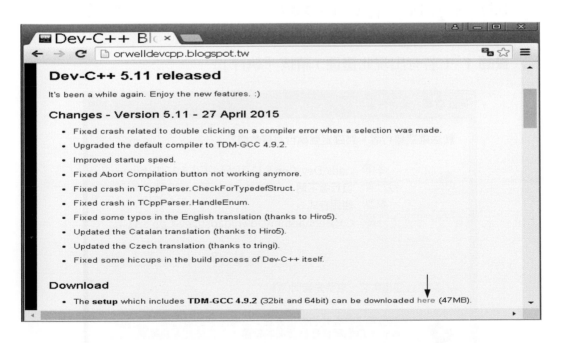

點選箭頭所指的「here」，即可下載 Dev-C++ 5.11 版。下載畫面如下：

二、安裝過程：

執行下載的 Dev-Cpp 5.11 TDM-GCC 4.9.2 Setup.exe，並安裝。安裝程序
請參考下列畫面。

畫面 1：(若有出現此畫面) 請按「執行」。

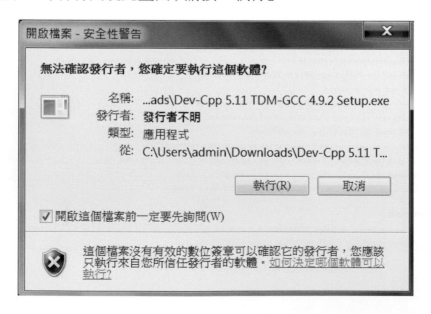

畫面 2：請按「OK」。

畫面 3：請按「I Agree」（我同意）。

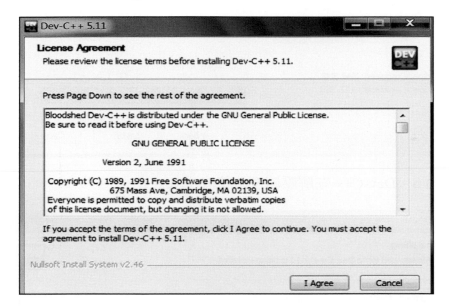

畫面 4：請按「Next」（下一步）。

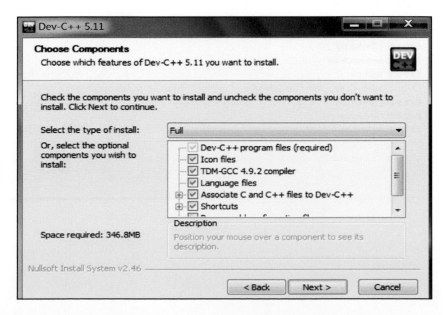

畫面 5：請按「Install」（安裝）。

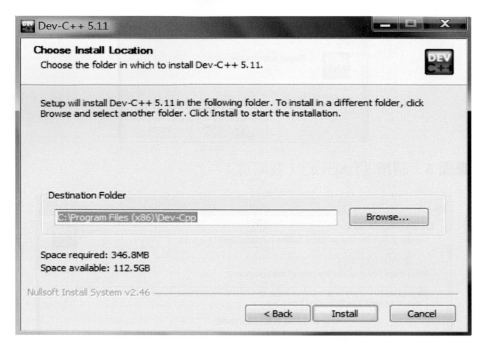

畫面 6：Dev-C++ 在解壓縮後，請按「Next」（下一步）。

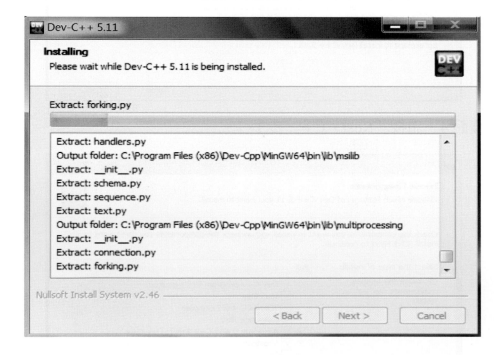

畫面 7：請點掉「Run Dev-C++ 5.11」前面之打勾後，按「Finish」（完成）。

▆ 1-3-2　Dev-C++ 5軟體操作環境設定說明

　　Dev-C++ 5 是一套有中文化界面的軟體，對於不熟悉英文的使用者而言是一大福音。中文化環境、調整字型大小及顯示行號的設定程序，請參考下列畫面。

一、中文化環境設定：

　　畫面 1：請按功能表中的「Tools」➔ 選取「Environment Options」。

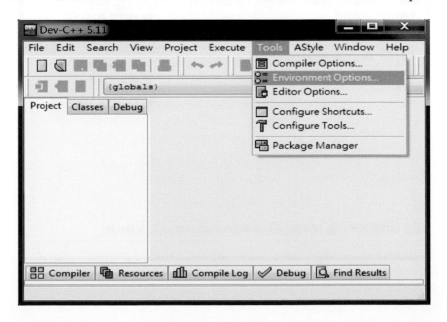

畫面 2：請按頁籤中的「General」→ 在「Language」欄位中，選取
Chinese (TW) 後，按「OK」。

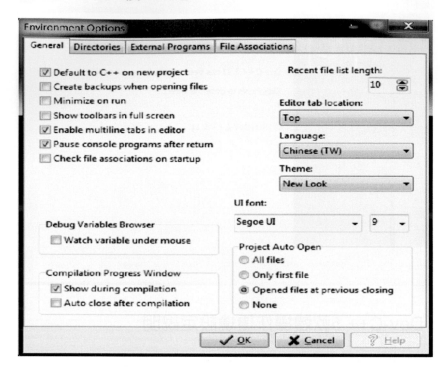

二、調整字型大小及顯示行號：

畫面 1：請按功能列中的「工具 (T)」→ 選取「編輯器選項 (E)」。

畫面 2：請按頁籤中的「字型」➔ 在「大小」欄位中，選取 14；在「顯示行號」選項打勾後，按「確定」。

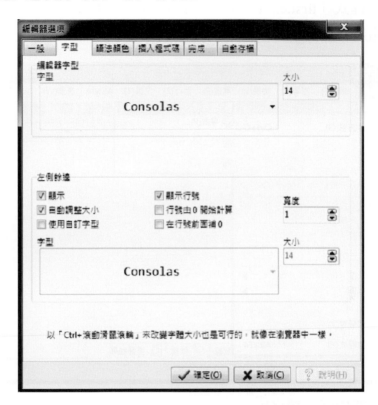

1-4　利用Dev-C++ 5軟體來撰寫原始程式(.c)

　　初學者剛開始所要學習的是 C 語言的基本語法，並運用這些語法設計程式來解決一些簡易的問題。因此，剛開始建立程式時，是以單一程式架構來設計，等到初階的問題都能設計完成，接著要處理較大問題時，就必須以專案模式架構來設計。專案 (Project) 是用來幫助程式設計者，了解在應用程式中撰寫了哪些原始程式檔 (.c) 和相關標頭檔 (.h)，及這些檔案所在之路徑和編譯器之相關設定。以專案模式開發應用程式時，系統會分成多個原始程式檔來撰寫，方便日後團隊合作 (或功能獨立) 設計及維護。每個原始程式檔都會個別被編譯，並個別產生一個同名的目的程式檔 (.obj)，再將所有的目的檔與函式庫 (.dll) 連結再一起，並產生一個與主程式檔同名的執行檔 (.exe)。

1-4-1 建立單一程式架構的步驟

以撰寫原始程式「first.c」為例，說明單一程式架構的程式建立步驟。

步驟 1： 點選功能表中的「檔案(F)」➔ 選取「開新檔案(N)」➔ 選取「原始碼(S)」。

步驟 2： 在編輯區，撰寫程式。

步驟3： 程式撰寫完成，必須存檔。點選功能表中的「檔案 (F)」→ 選取「存檔 (S)」。

存檔後，程式名稱已由「[*] 新文件 1」變成「first.c」

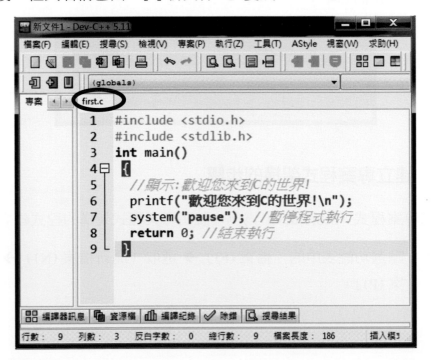

步驟 4： 存檔後，點選功能表中的「執行 (R)」➔ 選取「編譯並執行 (C)」。
（若編譯程式正確，則可以看到結果；否則在編輯訊息區就會出現
錯誤的訊息，此時必須回到步驟 2 修改程式）

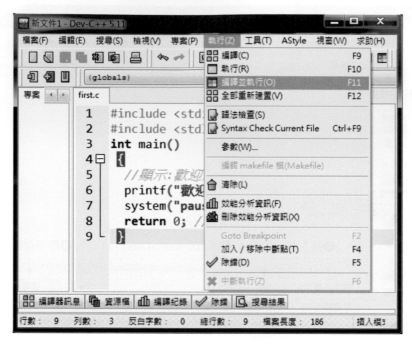

執行結果的畫面如下：

■ 1-4-2　建立專案程式架構的步驟

以撰寫專案程式「score.dev」為例，說明專案程式架構的程式建立步驟。

步驟 1： 點選功能表中的「檔案 (F)」➔ 選取「開新檔案 (N)」➔ 選取「專
案 (P)」。

步驟 2：在建立新專案視窗，點選「Basic」→ 點選「Console Application」
→ 點選「C 專案」→ 輸入「專案名稱」→ 按「確定」。

步驟 3 : 選取「專案儲存的資料夾」 → 按「存檔」。

❶選取儲存的資料夾

❷點選存檔(S)

接著會開啟所設定的「score」專案視窗,並在編輯區內出現預設的程式名稱「main.c」及內容。

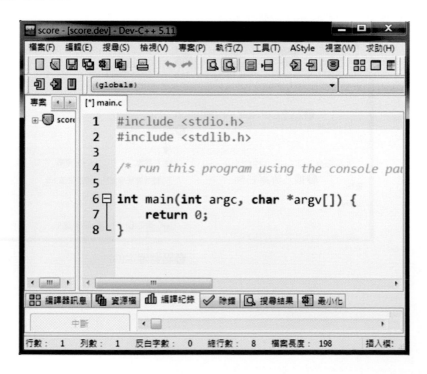

步驟 4： 若要對專案做新增或移除程式等功能，則必須對著專案名稱「score」按右鍵，選取「New File」或「從專案中移除檔案 (R)」。

步驟 5： 關閉專案之前，請儲存專案內所有檔案。選取功能表中的「檔案 (F)」→ 選取「儲存所有檔案 (V)」。

1-5 如何提升讀者對程式設計的興趣

　　書中的程式範例是以生活體驗及益智遊戲為主題，有助於讀者了解如何運用程式設計來解決生活中所遇到的問題，使學習程式設計不再與生活脫節又能重溫兒時的回憶，進而提升對程式設計的興趣及動力。

　　生活體驗範例，有統一發票對獎、綜合所得稅計算、電費計算、車資計算、油資計算、停車費計算、百貨公司買千送百活動、身份證驗證、棒球投手的平均勝場數、數學四則運算問題、販賣機、文字跑馬燈、紅綠燈小綠人行走、紅綠燈轉換、彈奏小蜜蜂、電子時鐘、製作通訊錄…等。益智遊戲範例，有樂透對獎、吃角子老虎（拉霸）、貪食蛇、河內塔、踩地雷、…等單人遊戲；剪刀石頭布及猜數字等人機互動遊戲；撲克牌對對碰、猜數字、井字(OX)、最後一顆玻璃彈珠及五子棋等雙人互動遊戲。

1-6　自我練習

1. 說明直譯式語言與編譯式語言的差異。
2. 描述 C 語言程式架構的 4 大區塊。
3. 變數及函式在使用前，都必須經過什麼動作。
4. ; 代表的意義為何？
5. 說明 // 與 /* */ 的差異。
6. 說明撰寫程式的良好習慣。
7. 說明原始程式、目的程式與執行檔的差異。

02

C語言的基本資料型態

教學目標

2-1　基本資料型態
2-2　常數與變數宣告
2-3　資料運算處理
2-4　運算子的優先順序
2-5　資料型態轉換
2-6　自我練習

資料，是任何事件的核心。一個事件隨著狀況不同，會產生不同資料及因應之道。例一：隨著交通事故通報資料的嚴重與否，交通事故處理單位派遣調查事故的人員會有所增減。例二：隨著年節的到來與否，鐵路局對運送旅客的火車班次會有所調整。

對不同事件，所要處理的資料型態也不盡相同。例一：對乘法「*」事件，處理的資料一定為數字。例二：對「輸入姓名」事件，處理的資料一定為文字。因此，了解資料型態是學習程式設計的基本課題。

2-1 基本資料型態

當我們撰寫程式來解決日常生活中的問題時，都會提供資料給程式處理，資料處理包括資料輸入、資料運算及資料輸出。

C語言在 <limits.h> 和 <float.h> 標頭檔中，定義各種基本資料型態的範圍，而各種基本資料型態所佔用記憶體空間的位元組數，依不同的電腦系統而有所不同。例：在 16 位元的電腦作業系統（Windows 98），整數所佔用記憶體空間的位元組數為 2 bytes；而在 32 位元的電腦作業系統（Windows XP），整數所佔用記憶體空間的位元組數為 4 bytes。

C語言的基本資料型態，有整數型態（int）、浮點數型態（float）及字元型態（char）三大類。整數型態又可細分成整數型態（int）、短整數型態（short int）、無號整數型態（unsigned int）及無號短整數型態（unsigned short int）。浮點數型態又可細分成單精度浮點數型態（float）及倍精度浮點數型態（double）。

2-1-1 整數

整數資料型態共有以下 4 種：

○ **整數型態**：不帶有小數點的數字。整數型態的資料，電腦會提供 4 個位元組的記憶體空間給這個資料存放。

○ **短整數型態**：不帶有小數點的數字。短整數型態的資料，電腦會提供 2 個位元組的記憶體空間給這個資料存放。

○ **無號整數型態**：不帶有小數點且無正負號的數字。無號整數型態的資料，電腦會提供 4 個位元組的記憶體空間給這個資料存放。

○ **無號短整數型態**：不帶有小數點且無正負號的數字。無號短整數型態的資料，電腦會提供 2 個位元組的記憶體空間給這個資料存放。

不管資料是整數型態中哪一種型態，整數可以是 10 進位或 8 進位或 16 進位的方式來呈現。例：整數 10 可以寫成 10（10 進位）或 012（8 進位）或 0xa（16 進位）。

表2-1　整數型態所佔用的記憶體空間及範圍

資料型態	資料所佔的空間大小（單位：位元組）	資料範圍
short int（短整數型態）	2 bytes	-32768~32767
unsigned short int（無號短整數型態）	2 bytes	0~65535
int（整數型態）	4 bytes	-2147483648~2147483647
unsigned int（無號整數型態）	4 bytes	0~4294967295

注意　當一整數超過短整數型態的資料範圍時，則無法將此整數正確存入記憶體中。例：32768 不存在於 short int 資料型態的範圍中，當設定一個 short int 型態的變數為 32768，則實際上這個變數值是 -32768，因為 C 語言系統是將 -32768 到 32767 看成一個循環，32767 的下一數是 -32768；同樣地，short int 型態的變數為 -32769，實際上，這個變數值是 32767。其他整數型態的資料同樣有類似的情形。

2-1-2　浮點數

浮點數型態共有以下 2 種：

○ **單精度浮點數型態**：帶有小數點的數字。單精度浮點數型態的資料，電腦會提供 4 個位元組的記憶體空間給這個資料存放。

○ **倍精度浮點數型態**：帶有小數點的數字。倍精度浮點數型態的資料，電腦會提供 8 個位元組的記憶體空間給這個資料存放。

表2-2　浮點數型態的資料範圍

資料型態	資料所佔的空間大小 （單位：位元組）	資料範圍
float （單精度浮點數型態）	4 bytes	次方≧0的float範圍約在 ±3.4*10^{38}之間 次方<0的float範圍最小只能10^{-45}
double （倍精度浮點數型態）	8 bytes	次方≧0的double範圍約在 ±1.79*10^{308}之間 次方<0的double範圍最小只能10^{-323}

注意

1. 當一浮點數超過浮點數型態的資料範圍時，則無法將此浮點數正確存入記憶體中。
2. float 資料型態的資料儲存時，一般只能準確 7~8 位（整數位數 + 小數位數）。
3. double 資料型態的資料儲存時，一般只能準確 16~17 位（整數位數 + 小數位數）。
4. 有關精準度位數，請參考 3-3 範例 13。

不管資料是單精度浮點數型態或倍精度浮點數型態，都可以下列兩種方式來呈現：

方式 1：以一般常用的小數點方式來呈現。例：9.8、-3.14（C 語言預設小數點後 6 位）。

方式 2：以科學記號方式來呈現。例：-2.38e+001、5.143E+002（C 語言預設小數點後 6 位；且 e 後 4 位，包括正負號）。

例：213.45 如何以科學記號方式來呈現？

解：因 $213.45=2.1345*10^2$，所以 213.45 以科學記號方式的呈現結果為 2.134500e+002。

■ 2-1-3　字元

文字資料的內容，若只有一個英文字母或一個半形字符號，且放在一組「'」（單引號）中，則稱此文字資料為 char（字元）型態資料。字元型態資料是以整數的形式儲存在 1 個位元組（8 位元）的記憶體空間中，且每一個字元資料都對應一個介於 0~255 之間的整數。有一些具有特殊意義的字元（例，「"」（雙引號））

或用來指定螢幕游標動作 (例，換列)，必須以一個「\」（反斜線）作為開頭，後面加上該字元或該字元所對應的 ASCII 碼，才能顯示在螢幕上或產生指定的動作。這種組合方式，稱為「逸出序列」(Escape Sequence)。逸出序列相關說明，請參考「表 2-3 常用的逸出序列」。

表2-3　常用的逸出序列

逸出序列	作用	所對應的十進位ASCII碼	所對應的八進位ASCII碼	所對應的十六進位ASCII碼
\n	換列字元（New Line）。讓游標移到下一列開頭的地方。	10	012	0xA
\a	警告（Beep）字元。讓喇叭發出「嗶」的聲音。	7	007	0x7
\b	倒退字元（Backspace）。讓游標往左一格	8	010	0x8
\t	水平跳格字元（Horizontal Tab）。讓游標移到下一個定位格。	9	011	0x9
\r	歸位字元（Carriage Return）。	13	015	0xD
\"	顯示雙引號(")（Double Quote）。	34	042	0x22
\'	顯示單引號(')（Single Quote）。	39	047	0x27
\\	顯示反斜線(\)（Backslash）	92	0134	0x5C

注意

1. 若想在螢幕上顯示 %，則必須使用 %%，才能達到其效果。
2. C 語言預設定位格為 1,9,17,25,33,41,49,57,65,73。

字元型態的資料可以下列三種方式來呈現：

方式 1：直接以字元方式來呈現。例：'0'、'A'、'a' 等等。

方式 2：以 0~255 之間的整數方式來呈現字元。例：48（表示 '0' 字元）、65（表示 'A' 字元）、97（表示 'a' 字元）等等。

方式 3：以 \x 開始，後面跟著 2 位十六進位 ASCII 碼；或以 \ 開始，後面跟著 3 位八進位 ASCII 碼方式來呈現字元。例：'\x41'（表示 'A' 字元）、'\101'（表示 'A' 字元）。

當文字資料的長度超過 1byte 時，我們稱它爲字串。字串資料必須在其文字的前後加上「"」（雙引號）。例：早安，長度等於 4bytes，因此早安這個字串，應以 " 早安 " 表示才對。C 語言並無提供字串資料型態，要儲存字串資料時，必須宣告一字元陣列來處理。（參考「7-1-3 字串」）

2-2 常數與變數宣告

程式執行時，無論是輸入的資料或產生的資料，它們都是存放在電腦的記憶體中。但我們並不知道資料是放在哪一個記憶體位址，那要如何存取記憶體中的資料呢？大多數的高階語言，都是透過常數識別字或變數識別字存取其所對應的記憶體中之資料。

使用者自己命名的常數、變數及函數名稱都被稱爲識別字（Identifier）。識別字命名規則如下：

1. 識別字名稱只能以英文字母或底線爲開頭。
2. 識別字名稱中可以是英文字母或底線或數字，但不能有空白及 -、*、$、@ 等符號。
3. 盡量使用有意義的名稱當作識別字名稱。
4. 識別字名稱有大小寫字母區分。若英文字相同但大小寫不同，則這兩個識別字名稱是不同的。
5. 不可使用保留字或其他函數名稱當作其他識別字的名稱。

保留字（Reversed Word）爲編譯器所專用的識別字名稱，每一個保留字都有其特殊的意義，使用者不可以拿來當作其他識別字的名稱。

常見的保留字如表 2-4：

表2-4　C語言中的保留字

auto	break	case	char	const	continue
default	do	double	else	enum	extern
float	for	goto	if	int	long
register	return	short	signed	sizeof	static
struct	switch	typedef	union	unsigned	void
volatile	while				

例：以下為合法的識別字名稱。

解：_a、b1、c_a_2、aabb_cc3_d44。

例：以下為不合法的識別字名稱。

解：1a、%b1、c?a_2、if、成績。

常數識別字（Constant Identifier）與變數識別字（Variable Identifier）都是用來存取記憶體資料的識別字名稱。常數識別字是一固定不變的資料；而變數識別字是一可隨著程式進行而改變的資料。

C 語言是限制型態式語言，當我們要存取記憶體中的資料內容之前，先要宣告一常數識別字或變數識別字，接著才能對記憶體中的資料進行各種處理。

常數定義語法如下：

#define 常數名稱 常數值

例：宣告一個名稱為 PI 且值為 3.14 的常數。

解：#define PI 3.14

變數宣告語法如下：

語法 1：資料型態 變數1[,變數2,…,變數n];
語法 2：
資料型態 變數1=初始值[,變數2=初始值,…,變數n=初始值];

「[ ]」表示若要同時宣告多個資料型態相同的變數，則必須利用「,」（逗號）將變數名稱隔開。

例：宣告 2 個整數變數 a 及 b。

解：int a,b;

例：宣告 2 個整數變數 a 及 b，且 a 的初值 =0 及 b 的初值 =1。

解：int a=0,b=1;

　　　或

　　　int a,b;

　　　a=0;

　　　b=1;

例：宣告 3 個變數，其中 a1 為單精度浮點數變數，a2 及 a3 為字元變數。

解：float a1;

　　char a2,a3;

例：宣告 4 個變數，其中 i 為整數，f 為單精度浮點數變數，d 為倍精度浮點數變數，c 為字元變數。且 i 的初值 =0，f 的初值 =0.0f，d 的初值 =0.0，c 的初值 ='A'。

解：int i=0;

　　// 數字要設定為 float 型態，必須在數字後加上 f 或 F。

　　float f=0.0f;　// 浮點數，C 語言預設 double 型態

　　double d=0.0;//

　　char c='A';

　　或

　　int i;

　　float f;

　　double d;

　　char c ;

　　i=0;

　　f=0.0f;

　　d=0.0;

　　c='A';

　　一般我們在處理整數運算時，通常是以十進位方式來表示整數，但在有些特殊的狀況下，被要求以八進位方式或十六進位方式來表示整數。八進位表示整數的方式是直接在數字前加上 0；而十六進位表示整數的方式是直接在數字前加上 0x。

例：宣告 2 個整數變數 a 及 b，且 a 的初值 =14_{10} 及 b 的初值 =58_{10}。以八進位方式來表示 a 或十六進位方式表示 b。

解：int a=016;　// 14_{10} 等於 016_8

　　int b=0x3a;　// 58_{10} 等於 $0x3a_{16}$

　　宣告常數識別字或變數識別字的主要目的是告訴編譯器要配置多少記憶空間給常數識別字或變數識別字使用，以及以何種資料型態來儲存常數識別字或變數識別字的內容。

　　C語言對記憶體配置的方式有下列兩種：

1. 靜態配置記憶體：是指在編譯階段時，就為程式中所宣告的變數配置所需的記憶體空間。

2. 動態配置記憶體：是指在執行階段時，程式才動態宣告陣列變數的數量，並向作業系統要求所需的記憶體空間。(請參考「第十三章 動態配置記憶體」)

例：float x = 3.14f; // 靜態記憶體配置

　　宣告 x 為單精確浮點數時，編譯器會分配 4 bytes 的記憶體空間給 x 使用(如上圖 0x0022ff74~0x0022ff78)。

2-3　資料運算處理

　　利用程式來解決日常生活中的問題，若只是資料輸入及資料輸出，而沒有做資料處理（或運算），則程式執行的結果是很單調的。因此，為了讓程式執行時有不同的結果，必須在程式中輸入資料，並加以運算處理。

　　資料運算處理是以運算式來表示。運算式是由運算元(Operand)與運算子(Operator)所組合而成。運算元可以是常數、變數、函數或其他運算式。運算子包括指定運算子、算術運算子、遞增遞減運算子、比較(或關係)運算子、邏輯運算子，及位元運算子。運算子以其相鄰運算元的數量多寡來分類，有一元運算子(Unary Operator)及二元運算子(Binary Operator)。結合算術運算子的運算式，稱之為算術運算式；結合比較(或關係)運算子的運算式，稱之為比較(或關係)運算式；結合邏輯運算子的運算式，稱之為邏輯運算式；…以此類推。

例：a - b * 2 + c / 5 % 7 + 1.23 * d，其中「a」、「b」、「c」、「d」、「2」、「5」、「7」及「1.23」等變數或常數，被稱為運算元 (Operand)，而「+」、「-」、「*」、「/」及「%」等運算符號，被稱為運算子 (Operator)。

▋ 2-3-1 指定運算子（=）

「=」(指定運算子) 的作用，是將「=」右方的值指定給「=」左方的變數。「=」的左邊必須為變數，右邊則可以為變數、常數、函數或其他運算式。

例：(程式片段)
```
int sum=0;        //將0指定給變數sum
int avg=(a+b)/2;  //將變數a及變數b相加後除以2的結果，指派給變數avg
```

▋ 2-3-2 算術運算子

與數值運算有關的運算子有算術運算子、遞增運算子及遞減運算子三種。算術運算子的使用方式，請參考「表 2-5 算術運算子的功能說明」。（假設 a=-2，b=23）

表2-5 算術運算子的功能說明

運算子	幾元運算子	作用	例子	結果	說明
+	二元運算子	求兩數之和	a + b	21	數字可以是整數或浮點數
-	二元運算子	求兩數之差	a - b	-25	數字可以是整數或浮點數
*	二元運算子	求兩數之積	a * b	-46	數字可以是整數或浮點數
/	二元運算子	求兩數相除之商	b / 2 b/2.0	11 11.5	1. 整數相除，結果為整數 2. 數字為浮點數時，相除結果為浮點數
%	二元運算子	求兩數相除之餘數	b % 3	2	數字必須為整數
+	一元運算子	將數字乘以+1	+(a)	-2	數字可以是整數或浮點數
-	一元運算子	將數字乘以-1	- (a)	2	數字可以是整數或浮點數

▋ 2-3-3 遞增運算子(++)及遞減運算子(--)

「++」(遞增運算子) 及「--」(遞減運算子) 的作用，分別是對數字資料做 +1 及 -1 的處理。遞增及遞減運算子的使用方式，請參考「表 2-6 遞增及遞減運算子的功能說明」。（假設 a=10）

表2-6　遞增遞減運算子的功能說明

運算子	幾元運算子	作用	例子	結果	說明
++	一元運算子	將變數值+1	a++; ++a;	11 11	1. 數字可以是整數或浮點數 2. ++放在變數之前與之後，其執行的順序是不同的
--	一元運算子	將變數值-1	a--; --a;	9 9	1. 數字可以是整數或浮點數 2. --放在變數之前與之後，其執行的順序是不同的

≡範例 1

後置型遞增運算子應用。

```
1   #include <stdio.h>
2   #include <stdlib.h>
3   int main(void)
4   {
5    int a=0,b=1,c;
6    c=a++ + b; //先處理c=a＋b;，然後再處理a++;
7    printf("a=%d , c=%d\n",a,c);
8    system("PAUSE");
9
10   return 0;
11  }
```

執行結果

```
a=1 , c=1
```

≡範例 2

前置型遞增運算子應用。

```
1   #include <stdio.h>
2   #include <stdlib.h>
3   int main(void)
4   {
5    int a=0,b=1,c;
6    c=++a + b; //先處理++a;，然後再處理c=a＋b;
7    printf("a=%d , c=%d\n",a,c);
8    system("PAUSE");
9
10   return 0;
11  }
```

執行結果

```
a=1 , c=2
```

≡ 範例 *3*

後置型遞減運算子應用。

```
1   #include <stdio.h>
2   #include <stdlib.h>
3   int main(void)
4   {
5     int a=0,b=1,c;
6     c=a-- + b; //先處理c=a+b;，然後再處理a--;
7     printf("a=%d , c=%d\n",a,c);
8     system("PAUSE");
9
10    return 0;
11  }
```

執行結果

a=-1 , c=1

≡ 範例 *4*

前置型遞減運算子應用。

```
1   #include <stdio.h>
2   #include <stdlib.h>
3   int main(void)
4   {
5     int a=0,b=1,c;
6     c=--a + b; //先處理--a;，然後再處理c=a+b;
7     printf("a=%d , c=%d\n",a,c);
8     system("PAUSE");
9
10    return 0;
11  }
```

執行結果

a=-1 , c=0

▊2-3-4　比較(或關係)運算子

比較運算子的作用是用來判斷資料間的關係，即何者為大，或何者為小，或兩者一樣。若問題中提到條件或狀況，則必須配合比較運算子來處理。比較運算子通常出現在「if」選擇結構，「for」或「while」迴圈結構的條件中，請參考「第四章 程式之設計模式 - 選擇結構」及「第五章 程式之設計模式——迴圈結構」。

比較運算子的使用方式，請參考「表 2-7 比較運算子的功能說明」。(假設 a=2，b=1)

表2-7　比較運算子的功能說明

運算子	幾元運算子	作用	例子	結果	說明
>	二元運算子	判斷「>」左邊的資料是否大於右邊的資料	a > b	1	1. 各種比較運算子的結果不是0就是1。0表示結果為假；1表示結果為真。
<	二元運算子	判斷「<」左邊的資料是否小於右邊的資料	a < b	0	2. 當問題中有提到條件時，就要使用比較運算子來處理。
>=	二元運算子	判斷「>=」左邊的資料是否大於或等於右邊的資料	a >= b	1	3. 比較運算子通常會出現在選擇結構if、迴圈結構for或while的條件中。
<=	二元運算子	判斷「<=」左邊的資料是否小於或等於右邊的資料	a <= b	0	
==	二元運算子	判斷「==」左邊的資料是否等於右邊的資料	a ==b	0	
!=	二元運算子	判斷「!=」左邊的資料是否不等於右邊的資料	a !=b	1	

▊2-3-5　邏輯運算子

邏輯運算子的作用，是連結多個比較運算式來處理更複雜條件或狀況的問題。若問題中提到多個條件 (或狀況) 要同時成立或部分成立，則必須配合邏輯運算子來處理。邏輯運算子通常出現在「if」選擇結構，「for」或「while」迴圈結構的條件中，請參考「第四章 程式之設計模式 - 選擇結構」及「第五章 程式之設計模式——迴圈結構」。

邏輯運算子的使用方式，請參考「表 2-8 邏輯運算子的功能說明」。(假設 a=2，b=1，c=3)

表2-8　邏輯運算子的功能說明

運算子	幾元運算子	作用	例子	結果	說明
&&	二元運算子	判斷「&&」兩邊的比較運算式結果，是否都為「1」	a>3 && b<2	0	1. 含有比較運算子的式子被稱為比較運算式。 2. 各種邏輯運算子的結果，不是0，就是1。0表示結果為假，1表示結果為真。
||	二元運算子	判斷「||」兩邊的比較運算式結果，是否有一個為「1」	a>3 || b<=2	1	3. 當問題中所提到的條件超過1個時，此時可使用邏輯運算子來處理。
!	一元運算子	判斷「!」右邊的比較運算式結果，是否為「0」	!(a>3)	1	4. 邏輯運算子通常會出現在選擇結構if或迴圈結構for及while的條件中。

眞值表是比較運算式在邏輯運算子「&&」,「\|\|」或「!」處理後的所有可能結果，請參考「表 2-9 &&，\|\| 及 ! 運算子之眞值表」。

表2-9　&&，\|\| 及 ! 運算子之真值表

&&(且)運算子			||(或)運算子			!(否定)運算子	
A	B	A && B	A	B	A || B	A	!A
真	真	真	真	真	真	真	假
真	假	假	真	假	真	假	真
假	真	假	假	真	真		
假	假	假	假	假	假		

註：

1. A 及 B 分別代表任何一個比較運算式 (即條件)。

2. 「&&」（且）運算子：當「&&」兩邊的比較運算式皆爲眞（以 1 表示，即同時成立）時，其結果才爲眞 (1)；當「&&」兩邊的比較運算式中有一邊爲假（以 0 表示）時，其結果都爲假。

3. 「\|\|」（或）運算子：當「\|\|」兩邊的比較運算式皆爲假（以 0 表示，即同時不成立）時，其結果才爲假 (0)；當「\|\|」兩邊的比較運算式中有一邊爲眞（以 1 表示）時，其結果都爲眞。

4. 「!」（否定）運算子：當比較運算式為真 (1) 時，其否定之結果為假 (0)；
當比較運算式為假 (0) 時，其否定之結果為真 (1)。

2-3-6　位元運算子

位元運算子的作用，是在處理二進位整數。對於非二進位的整數，系統會先將它轉換二進位整數，然後才進行位元運算。

位元運算子的使用方式，請參考「表 2-10　位元運算子的功能說明」。(假設 a=2，b=1)

表2-10　位元運算子的功能說明

運算子	幾元運算子	作用	例子	結果	說明
&	二元運算子	將兩個二進位數字執行「且」的運算。每一個位元值逐一比較，若皆為1時，則值為1；其餘皆為0。	a & b	0	1. 數字必須是整數。 2. 執行前先將數字轉成二進位整數，然後才進行&或|或^運算。
|	二元運算子	將兩個二進位數字執行「或」的運算。每一個位元值逐一比較，若皆為0時，則值為0；其餘皆為1。	a | b	3	
^	二元運算子	將兩個二進位數字執行「互斥或」的運算。每一個位元值逐一比較，若皆為1或0時，則值為0；其餘皆為1。	a ^ b	3	
~	一元運算子	將一個二進位數字執行「否」的運算。 每一個位元值逐一比較，若為1時，則值為0；否則為1。	~ a	-3	1. 數字必須是整數。 2. 執行前先將數字轉成二進位整數，然後才進行~運算。 3. 若結果為負，則必須使用2的補數法（=1的補數+1），將它轉成十進位制整數。

運算子	幾元運算子	作用	例子	結果	說明
<<	二元運算子	將(「<<」左邊的)整數轉成2進位整數後,往左移動(「<<」右邊的)整數個位元,相當於乘以2的(「<<」右邊的)整數次方。	a << 1	4	1. 數字必須為整數。 2. 執行前先將數字轉成二進位整數,然後才進行<<運算。 3.向左移動後,超出儲存範圍的數字捨去,而右邊空出的位元就補上0。 4. 若結果為負,則必須使用2的補數法(=1的補數+1),將它轉成十進位整數。
>>	二元運算子	將(「>>」左邊的)整數轉成2進位整數後,往右移動(「>>」右邊的)整數個位元,相當於除以2的(「>>」右邊的)整數次方。	a >> 1	1	1. 數字必須為整數。 2. 執行前先將數字轉成二進位整數,然後才進行>>運算。 3. 向右移動後,超出儲存範圍的數字捨去,而左邊空出的位元就補上0(若此數為正數)或1(若此數為負數)。

例:2 & 1= ?

解:2 的二進位表示法如下:

0 0 0 0 0 0 0 0 0 0 0 0 0 0 0 0 0 0 0 0 0 0 0 0 0 0 0 0 0 0 1 0

1 的二進位表示法如下:

0 0 0 0 0 0 0 0 0 0 0 0 0 0 0 0 0 0 0 0 0 0 0 0 0 0 0 0 0 0 0 1

　　0 0 0 0 0 0 0 0 0 0 0 0 0 0 0 0 0 0 0 0 0 0 0 0 0 0 0 0 0 0 1 0

&　0 0 0 0 0 0 0 0 0 0 0 0 0 0 0 0 0 0 0 0 0 0 0 0 0 0 0 0 0 0 0 1

----

　　0 0 0 0 0 0 0 0 0 0 0 0 0 0 0 0 0 0 0 0 0 0 0 0 0 0 0 0 0 0 0 0

故 2 & 1=0。

例：2<<2= ？

解：2 的二進位表示法如下：

0 0 0 0 0 0 0 0 0 0 0 0 0 0 0 0 0 0 0 0 0 0 0 0 0 0 0 0 0 0 1 0

2 << 1 的結果之二進位表示法如下：

0 0 0 0 0 0 0 0 0 0 0 0 0 0 0 0 0 0 0 0 0 0 0 0 0 0 0 0 0 1 0 0

轉成十進位為 4。

例：2 >> 1= ？

解：2 的二進位表示法如下：

0 0 0 0 0 0 0 0 0 0 0 0 0 0 0 0 0 0 0 0 0 0 0 0 0 0 0 0 0 0 1 0

2 >> 1 的結果之二進位表示法如下：

0 0 0 0 0 0 0 0 0 0 0 0 0 0 0 0 0 0 0 0 0 0 0 0 0 0 0 0 0 0 0 1

轉成十進位為 1。

例：~ 2= ？

解：2 的二進位表示法如下：

0 0 0 0 0 0 0 0 0 0 0 0 0 0 0 0 0 0 0 0 0 0 0 0 0 0 0 0 0 0 1 0

~2 的二進位表示法如下：

1 1 1 1 1 1 1 1 1 1 1 1 1 1 1 1 1 1 1 1 1 1 1 1 1 1 1 1 1 1 0 1

因第 1 個位元值為 1，所以 ~2 的結果是一個負值。

使用 2 的補數法 (=1 的補數 +1（最後一位）)，將它轉成十進位整數。

1. 做 1 的補數法：(0 變 1，1 變 0)

    0 0 0 0 0 0 0 0 0 0 0 0 0 0 0 0 0 0 0 0 0 0 0 0 0 0 0 0 0 0 1 0

2. 最後一位元加 1：

    0 0 0 0 0 0 0 0 0 0 0 0 0 0 0 0 0 0 0 0 0 0 0 0 0 0 0 0 0 0 1 1

    值為 3，但為負的。

例：-2147483648 >>2 = ？

-2147483648=

$(1\ 0\ 0\ 0\ 0\ 0\ 0\ 0\ 0\ 0\ 0\ 0\ 0\ 0\ 0\ 0\ 0\ 0\ 0\ 0\ 0\ 0\ 0\ 0\ 0\ 0\ 0\ 0\ 0\ 0\ 0\ 0)_2$

$(1\ 0\ 0\ 0\ 0\ 0\ 0\ 0\ 0\ 0\ 0\ 0\ 0\ 0\ 0\ 0\ 0\ 0\ 0\ 0\ 0\ 0\ 0\ 0\ 0\ 0\ 0\ 0\ 0\ 0\ 0\ 0)_2>>2$

$=(1\ 1\ 1\ 0\ 0\ 0\ 0\ 0\ 0\ 0\ 0\ 0\ 0\ 0\ 0\ 0\ 0\ 0\ 0\ 0\ 0\ 0\ 0\ 0\ 0\ 0\ 0\ 0\ 0\ 0\ 0\ 0)_2 = -536870912$

有關位元運算子的例子，可參考「5-5 進階範例」之「範例 17」與「5-6 自我練習」之「18」。

2-4 運算子的優先順序

不管哪一種運算式，式子中一定含有運算元與運算子。運算處理的順序是依照運算子的優先順序為準則，運算子的優先順序在前的先處理；運算子的優先順序在後的後處理。

表2-11 運算子優先順序

運算子優先順序	運算子	說明
1	( )	括號
2	+ , - , ++ , -- , ! , ~	取正號、取負號、前置型遞增、前置型遞減、邏輯「否」運算、位元「否」運算
3	* , / , %	乘、除、取餘數
4	+ , -	加、減
5	<< , >>	位元左移、位元右移
6	> , >= , < , <=	大於、大於等於 小於、小於等於
7	== , !=	等於、不等於
8	& , | , ^	位元「且」運算、位元「或」運算、 位元「互斥或」運算
9	&& , ||	邏輯「且」運算、邏輯「或」運算
10	= , += , -= , *= , /= , %= , &= , ^= , |= , <<= , >>=	指定運算及各種複合指定運算
11	++ , --	後置型遞增、後置型遞減

2-5　資料型態轉換

當不同型態的資料放在同一個運算式中，資料是如何運作？其處理的方式有下列兩種：

1. **自動轉換資料型態**（或隱含型態轉換：Implicit Casting）：由編譯器來決定轉換成何種資料型態。C 編譯器會將數值範圍較小的資料態型轉換成數值範圍較大的資料型態。數值資料型態的範圍由小到大為 char，short，int，float，double。

   例：（程式片段）
   ```c
   char c='A';
   int i=10;
   float f=3.6f;
   double d;
   d=c+i+f; //將c值轉換為整數65，再執行65+i → 75
            //接著將75的值轉換為單精度浮點數75.0
            //再執行75.0+f → 78.6
            //最後將78.6轉換為倍精度浮點數78.6，並指定給d
   ```

2. **強制轉換資料型態**（或明顯型態轉換：Explicit Casting）：由設計者自行決定轉換成何種資料型態。當問題要求的資料型態與執行結果的資料型態不同時，設計者就必須強制對執行結果做資料型態轉換。

   強制型態轉換語法：

   （資料型態）變數或運算式；

   例：（程式片段）
   ```c
   int a=1,b=2,c=3;
   float avg;
   avg=(float)(a+b+c)/3;
   //將a+b+c的值轉換為單精度浮點數，再除以3
   ```

   例：（程式片段）
   ```c
   int a=1,b=2,c=3;
   int avg=(int)(a*0.3+b*0.3+c*0.4);
   //將a*0.3+b*0.3+c*0.4的值轉換為整數（即，將小數部分去掉）。
   ```

2-6 自我練習

1. 變數未經過宣告，是否可直接使用？

2. 變數 age 與 Age 是否為同一個變數？

3. 下列變數的命名，何者有誤？

   (1) age   (2) 123a   (3) 年齡   (4) if   (5) _test   (6) if&else   (7) my age

4. 說明運算子 = 與 == 的差異。

5. （程式片段）

```
int a=10;
float b;
b=(float)a+1;
```

   在執行 b=(float)a+1; 指令後，a 的資料型態為何？

6. 說明下列字元的意義。

   (1) \a   (2) \b   (3) \n   (4) \r   (5) \t

03

基本輸出函式及輸入函式

教學目標

3-1　資料輸出
3-2　資料輸入
3-3　發現問題
3-4　自我練習

資料輸入與資料輸出是任何事件的基本元素，猶如因果關係。例如：考試事件，學生將考題的作法寫在考卷上（資料輸入），考完後老師會在學生的考卷上給予評分（資料輸出）。又例如：開門事件，當我們將鑰匙插入鎖孔並轉動鑰匙（資料輸入），門就會被打開（資料輸出）。若資料輸入與資料輸出不是同時存在於事件中，則事件的結果不是千篇一律（因沒有資料輸入，所以資料輸出就沒有變化），就是不知其目的為何（因沒有資料輸出）。

C 語言對於資料輸入與資料輸出處理，並不是直接下達一般指令敘述，而是藉由呼叫函式 (function) 來達成。函式為具有特定功能的程式，不能單獨執行，必須經由其他程式呼叫它，才能執行函式的功能。但要注意的是：函式被呼叫之前，一定要宣告函式（即告知編譯器，函式定義在哪裡）。

函式以是否存在於 C 語言中來區分，可分成下列兩類：

1. **庫存函式**：C 語言所提供的函式庫中之函式。（參考「第六章 庫存函式」）。

> **注意** 在程式中，只要使用到 C 語言的庫存函式，則必須使用 #include 將宣告該庫存函式所在的 .h 標頭檔，含括到程式裡；否則可能會出現下面錯誤訊息（切記）：
>
> ' 某庫存函式名稱 ' undeclared (first use this function)

2. **使用者自訂函式**：使用者自行撰寫的函式。（參考「第十章 使用者自訂函式」）

本章主要在介紹資料輸入函式與資料輸出函式兩種類型的庫存函式，其他未介紹的庫存函式，請讀者自行參考「第六章 庫存函式」。C 語言對於資料輸入與資料輸出處理，都是藉由資料輸入函式與資料輸出函式來執行。而標準資料輸入函式與資料輸出函式（標準 I/O 函式）的原型宣告都放在 <stdio.h> 標頭檔中，因此，當我們要呼叫這些函數時，就必須在程式的開頭下達 #include <stdio.h> 指令敘述，如此就可以從周邊設備輸入資料或輸出資料至周邊設備。標準的輸入設備與輸出設備，分別是指鍵盤與螢幕。

3-1　資料輸出

執行程式時，如何將一些資料呈現出來呢？資料的呈現方式有下列三種：

1. 顯示在螢幕上。
2. 存入在檔案中。（參考「第十四章 檔案處理」）
3. 印在紙上。（參考「範例 1」）

≡範例 1

寫一程式，將 test.txt 檔案內容印在紙上。

（假設 test.txt 檔案的內容為

Trust yourself, you can pass Language C）

```
1   #include <stdio.h>
2   #include <stdlib.h>
3   int main(void)
4   {
5       system("type test.txt > lpt1");
6       system("pause");
7       return 0;
8   }
```

執行結果

```
Trust yourself, you can pass Language C
```

本節主要是探討程式執行時，如何將資料呈現在螢幕上？要將資料顯示在螢幕上，可以使用下列 C 語言庫存函式中的標準輸出函式來達成：

1. printf( )　　2. putchar( )　　3. puts( )

其中 printf( ) 函式是廣泛性的輸出函式，即可以輸出數字、輸出字元、輸出字串；putchar( ) 函式只能輸出字元；而 puts( ) 函式只能輸出字串。

注意　在程式中，只要使用到以上三個庫存函式，就必須使用 #include <stdio.h>，將宣告該庫存函式所在的 stdio.h 標頭檔含括到程式裡，否則可能會出現下面錯誤訊息（切記）：

' 某庫存函式名稱 ' undeclared (first use this function)

██ 3-1-1 標準廣泛輸出函式printf( )

函式名稱	printf()
函式原型	int printf(const char *format [,series]);
功能	將參數series中的資料串列，依據參數format中的輸出格式字串，顯示在螢幕上。
傳回	所輸出的字元個數。（不管字元是否顯示都算。例：\t、\n、\r、\a、\b、…）
原型宣告所在的標頭檔	stdio.h

≡ 說明

1. printf( )函式被呼叫時，需傳入兩個參數。第一個參數（format），表示資料以何種型態輸出。它的資料型態為 const char *，表示 format 為字串常數。[進階用法]format 也可為字元陣列變數名稱或字元指標變數名稱。第二個參數（series），表示要輸出的資料（一個或一個以上），可為常數或變數或運算式或函式。[ ] 表示資料串列 series 可填可不填，視需要而定。

2. format（輸出格式字串）的寫法有下列七種型式：

   (1) 只有一般文字，不含「%」（資料型態控制字元）及「\」（逸出字元）。

   例："I am mike" 或 " 今天是星期一 " 或 " 妳是 English 老師嗎？ "。

   (2) 一般文字中，含有「\」字元。

   例："I am mike.\n 今年 28 歲 " 或 " I am mike\t 今年 28 歲 "。

   (3) 一般文字中，含有「%」字元。

   例：" 我今年 %d 歲 " 或 " 清華大學在 %s"。

   (4) 一般文字中，含有「%」字元及「\」字元。

   例：" 我今年 %d 歲 \n，家住 %s" 或 " 我今年 %d 歲 \t，家住 %s"。

   (5) 無一般文字，只含「%」字元。

   例："%c" 或 "%s %d"。

   (6) 無一般文字，只含「\」字元。

   例："\n" 或 "\a"。

   (7) 無一般文字，只含「%」字元及「\」字元。

例："%d\n" 或 "\t%s"。

　　輸出格式字串中以 % 開頭的文字部分，被稱為資料型態控制字元。其寫法如下：

%[Flags][Width][.Precision]Type

註：(1) [ ] 表示 Flags、Width 及 Precision 可填可不填，視需要而定。

　　(2) Flag(旗號)：輸出資料前是否要先輸出其他字元或改變輸出的起始位置。

　　(3) Width(寬度)：設定給予多少位置來顯示要輸出的資料。

　　(4) Precision(精確度)：設定要輸出的浮點數之小數位數或輸出的字串資料之前幾個字元。

　　(5) Type(型態) 字元：要輸出的資料之資料型態。

　　(6) 請參考「表 3-1 Flag(旗號)」及「表 3-2 Type(型態) 字元」。

表3-1　Flag(旗號)

Flag	作用	預設值
-	輸出之資料靠左對齊（必須配合Width選項才有效，而且資料的寬度必須小於Width）	輸出的資料靠右對齊
+	在大於零的數字資料前面自動輸出「+」	大於零的數字資料前面不會自動輸出「+」
0	輸出數字資料前補「0」（必須配合Width選項才有效，而且資料的寬度必須小於Width）	輸出的數字資料前面不會自動補「0」
#	輸出數字資料前自動輸出「0x」或「0X」（十六進位整數）或「0」（八進位整數）	輸出數字資料前不輸出「0x」或「0X」或「0」

注意　當旗號中的「-」與「0」一起使用時，「0」的作用會失效。

表3-2　Type(型態)字元

Type	型態說明	作用
c	字元	輸出單一字元
d	整數	輸出帶有正負號的十進位整數
f	單精度浮點數	輸出帶有正負號的單精度浮點數。小數點後6位（預設）
lf	倍精度浮點數	輸出帶有正負號的倍精度浮點數。小數點後6位（預設）
e	單精度浮點數或倍精度浮點數	以科學記號方式，輸出帶有正負號的浮點數小數點後6位且e後面4位（預設）。例：-1.230000e+003

Type	型態說明	作用
E	單精度浮點數或倍精度浮點數	以科學記號方式，輸出帶有正負號的浮點數小數點後6位且E後面4位（預設）。例：-1.230000E+003
s	字元陣列或字元指標	輸出字串
u	無正負號的十進位整數	輸出無正負號的十進位整數
o	八進位整數	輸出八進位整數。例：0123
x	十六進位整數	輸出十六進位整數。例：0x1bc4小寫
X	十六進位整數	輸出十六進位整數。例：0X1BC4大寫
p	未定型指標	輸出指向整數資料，或指向浮點數資料，或指向文字資料等的記憶體位址

≡範例 2

\t（水平定位鍵）的應用練習。

```
1   #include <stdio.h>
2   #include <stdlib.h>
3   int main(void)
4     {
5       char name[5]= "mike"; //參考7-1-3字串
6       int age=28;
7       char blood='A';
8       float height=168.5;
9       double money=1234567000;
10      printf("12345678901234567890123456789012345678 90");
11      printf("1234567890\n");
12      printf("我的名字叫%s\t今年%d歲\n",name,age);
13      printf("血型是%c\t身高%5.1f公分\t",blood,height);
14      printf("銀行存款%E元\n", money);
15      system("pause");
16      return 0;
17    }
```

執行結果

```
12345678901234567890123456789012345678901234567890
我的名字叫mike    今年28歲
血型是A身高168.5公分        銀行存款1.234567E+009元
```

注意 水平定位鍵的預設位置，分別為 1、9、17、25、33、41、49、57、65 及 73。

≡ 範例 3

各種輸出格式字串的應用練習。

```
1   #include <stdio.h>
2   #include <stdlib.h>
3   int main(void)
4     {
5       char name[5]= "mike"; //參考7-1-3字串
6       int age=28;
7       char blood='A';
8       float height=168.54;
9       double money=1234567000;
10      printf("This data is %4d \n",12);
11
12      //給4個位置印出12,多餘的位置放在右邊且填空白
13      printf("This data is %-4d \n",12);
14      //給4個位置印出12,多餘的位置放在左邊且填0
15      printf("This data is %04d \n",12);
16
17      //當-與0一起使用時,0的作用會失效
18      printf("This data is %-04d \n",12);
19      //正負號佔一個位置
20      printf("This data is %+5d \n",12);
21      printf("This data is %#4o\n",12);   //0佔一個位置
22      printf("This data is %#6X\n",12);   //0X佔兩個位置
23      printf("我的名字叫%s\n", name);
24      printf("今年%d歲\n",age);
25      printf("血型是%c\n", blood);
26      //給5個位置(3位整數＋1位小數點+1位小數)
27      //印出height的值,小數點後第2位,做四捨五入
28      printf("身高%5.1f公分\n", height);
29      printf("銀行存款有%E元\n", money);
30      system("pause");
31      return 0;
32    }
```

執行結果

```
This data is △△12 (△表示空白)
This data is 12△△
This data is 0012
This data is 12△△
This data is △△+12
This data is △014
This data is △△△0XC
我的名字叫mike
今年28歲
血型是A
身高168.5公分
銀行存款有1.234567E+009元
```

3-1-2 標準字元輸出函式putchar( )

函式名稱	putchar()
函式原型	int putchar(int c);
功能	將指定的字元，輸出到螢幕上。
傳回	輸出字元所對應的ASCII碼。
原型宣告所在的標頭檔	stdio.h

≡ 說明

1. putchar( )函式被呼叫時，需傳入參數（c），它的資料型態為 int，表示必須使用整數變數或整數常數。又因為字元是以整數的型態儲存，所以參數（c）也可以使用字元變數或字元常數。

2. 參數 c 若為整數變數或整數常數，則其值介於 0~255 之間。

≡ 範例 **4**

putchar( ) 函式的應用。

```
1   #include <stdio.h>
2   #include <stdlib.h>
3   int main(void)
4     {
5      char text= 'A';
6      int text_ascii=65;
7      putchar('A');
8      putchar(text);
9      putchar(65);
10     putchar(text_ascii);
11     system("pause");
12     return 0;
13    }
```

執行結果

AAAA

3-1-3　標準字串輸出函式puts( )

函式名稱	puts()
函式原型	int puts(const char *str);
功能	將指定的字串顯示在螢幕上，並自動換列(newline)。
傳回	0。
原型宣告所在的標頭檔	stdio.h

≡ 說明　puts( )函式被呼叫時，需傳入參數（str），它的資料型態為 const char *，表示 str 為字串常數。[進階用法]str 也可為字元陣列變數或字元指標變數。

≡ 範例 5

puts () 函式的應用。

```
1   #include <stdio.h>
2   #include <stdlib.h>
3   int main(void)
4    {
5      char name[5]= "mike"; //參考7-1-3字串
6      char *myname= "my name is 麥克";
7      puts("我的名字叫");
8      puts(name);
9      puts(myname);
10     system("pause");
11     return 0;
12    }
```

執行結果

```
我的名字叫
mike
my name is 麥克
```

3-2　資料輸入

程式執行時，所需要的資料如何取得呢？資料取得的方式共有下列四種：

1. 在程式設計階段，將資料寫在程式中：
   這是最簡單的資料取得方式，但每次執行結果都一樣。因此，只能解決固定的問題（範例 6：1+2=3）。

2. 在程式執行階段，資料才從鍵盤輸入：

資料取得會隨著使用者輸入的資料不同而不同，且執行結果也隨之不同。因此，適合解決同一類型的問題。(參考「範例 7」:求兩個整數之和)

3. 在程式執行階段，資料才由亂數隨機產生：

其目的在自動產生資料，或不想讓使用者掌握資料內容，進而預先得知結果。(參考「第七章 陣列」)

4. 在程式執行階段，才從檔案中讀取資料：

當程式執行時所需要的資料很多時，可事先將這些資料儲存在檔案中，在程式執行時，才從檔案中取出。(參考「第十四章 檔案處理」)

≡ 範例 6

寫一程式，印出 $1 + 2 = 3$。

```
1   #include <stdio.h>
2   #include <stdlib.h>
3   int main(void)
4     {
5       int a=1,b=2;
6       printf("%d + %d = %d\n",a,b,a+b);
7       system("pause");
8       return 0;
9     }
```

執行結果

```
1 + 2 = 3
```

≡ 範例 7

寫一程式，由鍵盤輸入兩個整數，印出兩個整數之和。

```
1    #include <stdio.h>
2    #include <stdlib.h>
3    int main(void)
4      {
5        int a,b;
6        printf("輸入整數a,b:");
7        scanf("%d,%d",&a, &b);
8        printf("%d + %d = %d\n",a,b,a+b);
9        system("pause");
10       return 0;
11     }
```

執行結果

```
輸入整數a,b:1,2
1 + 2 = 3
```

本節主要在探討程式執行階段，如何由鍵盤輸入資料。至於第 3 種及第 4 種資料取得的方式，分別在「第五章 程式之設計模式－迴圈結構」及「第十四章 檔案處理」中介紹。要將資料經由鍵盤輸入，可以使用標準輸入函式 scanf( )、getchar( ) 及 gets( )，與非標準輸入函式 getche( )、getch( ) 及 kbhit( ) 來達成。

scanf( ) 函式是廣泛性鍵盤輸入函式，即可以輸入數字、字元或字串。getchar( ) 函式、getche( ) 函式及 getch( ) 函式，只能輸入字元。gets( ) 函式只能輸入字串。其中 scanf( )、getchar( ) 及 gets( ) 為緩衝區輸入函式；而 getch( )、getche( ) 及 kbhit( ) 為非緩衝區輸入函式。緩衝區輸入函式的運作方式是將輸入的字元先放在鍵盤緩衝區，需按「Enter」鍵後，才完成輸入的程序。而非緩衝區輸入函式的運作方式是輸入的字元無需按「Enter」鍵，就完成輸入的程序。

注意 在程式中，只要使用到 scanf( )、getchar( ) 及 gets( ) 這三個 C 語言的庫存函式，就必須使用 #include <stdio.h>，將宣告該庫存函式所在的 stdio.h 標頭檔含括到程式裡；否則可能會出現下面錯誤訊息（切記）：

' 某庫存函式名稱 ' undeclared (first use this function)。

而使用到 getch( )、getche( ) 及 kbhit( ) 這三個 C 語言的庫存函式，則必須使用 #include <conio.h>，將宣告該庫存函式所在的 conio.h 標頭檔含括到程式裡；否則可能會出現下面錯誤訊息（切記）：

' 某庫存函數名稱 ' undeclared (first use this function)

■ 3-2-1 標準廣泛輸入函式scanf( )

函式名稱	scanf( )
函式原型	int scanf(const char *format , series);
功能	以參數format中所規定的資料型態來輸入資料，並存入參數series中的變數位址串列中。（從鍵盤輸入資料且須按下Enter鍵）。
傳回	符合參數format中所設定的型態之輸入資料個數。
原型宣告所在的標頭檔	stdio.h

≡ 說明

1. scanf( )函式被呼叫時，需傳入兩個參數。第一個參數（format），表示資料以何種資料型態輸入。它的資料型態為 const char *，表示 format 為字串常數。[進階用法]format 也可為字元陣列變數名稱或字元指標變數名稱。第二個參數（series），表示儲存輸入資料的變數位址串列或記憶體位址串列（一個或一個以上的記憶體位址）。

2. 可以利用 scanf( )所傳回的值，來判斷使用者輸入的資料是否全部符合參數 format 中的資料型態，若全部符合，則程式繼續往下執行；否則重新輸入。

3. scanf( )函式和 printf( )函式有很多相似的地方。scanf( )函式的作用是輸入資料；printf( )函式的作用是將資料輸出。scanf( )函式與 printf( )函式的最大差異在於：scanf( )函式的第 2 個參數的型式為變數位址（即變數前加上 &，& 被稱為取址運算子），printf( )函式的第 2 個參數的型式為變數（或常數、運算式、函式或無）。

scanf( )函式的寫法有下列三種模式：

1. scanf( )函式的第 1 個參數 format 只有型態字元。

參數 format 的格式如下：

% Type

其中 Type 為輸入資料的型態字元，請參考「表 3-3 Type(型態) 字元」。

表3-3　Type(型態)字元

Type	說明
c	輸入一個字元(character)。 例：scanf("%c",&ch); 　　//ch為字元變數，將輸入的資料存入ch所在的記憶體位址

s	輸入一個字元陣列或一個字串(string)。
	例：scanf("%s",name);
	　　//name為字元陣列變數，將輸入的資料存入name
	　　//所在的記憶體位址（字元陣列名稱本身就是位址，
	　　//故不須使用&）

Type	說明

d	輸入一個十進位有號整數(integer)。
	例：scanf("%d",&age);
	　　//age為十進位有號整數變數，將輸入的資料存入
	　　//age所在的記憶體位址

f	輸入一個有號浮點數(floating number)。
	例：scanf("%f",&radius);
	　　//radius為有號浮點數變數，將輸入的資料存入
	　　//radius所在的記憶體位址

lf	輸入一個有號倍精度浮點數(double floating number)。
	例：scanf("%lf",&deviation);
	　　//deviation是有號倍精度浮點數變數，
	　　//將輸入的資料存入deviation所在的記憶體位址

e	以科學記號表示法輸入一個數字，例如6.3e+03。
	例：scanf("%e",&spec);
	　　//spec為有號浮點數或倍精度浮點數變數，
	　　//將輸入的資料存入spec所在的記憶體位址

E	以科學記號表示法輸入一個數字，例如6.3E+03（大寫E）。
	例：scanf("%E",&spec);
	　　//spec為有號浮點數或倍精度浮點數變數，
	　　//將輸入的資料存入spec所在的記憶體位址

u	輸入一個無號十進位整數（無號十進位整數範圍0~4294967285）
	例：scanf("%u",&number);
	　　//number為無號整數變數，將輸入的資料
	　　//存入number所在的記憶體位址

o	輸入一個無號八進位整數（以0~7表示）
	例：scanf("%o",&byte);
	　　//byte為整數變數，將輸入的資料存入
	　　//byte所在的記憶體位址

x	輸入一個無號十六進位整數（以0~9及小寫字母a~f表示）。
	例：scanf("%x",&address);
	　　//address為整數變數，將輸入的資料存入
	　　//address所在的記憶體位址

X	輸入一個無號十六進位整數（以0~9及大寫字母A~F表示）。
	例：scanf("%X",&address);
	　　//address為整數變數，將輸入的資料存入
	　　//address所在的記憶體位址

不管使用 scanf( ) 函式三種模式中的哪一種寫法，scanf 函式都可以同時輸入多個同型態或不同型態的資料。但有下列兩點要注意的：

(1) 第 1 個參數（format）中使用多個型態字元時，這些型態字元之間可以使用空白、,、:、/ 來分隔，執行時同樣要用相對應的空白、,、:、/ 來分隔輸入之資料。

(2) 第 2 個參數（變數位址串列）中，也要使用多個變數位址（看 format 參數中有幾個型態字元，變數位址就要幾個），且變數位址之間必須用逗點來分隔。

例：//number 為整數變數，ch 為字元變數，average 為浮點數變數
　　// 輸入時以空白隔開資料。
　　scanf("%d %c %f", &number,&ch,&average);
　　// 輸入 12 a 12.34，則 number =12，ch='a'，average=12.34

例：// 輸入時以 , 隔開資料。
　　scanf("%d,%c,%f", &number,&ch,&average);
　　// 輸入 12,a,12.34，則 number =12，ch='a'，average =12.34

例：// 輸入時以 : 隔開資料。
　　scanf("%d:%c:%f", &number,&ch,&average);
　　// 輸入 12:a:12.34，則 number =12，ch='a'，average =12.34

例：// 輸入時以 / 隔開資料。
　　scanf("%d/%c/%f", &number,&ch,&average);
　　// 輸入 12/a/12.34，則 number =12，ch='a'，average =12.34

2. scanf( ) 函式的第 1 個參數 format 除了型態字元外，還可在型態字元前面加上寬度，來限制輸入資料的寬度。超過寬度的文字也會被忽略，且會留在鍵盤緩衝區內。

參數 format 的格式如下：

% Width Type

其中，Width 為輸入資料的寬度，Type 為輸入資料的型態。

例：//number 為整數變數，接受介於 -99~999 之間的整數值
　　// 超過寬度的部分會被忽略，且會留在鍵盤緩衝區內
　　scanf("%3d", &number); // 輸入 1234，則 number =123

例：//name 為字元陣列變數，接受 6 個 Bytes 的文字資料
　　// 超過寬度的部分會被忽略，且會留在鍵盤緩衝區內
　　scanf("%6s", name); // 輸入 a12bds34，則 name ="a12bds"

例：//rate 為浮點數變數，接受寬度為 7 的浮點數
　　// 超過寬度的部分會被忽略，且會留在鍵盤緩衝區內
　　scanf("%7f", &rate); // 輸入 -12.35167，則 rate = -12.351

3. scanf 函式的第 1 個參數 format 並無型態字元。

參數 format 的格式為如下：

% [⋯]　　或　　% [^⋯]

其中，[⋯] 表示輸入資料時，只能輸入 [ ] 中的文字，遇到不是 [ ] 中的文字就會被忽略，且後面的文字也會被忽略，且會留在鍵盤緩衝區內。[⋯] 是用來限制輸入資料的文字。而 [^⋯] 與 [⋯] 的功能正好相反，表示輸入資料時，不能輸入 [ ] 中的文字，其他文字都可以，遇到 [ ] 中的文字就會被忽略，且後面的文字也會被忽略，且會留在鍵盤緩衝區內。

使用第 3 種模式輸入資料時，有以下三點事項要注意：

(1) % [⋯] 及 % [^⋯] 只能用於字串輸入。
(2)「...」有分大小寫。
(3) 若「...」是連續數字或英文字母，則可用「-」來代表其連續性。

例：%[1234] 可用 %[1-4] 來表示，%[^abcde] 可用 %[^a-e] 來表示。
例：//data 為字元陣列變數
　　scanf("%[123e]", data); // 輸入 123Eab，則 data 的內容為 "123"
例：//data 為字元陣列變數
　　scanf("%[^abc3]", data); // 輸入 Ab34ab，則 data 的內容為 "A"

scanf 函式在使用上有以下兩點特別需要留意：

1. 當 scanf 函式用在輸入字串資料時，輸入時資料中間不可含有空白字元（即空白鍵（space）、定位鍵（tab）和換列字元（Enter））。若出現空白字元，則只接受空白字元之前的文字資料，空白字元之後的文字資料會留在鍵盤緩衝區內。而這些留在鍵盤緩衝區的內容會留給下次輸入資料使用，會造成相當的困擾。

   例：scanf("%s",name); //name 為字元陣列變數

   　　　// 若輸入 Mike Lin，則 name="Mike", "Lin" 留在鍵盤緩衝區內

   解決 scanf( ) 函式在輸入字串資料時，不能輸入空白字元（包括空白、Enter 及 Tab）問題，有下列兩種方法：

   (1) scanf("%[^\n]", name); // 接受除了 Enter 鍵以外的文字

   (2) gets(name);

2. 輸入資料時，若資料的型態與 scanf( ) 函式中的參數 format 之資料型態不一致時，則第一個不符合的部分會留在鍵盤緩衝區內。而這些留在鍵盤緩衝區的內容會留給下次輸入資料使用，造成相當的困擾。

   為了解決留在鍵盤緩衝區的資料造成下一次輸入資料的困擾，可以使用以下指令來清除鍵盤緩衝區的資料。

   fflush(stdin);

   // 清除鍵盤緩衝區的資料。stdin 表示標準輸入裝置（鍵盤）

函式名稱	fflush( )
函式原型	int fflush(FILE *fptr);
功能	清除檔案指標fptr所指向的資料串流緩衝區之內容
傳回	1. 成功清除，傳回0。 2. 清除失敗，傳回EOF。
原型宣告所在的 標頭檔	stdio.h

三 說明

1. fflush( ) 函式被呼叫時，需傳入參數（fptr），代表要讀取的資料串流之檔案指標。

2. 參數（fptr）的資料型態為 FILE *，表示必須使用檔案指標。

3. 關於檔案指標及資料串流的說明，請參考「第十四章 檔案處理」。

例：scanf("%s",name); //name 為字元陣列變數

　　// 若輸入 Mike Lin，則 name="Mike", "Lin" 留在鍵盤緩衝區內

　　scanf("%s",class); //class 為字元陣列變數

　　// 執行到此，並不會等待使用者由鍵盤輸入資料，

　　// 而是直接到鍵盤緩衝區將 "Lin" 指定給 class，所以 class="Lin"

解決之道：（寫法改成下列方式）

　　scanf("%s",name); //name 為字元陣列變數

　　// 若輸入 Mike Lin，則 name="Mike", "Lin" 留在鍵盤緩衝區內

　　fflush(stdin); // 清除留在鍵盤緩衝區內的資料 "Lin"

　　scanf("%s",class); //class 為字元陣列變數

　　// 執行到此，就會等待使用者由鍵盤輸入資料

例：scanf("%d",&age); //age 為整數變數

　　// 若輸入 12（Enter），則 age =12,

　　//'\n'(換列：Line Feed) 留在鍵盤緩衝區內

　　scanf("%c",&sex); //age 為字元變數

　　// 執行到此，並不會等待使用者由鍵盤輸入資料

　　// 而是直接到鍵盤緩衝區將 '\n' 指定給 sex，所以 sex='\n'

解決之道 1：（寫法改成下列方式）

　　scanf("%d",&age); //age 為整數變數

　　// 若輸入 12（Enter），則 age =12，'\n'（換列）留在鍵盤緩衝區內

　　scanf(" △ %c",&sex); //sex 為字元變數，△表示空白

　　//%c 前加入一空格（目的是為了移除鍵盤緩衝區的 '\n'）

　　// 如此就會等待使用者由鍵盤輸入資料給 sex 變數。

解決之道 2：（寫法改成下列方式）

　　scanf("%d",&age); //age 為整數變數

　　// 若輸入 12（Enter），則 age =12，'\n'（換列）留在鍵盤緩衝區內

fflush(stdin); // 清除留在鍵盤緩衝區內的資料 '\n'

scanf("%c",&sex); //sex 為字元變數

// 執行到此，就會等待輸入資料給 sex 變數

不過，解決留在鍵盤緩衝區的資料造成下一次輸入資料的困擾的最佳方式，就是輸入時要符合 scanf( ) 函式中的參數 format 之資料型態。

≡範例 8

寫一程式，輸入長方形的長與寬，印出其面積。

```
1   #include <stdio.h>
2   #include <stdlib.h>
3   int main(void)
4    {
5      int length,width;
6      printf("輸入長方形的長與寬:");
7      scanf("%d %d", &length,&width);
8      //輸入長與寬時，以空白隔開:
9
10     printf("長為%d與", length);
11     printf("寬為%d的長方形面積= ", width);
12     printf("%d\n", length*width);
13     system("pause");
14     return 0;
15    }
```

執行結果

輸入長方形的長與寬:9 6
長為9與寬為6的長方形面積=54

≡程式解說

1. 使用 scanf( ) 函式輸入資料時，若控制字元間以某種符號做區隔，則執行時，輸入的資料就必須以該符號做區隔。

2. 若第 7 列改成 scanf("%d,%d", &length,&width); 則輸入時，必須以 , 區隔資料 9 與 6。

≡ **範例 9**

寫一程式，將華氏溫度轉換成攝氏溫度。

```
1   #include <stdio.h>
2   #include <stdlib.h>
3   int main(void)
4   {
5       float f,c;
6       printf("輸入華氏溫度:");
7       scanf("%f",&f);
8       c = ( f - 32 ) * 5 / 9;
9       printf("攝氏溫度=%.1f \n",c);
10      system("pause");
11      return 0;
12  }
```

執行結果

輸入華氏溫度:77
攝氏溫度=25.0

3-2-2　標準字元輸入函式getchar( )

函式名稱	getchar( )
函式原型	int getchar(void);
功能	從鍵盤輸入一個字元。
傳回	輸入字元所對應之ASCII值。
原型宣告所在的標頭檔	stdio.h

≡ **說明**

1. void 表示 getchar( ) 函式被呼叫時，不需傳入任何參數。

2. getchar( ) 函式被呼叫時，等待使用者輸入一個字元並顯示在螢幕上，且需按 Enter 鍵，才會將該字元從鍵盤緩衝區讀進來。

▆ 3-2-3 非標準字元輸入函式getche( )

函式名稱	getche( )
函式原型	int getche(void);
功能	從鍵盤輸入一個字元。
傳回	輸入字元所對應之ASCII值。
原型宣告所在的標頭檔	conio.h

≡ 說明

1. void 表示 getche( ) 函式被呼叫時，不需傳入任何參數。

2. getche( ) 函式被呼叫時，等待使用者輸入一個字元，立刻將該字元從鍵盤緩衝區讀進來。該字元會顯示在螢幕上且不需按 Enter 鍵。

▆ 3-2-4 非標準字元輸入函式getch( )

函式名稱	getch( )
函式原型	int getch(void);
功能	從鍵盤輸入一個字元.
傳回	輸入字元所對應之ASCII值。
原型宣告所在的標頭檔	conio.h

≡ 說明

1. void 表示 getch( ) 函式被呼叫時，不需傳入任何參數。

2. getch( ) 函式被呼叫時，等待使用者輸入一個字元，立刻將該字元從鍵盤緩衝區讀進來。該字元不會顯示在螢幕上且不需按 Enter 鍵。

≡ **範例 10**

寫一程式，比較 getchar( )、getche( ) 及 getch( ) 三個函式之間的差異。

```
1   #include <stdio.h>
2   #include <conio.h>
3   #include <stdlib.h>
4   int main(void)
5     {
6       char ch1,ch2,ch3;
```

```
7       printf("輸入一字元:");
8       ch1 = getchar();
9       printf("輸入一字元:");
10      ch2 = getche();
11      printf("\n輸入一字元:");
12      ch3 = getch();
13      printf("\n輸入的字元為:%c%c%c\n",ch1,ch2,ch3);
14      system("pause");
15      return 0;
16  }
```

執行結果

```
輸入一字元:A(按Enter)
輸入一字元:B(沒有按Enter)
輸入一字元:C(沒有顯示且沒有按Enter)
輸入的字元為:ABC
```

▰ 3-2-5 非標準字元輸入函式kbhit( )

函式名稱	kbhit( )
函式原型	int kbhit(void);
功能	從鍵盤輸入一個字元,但該字元不會顯示在螢幕上,且無須按下Enter鍵,該字元立刻從鍵盤緩衝區讀進來。
傳回	1. 若使用者有按下任何鍵,則傳回1或非零數值。 2. 若使用者沒有按下任何鍵,則傳回0。
原型宣告所在的標頭檔	conio.h

≡ 說明

1. void 表示 kbhit( ) 函式被呼叫時,不需傳入任何參數。

2. kbhit( ) 函式被呼叫時,不會暫停等待使用者按下任何鍵,而是立刻判斷當時使用者是否按下任何按鍵。不管使用者是否按下任何按鍵,程式繼續往下執行。

3. 參考「5-5 進階範例」之「範例 16」

3-2-6 標準字串輸入函式gets( )

函式名稱	gets( )
函式原型	char *gets(char *str);
功能	從鍵盤輸入一串文字資料,且需按下Enter鍵,文字資料才從鍵盤緩衝區讀進來,然後存入str變數中。
傳回	輸入字串之位元組(bytes)數。
原型宣告所在的標頭檔	stdio.h

≡ 說明

1. gets( )函式被呼叫時,需傳入參數(str),做為儲存輸入文字資料的變數。它的資料型態為 char *,表示 str 為字元陣列變數。[進階用法]str 也可為字元指標變數。

2. 輸入的文字資料可以包含空白字元。

≡ 範例 11

寫一程式,利用 gets( ) 函式輸入文字資料及 puts( ) 函式輸出文字資料。

```
1   #include <stdio.h>
2   #include <stdlib.h>
3   int main(void)
4     {
5       char str[81]; //參考7-1-3字串
6       printf("輸入文字資料:");
7       gets(str);
8       printf("您所輸入的文字資料為\n");
9       puts(str);
10      system("pause");
11      return 0;
12    }
```

執行結果

輸入文字資料:我是麥克
您所輸入的文字資料為
我是麥克

3-3 發現問題

≡範例 12

輸出格式錯誤問題。

```
1   #include <stdio.h>
2   #include <stdlib.h>
3   int main(void)
4     {
5        float num1=10.0;
6        int   num2=20;
7        printf("num1=%d,num2=%f\n",num1,num2);
8        system("pause");
9        return 0;
10    }
```

執行結果

```
num1=0,num2=0.000000
```

≡程式解說

1. 資料輸出時，若輸出的格式不對，則結果就不對。

2. num1 的型態為 float，使用 %d，格式不對。

3. num2 的型態為 int，使用 %f，格式不對。

≡範例 13

float 資料型態及 double 資料型態的資料之準確度問題。

```
1   #include <stdio.h>
2   #include <stdlib.h>
3   int main(void)
4     {
5        float  a=1.2345678901234567890f;
6        double b;
7        printf("%.20f\n",a);    //1.23456788063049320000
8        a=12.345678901234567890f;
9        printf("%.20f\n",a);    //12.34567928314209000000
10       b=1.2345678901234567890;
11       printf("%.20f\n",b);    //1.23456789012345670000
12       b=123.45678901234567890;
13       printf("%.20f\n",b);    //123.45678901234568000000
14       system("PAUSE");
15       return 0;
16    }
```

執行結果

<u>1.2345678</u>8063049320000
<u>12.34567928</u>314209000000
<u>1.234567890123456</u>70000
<u>123.4567890123456</u>8000000
（有畫底線的部分表示準確的數字）

≡ 程式解說

由於不是每一個浮點數都能準確儲存在記憶體中，導致有誤差產生。故有些「float」型態的資料，儲存在記憶體中只能準確 7~8 位 (整數位數 + 小數位數)，有些「double」型態的資料，儲存在記憶體中只能準確 16~17 位 (整數位數 + 小數位數)。

≡ 範例 **14**

int 資料型態之準確度問題。

```
1 #include <stdio.h>
2 #include <stdlib.h>
3 int main(void)
4 {
5   int a=2.5;
6   printf("a=%d\n",a);
7   system("PAUSE");
8   return 0;
9 }
```

執行結果

a=2

≡ 程式解說

若將帶有小數點的數字資料指定給整數型態的變數時，則只會將整數部份存入變數中

3-4　自我練習

1. 寫一程式，輸入兩個整數 a 及 b，輸出 a 除以 b 的商及餘數。

2. 假設某百貨公司周年慶活動，購物滿 10,000 元送 1000 禮券，滿 20,000 元送 2000 禮券，以此類推。寫一程式，輸入購物金額，輸出禮券金額。

3. 寫一程式，輸入三角形的底與高，印出其面積。

4. 寫一程式，輸入攝氏溫度，轉成華氏溫度輸出。轉換公式：華氏溫度 =(9/5)* 攝氏溫度 +32。

5. 寫一程式，輸入英哩數，轉成公里數輸出。轉換公式：公里數 =1.609* 英哩數。

6. 寫一程式，輸入兩個整數，輸出兩數之和。

7. 寫一程式，輸入體重 (kg) 和身高 (m)，輸出 BMI 值。公式：BMI = 體重 (kg) / 身高 (m^2)。

8. 寫一程式，輸入一個十進位的整數，輸出該整數的八進位和十六進位表示法。

9. 說明函式 getche( ) 與 getch( ) 的差異。

10.
```c
#include <stdio.h>
#include <stdlib.h>
int main(void)
{
      int num;
      printf("輸入一整數:");
      scanf("%d",num);
      printf("整數=%d \n", num);
      system("pause");
      return 0;
}
```

程式執行時發生錯誤，為什麼？

04

程式之設計模式──選擇結構

教學目標

4-1　程式運作模式

4-2　選擇結構

4-3　巢狀選擇結構

4-4　進階範例

4-5　自我練習

日常生活中，常會碰到很多需要做決策的事件。例：陰天時，出門前需決定帶或不帶傘？到餐廳吃飯時，需決定吃什麼？找工作時，需決定什麼性質行業適合自己？決策代表方向，其會影響後續的發展，由此可見，決策與後續發展的因果關係。

4-1 程式運作模式

程式的運作模式是指程式的執行流程。C 語言有下列三種運作模式：

圖4-1 循序結構流程圖

1. **循序結構**：程式敘述由上而下，一個接著一個執行。循序結構之運作方式，請參考「圖 4-1」。

2. **選擇結構**：為一決策結構，內部包含一組條件判斷式。若條件判斷式的結果為「1」（眞），則執行某一區間的程式敘述；若條件判斷式的結果為「0」（假），則執行另一區間的程式敘述。選擇結構之運作方式，請參考「4-2 選擇結構」。

   例如：成績若大於或等於 60 分，就及格；否則，就不及格。

3. **迴圈結構**：是內含一組條件的重複結構。當程式執行到此迴圈結構時，是否重複執行迴圈內部的程式敘述，是由條件判斷式的結果來決定的。若條件判斷式的結果為「1」（眞），則會執行迴圈結構內部的程式敘述；若條件判斷式的結果為「0」（假），則不會進入迴圈結構內部。（請參考「第

五章 程式之設計模式──迴圈結構」)

例如：一位大學生是否可以畢業，必須視該系規定。若沒達到該系規定，則必須繼續修課。

4-2　選擇結構

當一事件設有條件或狀況說明時，就可使用選擇結構來描述事件的決策點。選擇就是決策，其結構必須結合條件判斷式。在 C 語言程式設計上，選擇結構語法有以下四種：

1. if（單一狀況、單一決策）
2. if … else …（兩種狀況、正反決策）
3. if … else if … else（多種狀況、多方決策）
4. switch（多種狀況、多方決策）

4-2-1　if選擇結構（單一狀況、單一決策）

若一個事件的決策只有一種，則使用選擇結構「if」來撰寫最適合。選擇結構「if」之運作方式，請參考「圖 4-2」。

選擇結構「if」的語法如下：

```
if ( 條件 )
  {
     程式敘述區塊；
  }

程式敘述；
```

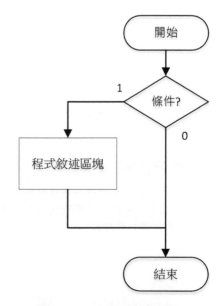

圖4-2　if選擇結構流程圖

　　當程式執行到選擇結構「if」開端時，會檢查「if (條件)」內的條件判斷式，若條件判斷式的結果為「1」，則執行「if (條件)」底下「{ }」內的程式敘述，然後跳到選擇結構「if」外的第一個程式敘述去執行；若條件判斷式的結果為「0」，則直接跳到選擇結構「if」外的第一個程式敘述去執行。

> **注意**　對於「if」、「if…else」及「if… else if… else…」選擇結構，若大括弧 { } 內的程式敘述只有一行，則 { } 可省略；若是兩行（含）以上，則 { } 不可省略。

≡範例 1

若手中的統一發票號碼末 3 碼與本期開獎的統一發票頭獎號碼末 3 碼一樣時，至少獲得 200 元獎金。寫一程式，輸入本期的統一發票頭獎號碼及手中的統一發票號碼，判斷是否至少獲得 200 元獎金。

```
1  #include <stdio.h>
2  #include <stdlib.h>
3  int main(void)
4  {
5      int topPrize, num;
6      printf("輸入本期開獎的統一發票頭獎號碼(8碼):");
7      scanf("%d",&topPrize);
8      printf("輸入手中的統一發票號碼(8碼):");
9      scanf("%d",&num);
10 if (num % 1000 == topPrize % 1000) //末3碼一樣時
11     printf("至少獲得200元獎金.");
12 system("pause");
13 return 0;
14 }
```

執行結果1

輸入本期開獎的統一發票頭獎號碼:36822639
輸入手中的統一發票號碼:38786639
至少獲得200元獎金.

執行結果2

輸入本期開獎的統一發票頭獎號碼:36822639
輸入手中的統一發票號碼:58765839
(無任何資料輸出)

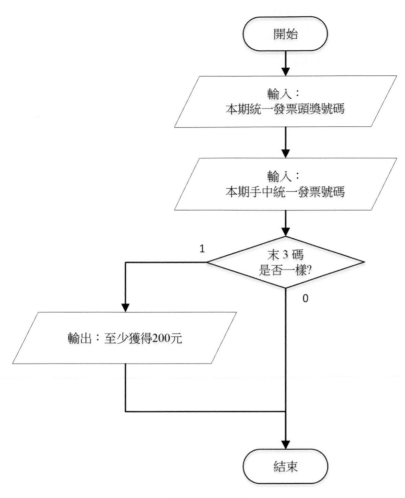

範例1流程圖

範例 2

假設某家餐廳消費一客 400 元，持貴賓卡打 9 折；無貴賓卡不打折。寫一程式，輸入是否持貴賓卡及消費人數，印出消費金額。

```
1   #include <stdio.h>
2   #include <stdlib.h>
3   int main(void)
4     {
5      float money=400;
6      int people;
7      char special;
8      printf("持貴賓卡(1:持 2:無):");
9      scanf("%c",&special);
10     printf("消費人數:");
11     scanf("%d",&people);
12     money=400*people;
```

```
13      if (special == '1')
14        money=money*0.9;
15
16      printf("消費金額: %.0f\n", money);
17      system("pause");
18      return 0;
19    }
```

執行結果1

持貴賓卡(1:持 2:無):1
消費人數:1
消費金額:360

執行結果2

持貴賓卡(1:持 2:無):2
消費人數:2
消費金額:800

範例2流程圖

▆4-2-2　if…else…選擇結構（兩種狀況、正反決策）

若一個事件的決策有兩種，則使用選擇結構「if…else…」來撰寫是最適合。選擇結構「if…else…」之運作方式，請參考「圖4-3」。

選擇結構「if…else…」的語法如下：

```
if ( 條件 )
  {
      程式敘述區塊1；
  }
else
  {
      程式敘述區塊2；
  }
程式敘述；
```

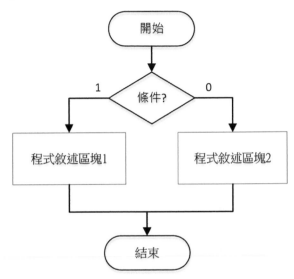

圖4-3　if...else...選擇結構流程圖

當程式執行到選擇結構「if…else…」開端時，會檢查「if (條件)」內的條件判斷式，若條件判斷式的結果為「1」，則執行「if (條件)」底下「{ }」內的程式敘述，然後跳到選擇結構「if…else…」外的第一個程式敘述去執行；若條件判斷式的結果為「0」，則執行「else」底下「{ }」內的程式敘述，執行完繼續執行下面的程式敘述。

☰範例3

成績若大於或等於 60 分，則這科就及格；否則就不及格。寫一程式，輸入成績，判斷是否及格。

```
1   #include <stdio.h>
2   #include <stdlib.h>
3   int main(void)
4     {
5       int score;
6       printf("輸入成績:");
7       scanf("%d",&score);
8       if (score>=60)
9         printf("及格\n");
10      else
```

```
11          printf("不及格\n");
12
13      system("pause");
14      return 0;
15  }
```

執行結果

輸入成績:70
及格

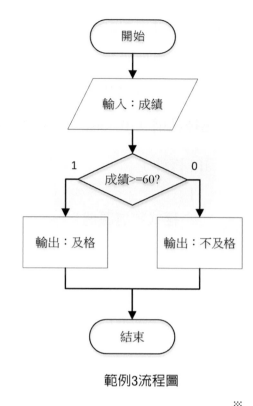

範例3流程圖

▇ 4-2-3 if … else if … else選擇結構（多種狀況、多方決策）

若一個事件的決策有三種(含)以上，則使用選擇結構「if…else if…else…」來撰寫是最適合。選擇結構「if…else if…else…」之運作方式，請參考「圖4-4」。

選擇結構「if…else if…else…」的語法如下：

```
if(條件1)
  {
      程式敘述區塊1；
  }
else if(條件2)
  {
      程式敘述區塊2；
  }
  ⋮
```

else if (條件n)

  {

　　程式敘述區塊n;

  }

else

  {

　　程式敘述區塊(n+1);

  }

程式敘述；

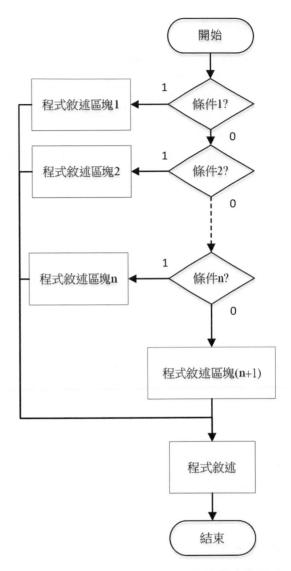

圖4-4　if...else if...else...選擇結構流程圖

注意　在選擇結構「if…else if…else…」中，「else { 程式敘述區塊 (n+1)；}」這部分可以省略（視問題或設計者的寫法而定）。若省略，則「if…else if…else…」結構內的程式敘述可能連一個都沒被執行到，否則會從「if…else if…else…」結構的 (n+1) 個條件中，擇一執行其所包含的程式敘述。

≡範例 *4*

美國大學成績分數與成績等級的關係如下：

分數	90-100	80-89	70-79	60-69	0-59
等級	A	B	C	D	F
表現	極佳	佳	平均	差	不及格

寫一程式，輸入數字成績，印出成績等級。

```
1   #include <stdio.h>
2   #include <stdlib.h>
3   int main(void)
4     {
5       int score;
6       printf("輸入成績(0~100):")
7       scanf("%d",&score);
8       if (score>=90)
9         printf("等級:A\n");
10      else if (score>=80)
11        printf("等級:B\n");
12      else if (score>=70)
13        printf("等級:C\n");
14      else if (score>=60)
15        printf("等級:D\n");
16      else
17        printf("等級:F\n");
18
19      system("pause");
20      return 0;
21    }
```

執行結果1

輸入成績(0~100):80
等級:B

執行結果2

輸入成績(0~100):60
等級:D

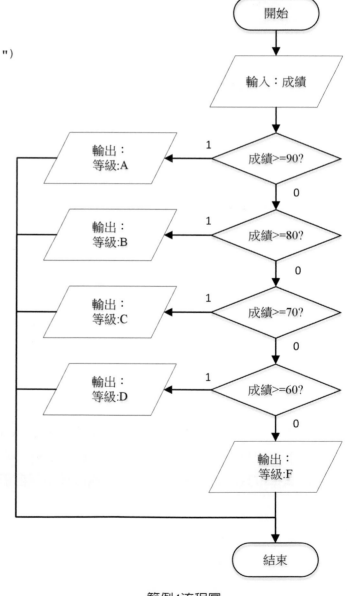

範例4流程圖

▉4-2-4　switch選擇結構（多種狀況、多方決策）

　　若一個事件有三種（含）決策以上，除了可用選擇結構「if…else if…else…」來撰寫外，還可使用「switch」結構來撰寫的。「switch」與「if … else if … else …」結構的差異，在於「switch（運算式）」中的運算式之型態，必須是整數或字元時，才能使用「switch」結構，否則編譯時會出現「switch quantity not an integer」錯誤訊息。選擇結構「switch」之運作方式，請參考「圖 4-5」。

　　選擇結構「switch」的語法如下：

```
switch (運算式)
{
    case 常數1:
        程式敘述；…
        break；
    case 常數2:
        程式敘述；…
        break；
        .
        .
        .
    case 常數n:
        程式敘述；…
        break；
    default:
        程式敘述；…
}
```

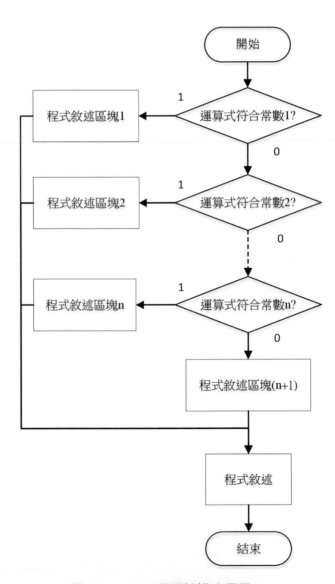

圖4-5　switch選擇結構流程圖

　　程式執行到選擇結構「switch」時，會先計算「switch (運算式)」內的運算式。若運算式的結果與某個「case」後之常數值相等，則直接執行該「case」底下的程式敘述 ;…，遇到「break;」敘述時，程式會直接跳到選擇結構「switch」外的第一個程式敘述去執行；若運算式的結果與任何一個「case」後之常數值都不相等，則執行「default:」底下的程式敘述。「case」後之常數值一次只能寫一個整數常數或字元常數;若想呈現連續的整數常數或字元常數範圍，則必須使用「...」將起始值及終止值連接起來。注意，「...」符號的前面及後面各有一個空白，缺少則編譯時會出現「too many decimal points in number」錯誤訊息。

　　在選擇結構「switch」中，「default: 程式敘述 ;」這部分是選擇性的。若省略，則選擇結構「switch」內的程式敘述，可能連一個都沒被執行到；若沒省略，則會從選擇結構「switch」的 (n+1) 個狀況中，擇一執行其所包含的程式敘述。

　　在選擇結構「switch」中，每個「case」底下的最後一列「break;」敘述，是做為離開選擇結構「switch」之用。若某個「case」底下無「break;」敘述，則此「case」被執行時，電腦會繼續執行下一個「case」底下的程式敘述，直到「break;」敘述出現，才會離開「switch」結構。

範例 5

假設家庭用電度數 0~100 度，每度 3 元；101~200 度數，每度 3.2 元；201~300 度數，每度 3.4 元；301 度數以上，每度 3.6 元。

寫一程式，輸入用電度數，印出電費。（限制說明：用電度數必須為>=0的浮點數）

```
1   #include <stdio.h>
2   #include <stdlib.h>
3   int main(void)
4     {
5      float power;
6      float bill;
7      printf("請輸入用電度數(>=0):");
8      scanf("%f",&power);
9      switch((int)(power -1)/100)//參考2-5資料型態轉換
10      {
11        case 0: // 0 -100 度
12         bill=power*3.0;
13         break;
14        case 1:  // 101-200  度
15         bill=100*3.0+(power -100)*3.2;
16         break;
17        case 2:  // 201-300 度
18         bill=100*3.0+100*3.2+(power -200)*3.4;
19         break;
```

```
20        default:  // 301度以上
21         bill=100*3.0+100*3.2+100*3.4+(power-300)*3.6;
22
23      }
24    printf("電費=%.2f 元",bill);
25
26    printf("\n");
27    system("PAUSE");
28
29    return 0;
30 }
```

執行結果

請輸入用電度數(>=0):198
電費=613.60

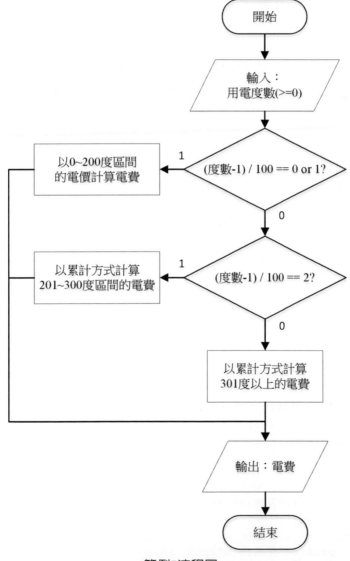

範例5流程圖

☰ 程式解說

1. 在程式第 9 列「switch ((int) (power-1)/100)」中,「(int) (power-1)/100」的目的是將用電度數區段轉換成不同的整數值,並利用這個整數值去計算對應用電度數區段的電費。「100」,代表這四個用電度數區段的最大公因數。因為「(int) power / 100」對於用電度數「power」為 101 度得到的結果與「power」為 100 度相同,「(int) power / 100」對於用電度數「power」為 201 度得到的結果與「power」為 200 度相同,及用電度數「power」為 301 度得到的結果與「power」為 300 度相同,這樣違反「不同用電度數區段電費應不同」規定。最後歸納出用「(int) (power-1)/100」,代表用電度數「power」所屬的區段。這種做法,適用於不同範圍間彼此有公因數的問題。

2. 輸入的度數為 198,在 switch「( )」中的運算式「(int) (power-1)/100」結果為 1,則執行「case 1:」底下的程式敘述,遇到「break;」敘述才會跳出「switch」結構。

☰ 範例 6

美國大學成績分數與成績等級的關係如下:

分數	90-100	80-89	70-79	60-69	0-59
等級	A	B	C	D	F
表現	極佳	佳	平均	差	不及格

寫一程式,輸入數字成績,印出成績等級。

```
1   #include <stdio.h>
2   #include <stdlib.h>
3   int main(void)
4     {
5       int score;
6       printf("輸入成績(0~100):");
7       scanf("%d",&score);
8       switch(score)
9         {
10
11        case 90 ... 100:
12          printf("等級:A\n");
13          break;
14        case 80 ... 89:
15          printf("等級:B\n");
16          break;
17        case 70 ... 79:
```

```
18          printf("等級:C\n");
19          break;
20        case 60 ... 69:
21          printf("等級:D\n");
22          break;
23        default:
24          printf("等級:F\n");
25      }
26
27      system("pause");
28      return 0;
29  }
```

執行結果1

輸入成績(0~100):100
等級:A

執行結果2

輸入成績(0~100):68
等級:D

範例6流程圖

≡ 程式解說

1. 當條件為連續範圍時，則可使用 ... 表示。注意，... 前後各有一個空白。

2. 例，'A' 到 'Z' 使用 'A' ... 'Z' 表示；1 到 10 使用 1 ... 10 表示。

4-3 巢狀選擇結構

一選擇結構中還有選擇結構的架構，稱爲巢狀選擇結構。當一問題提到的條件有兩個 (含) 以上且要同時成立，此時就可以使用巢狀選擇結構來撰寫。雖然如此，您還是可以使用一般的選擇結構結合邏輯運算子來撰寫，同樣可以達成問題的要求。

≡ 範例 7

寫一程式，輸入一個正整數，判斷是否爲 3 或 7 或 21 的倍數？

```c
1 #include <stdio.h>
2 #include <stdlib.h>
3 int main(void)
4 {
5   int num;
6   printf("輸入一個正整數:");
7   scanf("%d",&num);
8   if (num % 3 == 0) //為3的倍數
9       if (num % 7 == 0) //為7的倍數
10          printf("%d是21的倍數\n",num);
11      else
12          printf("%d是3的倍數\n",num);
13  else
14      if (num % 7 == 0)
15          printf("%d是7的倍數\n",num);
16      else
17          printf("%d不是3的倍數或7的倍數\n",num);
18  system("PAUSE");
19  return 0;
20 }
```

執行結果1

輸入一個正整數:19
19不是3的倍數或7的倍數

執行結果2

輸入一個正整數:42
42是21的倍數

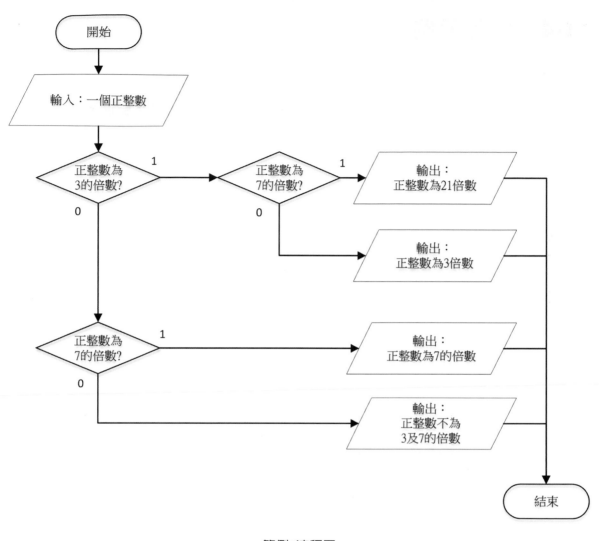

範例7流程圖

4-4 進階範例

範例 8

寫一程式，輸入一個運算符號（+，-，*，/）及兩個整數，最後輸出結果。

```c
1   #include <stdio.h>
2   #include <stdlib.h>
3   int main(void)
4   {
5   char operator;
6   int num1,num2,answer;
7   printf("輸入一個運算符號(+，-，*，/):");
8   scanf("%c",&operator);
9   printf("輸入兩個整數num1,num2:");
10  scanf("%d,%d",&num1,&num2);
11  switch (operator)
12   {
13     case '+':
14       answer= num1+num2;
15       break;
16     case '-':
17       answer= num1-num2;
18       break;
19     case '*':
20       answer= num1*num2;
21       break;
22     case '/':
23       answer= num1/num2;
24   }
25  printf("%d %c %d = %d\n",num1,operator,num2,answer);
26  system("pause");
27  return 0;
28  }
```

執行結果

```
輸入一個運算符號(+，-，*，/):+
輸入兩個整數num1,num2:4,6
4 + 6 = 10
```

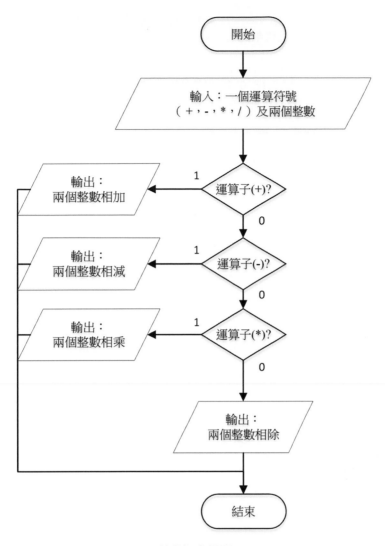

範例8流程圖

範例 9

寫一程式,輸入西元年份,判斷是否為閏年。

西元年份符合下列兩個情況之一,則為閏年。

(1) 若年份為 400 的倍數。

(2) 若年份為 4 的倍數,且不為 100 的倍數。

```
1   #include <stdio.h>
2   #include <stdlib.h>
3   int main(void)
4   {
5     int year;
6     printf("請輸入西元年份:");
7     scanf("%d",&year);
```

```
8    if (year % 400 ==0)        //年份為400的倍數
9      printf("西元%d年是閏年\n",year);
10   else
11     if (year % 4 == 0) //年份4為的倍數
12       if (year % 100   != 0 ) //年份不為100的倍數
13           printf("西元%d年是閏年\n",year);
14         else
15           printf("西元%d年不是閏年\n",year);
16     else
17       printf("西元%d年不是閏年\n",year);
18   system("PAUSE");
19   return 0;
20 }
```

執行結果

請輸入西元年份:2000
西元2000年是閏年

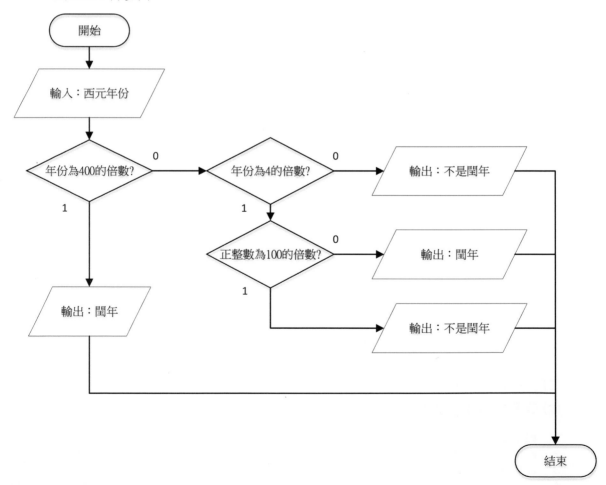

範例9流程圖

≡ **程式解說**

　　程式的第 8 列～第 17 列，可以改成下列寫法：

```
if (year % 400 ==0 || (year % 4 == 0 && year % 100 != 0))
    printf("西元%d年是閏年\n",year);
else
    printf("西元%d年不是閏年\n",year);
```

4-5 自我練習

1. 寫一程式，輸入一整數，判斷是否為偶數。

2. 寫一程式，輸入大寫字母，轉成小寫字母輸出。

3. 假設某加油站的工讀金，依照下列方式計算：

   60 個小時以內，每小時 98 元；61~80 個小時，每小時工讀金以 1.2 倍計算；超過 80 個小時以後，每小時工讀金以 1.5 倍計算。寫一程式，輸入工讀生的工作時數，印出實領的工讀金。

4. 寫一程式，輸入三個整數，判斷何者為最大值。

5. 寫一程式，輸入三角形的三邊長 a，b 及 c，判斷是否可以構成一個三角形。

6. 我國 105 年綜合所得稅的課徵稅率表如下：

綜合所得淨額	稅率	累進差額
0～520,000	5%	0
520,001～1,170,000	12%	36,400
1,170,001～2,350,000	20%	130,000
2,350,001～4,400,000	30%	365,000
4,400,001～10,000,000	40%	805,000
10,000,001以上	45%	1,305,000

   應納稅額＝綜合所得淨額 × 稅率－累進差額。

   寫一程式，輸入綜合所得淨額，輸出應納稅額。

7. 寫一程式，參考範例6做法，輸入農曆月份，利用switch 結構，輸出其所屬的季節。（註：農曆2~4月為春季，5~7月為夏季，8~10月為秋季，11~1月為冬季）

8. 寫一程式，參考範例 6 做法，輸入年齡，利用 switch 結構，輸出其就讀的學制。（註：6~12 歲為小學，13~15 歲為國中，16~18 歲為高中，19~22 歲為大學）

9. 寫一程式，輸入一整數，判斷是否為三位數的整數。

10. 寫一程式，輸入一整數，輸出其絕對值。

11. 寫一程式，輸入平面座標上的一點 (x,y)，判斷 (x,y) 位於哪一個象限或在 x 軸上或在 y 軸上。

12. 假設某加油站 95 無鉛汽油一公升 35 元，今日推出加油滿 30(含) 公升以上打九折。寫一程式，輸入加油公升數，輸出加油金額。

13. 全民健保自 108/03 起，藥品部分負擔費用對照表如下：

藥費	0 ~ 100	101 ~ 200	201~300	301 ~ 400	401 ~ 500	501 ~ 600
藥品部分負擔	0	20	40	60	80	100
藥費	601 ~ 700	701 ~ 800	801 ~ 900	901 ~ 1000	1001以上	
藥品部分負擔	120	140	160	180	200	

寫一程式，輸入藥費，輸出其所對應的藥品部分負擔費用。

(限用單一選擇結構 if)

14. 假設乘坐台中市計程車，里程在 1500 公尺以下皆為 85 元，每超過 200 公尺加 5 元，不足 200 公尺以 200 公尺計算。寫一程式，輸入乘坐計程車的里程，輸出車費。

05

程式之設計模式——迴圈結構

教學目標

5-1　程式運作模式

5-2　迴圈結構

5-3　「break;」與「continue;」敘述

5-4　發現問題

5-5　進階範例

5-6　自我練習

一般學子常爲背誦數學公式且不易牢記所苦。例：求 1+2+…+10 的和，一般的作法是利用等差級數的公式：（上底＋下底）＊高 /2，得到（1+10）＊5/2=55。但往往我們要計算的問題，並不是都有公式。例：求 10 個任意整數的和，就沒有公式可幫我們解決這個問題，那該如何是好呢？

日常生活中，常常有一段時間我們會重複做一些固定的事；過了這段時間就換做別的事。例 1：電視卡通節目「海賊王」，若是星期六 5：00PM 播放，那麼每週的星期六 5：00PM 時，電視台就會播放卡通節目「海賊王」，直到電視台與製作片商的合約到期。例 2：在我們大學制度中，每學期共 18 週。若程式設計課程，排在星期一的 3、4 節及星期四的 1、2 節，則每一週的星期一之 3、4 節及星期四之 1、2 節，學生都必須來上程式設計課程。例 3：一般人每天都要進食。

在特定條件成立時會重複執行特定的程式敘述，直到條件不成立時才停止的架構，稱爲迴圈結構。當一個問題，涉及重複執行完全相同的敘述或敘述相同但資料不同時，不管是否有公式可使用，都可利用迴圈結構來處理。

5-1 程式運作模式

程式的運作模式是指程式的執行流程。C 語言有下列三種運作模式：

1. 循序結構。（參考「第四章 程式之設計模式──循序結構」）
2. 選擇結構。（參考「第四章 程式之設計模式──選擇結構」）
3. 迴圈結構：是內含一組條件的重複結構。當程式執行到此迴圈結構時，是否重複執行迴圈內部的程式敘述，是由條件判斷式的結果來決定的。若條件判斷式的結果爲「1」（眞），則會執行迴圈結構內部的程式敘述；若條件判斷式的結果爲「0」（假），則不會進入迴圈結構內部。

當一事件重複某些特定的現象時，就可使用迴圈結構來描述事件的重複現象。在程式設計上，迴圈結構語法有以下三種：

1. for 計數迴圈；前測式條件迴圈
2. while 前測式條件迴圈
3. do … while 後測式條件迴圈

5-2　迴圈結構

　　根據條件（這些條件通常是由算術運算式、關係運算式及邏輯運算式組合而成）撰寫的位置，迴圈結構分為前測式迴圈及後測式迴圈兩種類型。

1. **前測式迴圈結構**：即條件寫在迴圈結構開端之迴圈。當執行到迴圈結構開端時，會檢查條件判斷式，若條件判斷式的結果為「1」（真），則會執行迴圈內部的程式敘述，之後會再回到迴圈結構的開端，再檢查條件判斷式；否則不會進入迴圈內部，而是直接跳到迴圈結構外的下一個敘述。（參考「圖 5-1」）

> **注意**　若前測式迴圈的條件判斷式結果一開始就為「0」，則前測式迴圈內部的程式敘述，一次都不會執行到。

　　例：一位大學生是否還要繼續修課，必須視該系規定。若沒達到該系規定，則必須繼續修課。

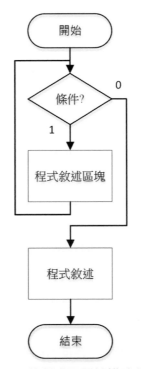

圖5-1　前測式迴圈結構流程圖

2. **後測式迴圈結構**：即條件寫在迴圈結構尾端之迴圈。當執行到迴圈結構時，直接執行迴圈內部的程式敘述，並在迴圈結構尾端檢查條件判斷式結果是否為「1」(真)? 若為「1」，則會從迴圈結構的開端，再執行一次；否則執行迴圈結構外的下一個敘述。(參考「圖 5-2」)

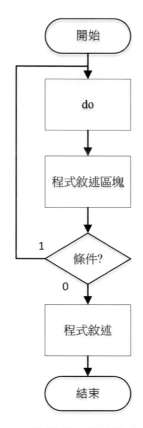

圖5-2　後測式迴圈結構流程圖

> **注意**　後測式迴圈內部的程式敘述，至少執行一次。

　例：一位大學生是否能畢業，必須視該系規定。若沒達到該系規定，則必須繼續修課。

■ 5-2-1　前測式迴圈結構

1. 迴圈結構「for」：當知道問題需使用迴圈結構來撰寫，且知道迴圈結構內部的程式敘述要重複執行幾次，此時使用迴圈結構「for」來撰寫是最方便也是最適合的方式。從迴圈結構「for」中，可以知道迴圈內部的程式敘述會重複執行幾次，因此「for」迴圈又被稱為「計數」迴圈。

迴圈結構「for」的語法如下：

> for (迴圈變數初值設定 ; 進入迴圈的條件 ; 迴圈變數增 (或減) 量)
> {
> 　　程式敘述區塊；
> }

當程式執行到「for」迴圈結構時，程式執行的步驟如下：

(1) 設定迴圈變數的初值。

(2) 檢查進入迴圈的條件結果是否為「1」？若為「1」，則執行步驟 (3)；否則跳到「for」迴圈結構外的下一列敘述。

(3) 執行 for｛ ｝內的程式敘述。

(4) 增加（或減少）迴圈變數的值，然後回到步驟 (2)。

注意

1. 在 for 的 ( ) 裡面，必須要用分號「；」將三個運算式隔開。

2. for( ) 及大括號 { } 後面，都不能加上「；」。

3. 若大括號 { } 內只有一列敘述，則 { } 可以省略：若大括號 { } 內有兩列以上敘述，則一定要加上大括號 { }。

4. 當問題知道需使用迴圈結構來撰寫，且知道迴圈結構內部的程式敘述會重複執行幾次，此時使用「for」迴圈結構來撰寫是最方便也是最適合的方式。因此，「for」迴圈又被稱為計數迴圈。

接著以「範例 1-1」與「範例 1-2」，說明迴圈結構的使用與否，對撰寫程式解決問題的差異及優劣。

≡範例 *1-1*

寫一程式，印出 1+2+…+10 的結果。

```
1   #include <stdio.h>
2   #include <stdlib.h>
3   int main(void)
4     {
5       int sum=0;
6       sum= sum+1;
7       sum= sum+2;
8       sum= sum+3;
9       sum= sum+4 ;
```

```
10     sum= sum+5;
11     sum= sum+6 ;
12     sum= sum+7;
13     sum= sum+8 ;
14     sum= sum+9;
15     sum= sum+10;
16     printf("1+2+…+10=%d\n",sum);
17     system("pause");
18     return 0;
19   }
```

執行結果

1+2+…+10=55

≡ 程式解說

1. 由第 6 列到第 15 列，我們發現指令都類似，只是數字由 1 變到 10。

2. 若問題改成印出 1+2+…+100 的結果，則必須再增加 90 列類似的指令。因此，這種相當於我們在小學時所學的基本解決方法，是比較沒有效率的。

≡ **範例1-2**

寫一程式，印出 1+2+…+10 的結果。

```
1    #include <stdio.h>
2    #include <stdlib.h>
3    int main(void)
4      {
5        int i,sum=0;
6        for (i=1 ; i<=10 ; i=i+1)
7            sum=sum + i ;
8        printf("1+2+…+10=%d\n",sum);
9        system("pause");
10       return 0;
11     }
```

執行結果

1+2+…+10=55

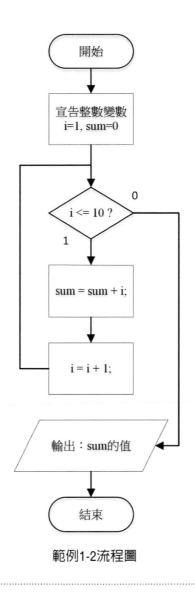

範例1-2流程圖

≡ 程式解說

1. 由「for」迴圈結構的起始列 for ( ) 中，知道迴圈變數 i 的初值 =1，進入迴圈的限制條件為 i<=10，及迴圈變數增量 =1（因 i=i+1）。利用這三個資訊，知道「for」迴圈結構 { } 內的程式敘述總共會執行 10(=(10-1)/1+1) 次，即執行了 1＋2+…+10 的計算。直到 i=11 時，才違反迴圈限制條件而跳離「for」迴圈結構。

2. 因「for { }」內只有一列敘述，故 { } 被省略。

3. 若改成印出 1+2+…+100，程式只須將 i<=10 改成 i<=100。

≡ 範例 *2*

寫一程式，輸入您要購買的商品個數，及輸入每一種商品的價格，然後印出全部商品的總金額。

```c
1   #include <stdio.h>
2   #include <stdlib.h>
3   int main(void)
4   {
5      int i,n;
6      int money,totalmoney=0;
7      printf("輸入購買的商品個數(n>=1):");
8      scanf("%d",&n);
9      for (i=1 ; i<=n ; i++ )
10      {
11       printf("輸入第%d種商品的價格:",i);
12       scanf("%d",&money);
13       totalmoney = totalmoney + money;
14      }
15
16      printf("全部商品的總金額=%d\n", totalmoney);
17      system("pause");
18      return 0;
19  }
```

執行結果

```
輸入購買的商品個數(n>=1):3
輸入第1種商品的價格:20
輸入第2種商品的價格:30
輸入第3種商品的價格:40
全部商品的總金額=90
```

開始

宣告整數變數n, money, i, totalmoney = 0

輸入：
購買的商品個數n

i <= n ?   0

1

輸入：
第i個商品的價格money

totalmoney = totalmoney + money;

i = i + 1;

輸出：
totalmoney的值

結束

範例2流程圖

三 程式解說

由「for」迴圈結構的起始列 for ( ) 中，知道迴圈變數 i 的初值 =1，進入迴圈的條件為 i<=n，及迴圈變數增量 =1（因 i++）。利用這三個資訊，知道「for」迴圈結構 { } 內的程式敘述總共會執行 n（=(n-1)/1+1）次，即執行連續輸入 n 個商品的價格及商品的價格加總。直到 i>n 時，才違反迴圈條件而跳離「for」迴圈結構。

2. 迴圈結構「while」：當知道問題需使用迴圈結構來撰寫，但不知道迴圈結構內部的程式敘述要會重複執行幾次，此時使用迴圈結構「while」來撰寫是最方便也是最適合的方式。

迴圈結構「while」的語法 (一) 如下：

```
while ( 進入迴圈的條件 )
  {
      程式敘述區塊；
  }
```

當程式執行到「while」迴圈結構時，程式執行的步驟如下：

(1) 檢查 while( ) 內的條件結果是否為「1」？若為「1」，則執行步驟 2；否則跳到「while」迴圈結構外的下一列敘述。

(2) 執行 while { } 內的程式敘述。

(3) 回到步驟 (1)。

注意

1. while ( ) 及大括號 { } 後面，都不能加上「；」。

2. 若大括號 { } 內只有一列敘述，則 { } 可以省略；若大括號 { } 內有兩列以上敘述，則一定要加上大括號 { }。

3. 當問題知道須使用迴圈結構來撰寫，但不知道迴圈結構內部的程式敘述會重複執行幾次，此時使用「while」迴圈結構來撰寫是最方便也是最適合的方式。

≡範例 3

寫一程式，一個字元一個字元輸入，直到按 Enter 鍵才停止，印出共輸入幾個字元（提示：Enter 鍵對應的字元為 '\r'，ASCII 值為 13）。

```
1   #include <conio.h>
2   #include <stdio.h>
3   #include <stdlib.h>
4   int main(void)
5   {
6       int number=0;
7       printf("一個字元一個字元輸入");
8       printf("(直到按Enter鍵才停止):");
9       while (getche() != '\r')
10          number = number + 1;
11      printf("\n共輸入%d個字元\n", number);
12      system("pause");
13      return 0;
14  }
```

執行結果

一個字元一個字元輸入(直到按Enter鍵才停止):week 1 (Enter鍵)
共輸入6個字元

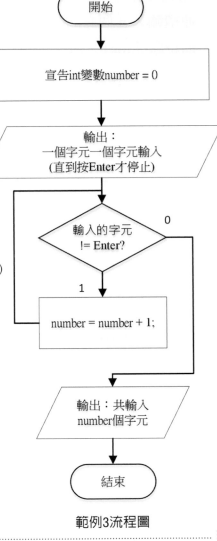

範例3流程圖

≡ **程式解說**

1. 程式執行到第 8 列 while (getche() != '\r') 時，會停下來等使用者輸入一個字元，若輸入的字元不等於 Enter 鍵，則會執行 while 內的敘述，直到輸入的字元等於 Enter 鍵時，才違反迴圈條件而跳離「while」迴圈結構。

2. 由於 Enter 鍵對應的字元為 '\r'，且 '\r' 的 ASCII 值為 13，因此，while (getche() != '\r') 可改成 while (getche() != 13)。

≡ 範例 *4*

寫一程式，輸入一正整數，然後將它倒過來輸出（例：1234 → 4321）。

```
1   #include <stdio.h>
2   #include <stdlib.h>
3   int main(void)
4    {
5      int   num,temp;
6      printf("輸入一正整數:");
7      scanf("%d", &num);
8      printf("%d倒過來為", num);
9      temp= num;
10     while (num>0)  //將正整數倒過來輸出
11      {
12        temp = num % 10;   //取出num的個位數
13        printf("%d", temp);
14        num = num / 10;     //去掉num的個位數
15      }
16     printf("\n");
17     system("PAUSE");
18     return 0;
19    }
```

執行結果

輸入一正整數:2513
2513倒過來為3152

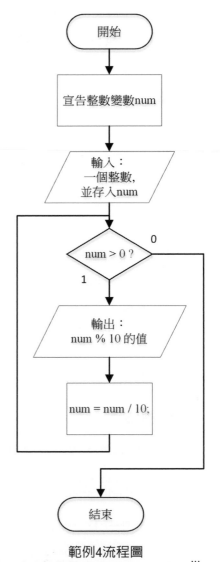

範例4流程圖

三 程式解說

1. num % 10 表示 num 除以 10 所得的餘數。

2. num / 10 表示 num 除以 10 所得的商數（或去掉 num 的個位數後剩下的數）。

語法（二）如下：

```
while (1)
{
    程式敘述區塊：   // 包含一選擇結構及「break;」敘述
}
```

當程式執行到「while」迴圈結構時，程式會不斷地重複執行 while { } 內的程式敘述。

注意

1. while ( ) 及大括號 { } 後面，都不能加上「；」。
2. 若大括號 { } 內只有一列敘述，則 { } 可以省略；若大括號 { } 內有兩列以上敘述，則一定要加上大括號 { }。
3. while ( ) 內的 1，表示永遠沒有違反進入迴圈的條件。
4. 在 while { } 內的程式敘述中，一定要包含一選擇結構及「break;」敘述。若選擇結構中的條件結果為「1」，則執行「break;」敘述，離開「while」迴圈；否則繼續重複執行 while { } 內的程式敘述。
5. 在 while { } 內的程式敘述中，若缺少一選擇結構或「break;」敘述，則會造成無窮迴圈或違反迴圈結構重複執行的精神。
6. 若迴圈結構的條件是否成立無法由迴圈結構外的變數來決定，則使用迴圈結構「while(1)」來撰寫，是最適合的方式。

三 **範例 5**

寫一個程式，連續將整數一個一個輸入，直到 0 才結束輸入，最後輸出總和。

```
1 #include <stdio.h>
2 #include <stdlib.h>
3
4 int main(void)
5 {
6    int num,total=0;
7    printf("連續將整數一個一個輸入，直到0才結束輸入:\n");
8    while (1)
9      {
```

```
10      scanf("%d",&num);
11      if (num==0)
12          break;
13      total=total+num;
14    }
15   printf("總和=%d\n",total);
16   system("pause");
17   return 0;
18  }
```

執行結果

連續將整數一個一個輸入，直到0才結束輸入。
```
10
20
-5
0
總和=25
```

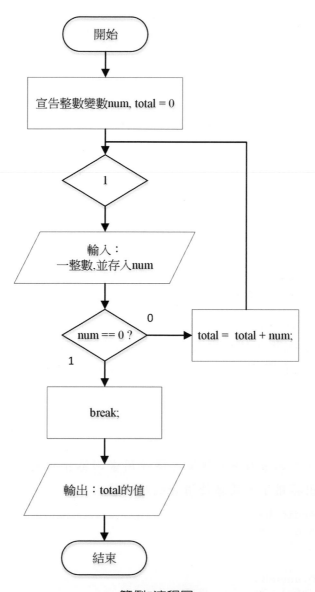

範例5流程圖

5-2-2 後測式迴圈結構

在 C 語言中，只有「do while」這種後測式迴圈結構。當知道問題需使用迴圈結構來撰寫，且至少會執行迴圈結構內部的程式敘述一次，此時使用迴圈結構「do while」來撰寫是最方便也是最適合的方式。

迴圈結構「do while」的語法如下：

```
do
{
    程式敘述區塊；
}
while ( 進入迴圈的條件 )；
```

當程式執行到「do while」迴圈結構時，程式執行的步驟如下：

(1) 程式會直接執行 do while { } 內的程式敘述。

(2) { } 內的程式敘述執行完畢，檢查進入迴圈的條件結果是否為「1」？若為「1」，則執行步驟 (1)；否則跳到「do while」迴圈結構外的下一列敘述。

注意

1. do 及大括號 { } 後面，都不能加上「；」。但 while ( ) 後面，要加上「；」。

2. 若大括號 { } 內只有一列敘述，則 { } 可以省略；若大括號 { } 內有兩列以上敘述，則一定要加上大括號 { }。

3. 當問題知道須使用迴圈結構來撰寫，且迴圈結構 { } 內的程式敘述至少會被執行一次，但不知道重複執行幾次，此時使用「do while」迴圈結構來撰寫是最方便也是最適合的方式。

範例 6

寫一程式，輸入整數 a 及 b，然後再讓使用者回答 a+b 的值。若答對，則印出答對了；否則印出答錯了，並讓使用者繼續回答。

```
1  #include <stdio.h>
2  #include <stdlib.h>
3  int main(void)
4  {
5      int a,b,answer;
6      printf("輸入a及b(以 , 隔開):");
7      scanf("%d,%d",&a,&b);
8      do
```

```
9         {
10            printf("a+b=");
11            scanf("%d",&answer);
12            if (answer != a + b)
13                printf("答錯了!\n");
14        }
15        while (answer != a + b);
16        printf("答對了!\n");
17        system("pause");
18        return 0;
19    }
```

執行結果1

輸入a及b(以 , 隔開):1,2 (Enter鍵)
a+b=3
答對了!

執行結果2

輸入a及b(以 , 隔開):2,3 (Enter鍵)
a+b=4
答錯了!
a+b=5
答對了!

範例6流程圖

☰ 程式解說

程式第 8 列到第 14 列 { } 內的敘述會不斷執行，直到使用者輸入的資料等於 a+b 時，才跳離「while」迴圈結構。

■ 5-2-3　巢狀迴圈

一層迴圈結構中還有其他迴圈結構的架構，稱之為巢狀迴圈結構。巢狀迴圈就是多層迴圈結構的意思。當問題必須重複執行某些特定的敘述，且這些特定的敘述受到兩個或兩個以上的因素影響，此時使用巢狀迴圈結構來撰寫，是最適合的方式。使用巢狀迴圈時，先變的因素要寫在內層迴圈；後變的因素要寫在外層迴圈。

當知道問題需使用迴圈結構來撰寫，但到底要用幾層迴圈結構來撰寫最適合呢？想知道到底要用幾層迴圈結構，可根據下列兩概念來判斷：

1. 若問題只有一個因素在變時，則使用一層迴圈結構來撰寫，是最適合的方式；若問題有兩個因素在變時，則使用雙層迴圈結構來撰寫，是最適合的方式，以此類推。

2. 若問題結果呈現的樣子為直線，則為一度空間，故使用一層迴圈結構來撰寫，是最適合的方式。若結果呈現的樣子為平面 (或表格)，則為二度空間，故使用兩層迴圈結構來撰寫，是最適合的方式。若結果呈現的樣子為立體 (或多層表格)，則為三度空間，故使用三層迴圈結構來撰寫，是最適合的方式。

☰ 範例 7

寫一程式，印出九九乘法。

```
1   #include <stdio.h>
2   #include <stdlib.h>
3   int main(void)
4   {
5     int i,j;
6     for (i=1;i<=9;i++)
7      {
8        for (j=1;j<=9;j++)
9          printf("%dx%d=%2d\t",i,j,i*j);
10       printf("\n");
11      }
12    system("pause");
13    return 0;
14   }
```

執行結果

1x1= 1	1x2= 2	1x3= 3	1x4= 4	1x5= 5	1x6= 6	1x7= 7	1x8= 8	1x9= 9
2x1= 2	2x2= 4	2x3= 6	2x4= 8	2x5=10	2x6=12	2x7=14	2x8=16	2x9=18
3x1= 3	3x2= 6	3x3= 9	3x4=12	3x5=15	3x6=18	3x7=21	3x8=24	3x9=27
4x1= 4	4x2= 8	4x3=12	4x4=16	4x5=20	4x6=24	4x7=28	4x8=32	4x9=36
5x1= 5	5x2=10	5x3=15	5x4=20	5x5=25	5x6=30	5x7=35	5x8=40	5x9=45
6x1= 6	6x2=12	6x3=18	6x4=24	6x5=30	6x6=36	6x7=42	6x8=48	6x9=54
7x1= 7	7x2=14	7x3=21	7x4=28	7x5=35	7x6=42	7x7=49	7x8=56	7x9=63
8x1= 8	8x2=16	8x3=24	8x4=32	8x5=40	8x6=48	8x7=56	8x8=64	8x9=72
9x1= 9	9x2=18	9x3=27	9x4=36	9x5=45	9x6=54	9x7=63	9x8=72	9x9=81

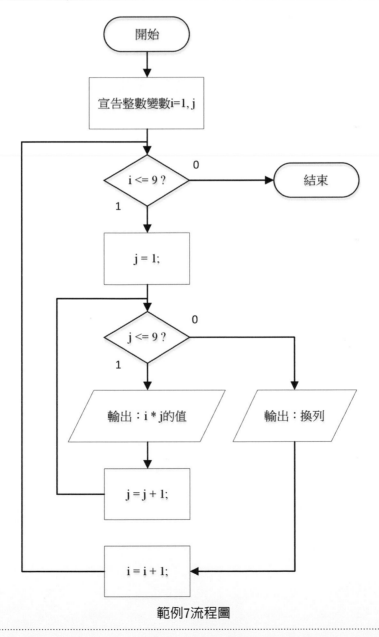

範例7流程圖

☰ 程式解說

1. 九九乘法的資料共有九列，每一列共有九行資料。列印時，先從第一行印到第九行，然後列從第一列換到第二列。接著從再第一行印到第九行，然後列從第二列換到第三列。以此類推，直到第九列的第一行到第九行的資料印完才停止。因「行」與「列」兩個因素在改變，故使用兩層迴圈結構來撰寫最適。合。因行先變且列後變，故「行」要寫在內層迴圈且「列」要寫在外層迴圈。

2. 九九乘法表呈現的樣子為平面 (或表格) 為二度空間，也可判斷使用兩層迴圈結構來撰寫最適合。

☰ 範例 8

寫一程式，用 * 模擬金字塔 (單面，高度 3，寬度 5) 圖案。

```
1   #include <stdio.h>
2   #include <stdlib.h>
3   int main(void)
4    {
5     int i,j;
6     for (i=1;i<=3;i++)
7      {
8        for (j=1;j<=3-i;j++)
9          printf(" ");
10
11       for (j=1;j<=2*i-1;j++)
12          printf("*");
13       printf("\n");
14      }
15     system("pause");
16     return 0;
17   }
```

執行結果

```
  *
 ***
*****
```

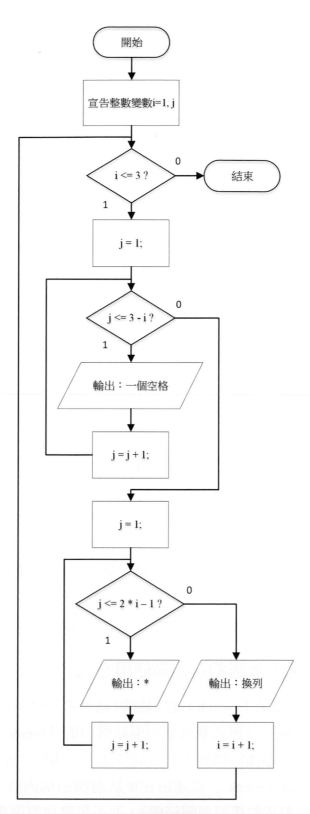

範例8流程圖

≡ 程式解說

1. 第 6 列 for (i=1;i<=3;i++) 表示三列資料。

2. 執行結果第 1 列印 * 之前，要印 2 個空格。第 2 列印 * 之前，要印 1 個空格。第 3 列印 * 之前，要印 0 個空格。

    所以每 i 列要印幾個空格，跟 i 有密切關係。若使用 j 來表示空格數，則 j=3-i。因此使用第 8 列 for (j=1;j<=3-i;j++) 表示每列印 * 之前，要印的空格數。

3. 執行結果第 1 列印 1 個 *，第 2 列印 3 個 *，第 3 列印 5 個 *。所以第 i 列要印幾個 *，跟 i 有密切關係。若使用 j 來表示 * 數，則 j=2*i-1。因此使用第 11 列 for (j=1;j<=2*i-1;j++) 表示執行後每列要印 * 數。

從上面的巢狀迴圈範例，可以歸納以下兩個要點：

1. 先變的因素寫在內層迴圈；後變的因素寫在外層迴圈。

2. 若先變的因素與後變的因素有密切關係時，則外層迴圈的迴圈變數會出現在內層迴圈的進入迴圈的條件中。

5-3 「break;」與「continue;」敘述

在「for」、「while」及「do while」這三種迴圈結構中，一般情況是在違反進入迴圈的條件時，才會結束迴圈的運作。但若問題除了具有重複執行某些特定的敘述特性外，還包括某些例外性時，則在這三種迴圈結構中必須加入「break;」（目的：符合某個例外條件時，跳出迴圈結構）或「continue;」（目的：符合某個例外條件時，不執行某些敘述），才能達成問題的需求。

5-3-1 「break;」敘述的功能與使用方式

「break;」敘述除了用在「switch」選擇結構（請參考「5-2-4 switch 選擇結構」）外，還可用在迴圈結構。當程式執行到迴圈結構內的「break;」敘述時，程式會跳出迴圈結構，並執行迴圈結構外的第一列敘述，不再回頭重複執行迴圈結構 { } 內的敘述。注意，當「break;」敘述用在巢狀迴圈結構內時，它一次只能跳出一層迴圈結構（離它最近的那層迴圈結構），而不是跳出整個巢狀迴圈結構外。

≡ 範例 9

寫一程式，模擬密碼驗證（假設密碼為 201209），最多可以輸入三次密碼。

```c
1  #include <stdio.h>
2  #include <stdlib.h>
3  int main(void)
4  {
5    int i,password;
6      for (i=1;i<=3;i++)
7        {
8        printf("輸入密碼:");
9        scanf("%d",&password);
10       if (password==201209)
11        {
12          printf("密碼正確.\n");
13          break;
14        }
15       else
16        printf("密碼錯誤.\n");
17       }
18     system("pause");
19     return 0;
20  }
```

執行結果

輸入密碼:65214
密碼錯誤.
輸入密碼:201209
密碼正確.

範例9流程圖

≡ 程式解說

若密碼連三次輸入錯誤，就跳出「for」迴圈結構。若密碼輸入正確，則會執行到第 13 列的「break;」敘述，立刻跳出「for」迴圈結構（不管「for」迴圈結構還有多少次未執行）。

≡ **範例10**

寫一程式，將
```
2 3 4 5
3 4 5 6
4 5 6 7
5 6 7 8
```
對角線 (含) 以下的數字相加後的總和輸出。

```
1   #include <stdio.h>
2   #include <stdlib.h>
3   int main(void)
4   {
5     int i, j, sum=0;
6     for (i=1; i<=4; i++)
7   for (j=1; j<=4; j++)
8   {
9       if (i < j)
10          break;
11  sum = sum + (i + j);
12      }
13    printf("對角線(含)以下的數字總和
            =%d", sum);
14    system("pause");
15    return 0;
16  }
```

執行結果

對角線(含)以下的數字總和=50

≡ 程式說明

程式第 7~12 列，可以改成下列寫法：

```
for (j=1; j<=i; j++)
    sum = sum + (i + j);
```

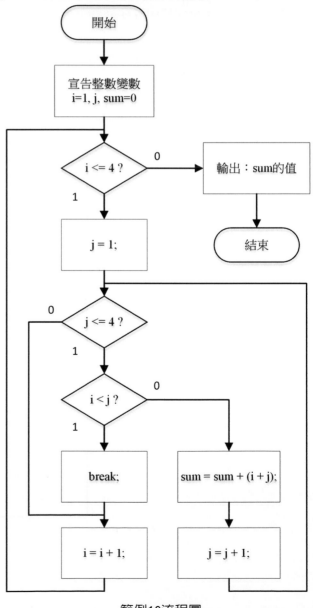

範例10流程圖

5-3-2　「continue;」敘述的功能與使用方式

「continue;」敘述的目的是不執行迴圈結構內的某些敘述。以下針對「for」、「while」及「do while」三種迴圈結構，在它們內部使用「continue;」所產生的流程之差異說明：

1. 若在「for」迴圈結構內有使用「continue;」，則當執行到「continue;」，程式會跳到該層 for ( ) 內的第三部分，做迴圈變數增（或減）量。

2. 若在「while」迴圈結構內有使用「continue;」，則當執行到「continue;」，程式會跳到該層 while ( ) 內，檢查迴圈的條件結果是否為「1」。

3. 若在「do while」迴圈結構內有使用「continue;」，則當執行到「continue;」，程式會跳到該層 while( ) 內，檢查迴圈的條件結果是否為「1」。

範例 11

寫一程式，計算 1 到 100 之間的偶數和。

```c
1   #include <stdio.h>
2   #include <stdlib.h>
3   int main(void)
4   {
5      int i,sum=0;
6      for (i=1;i<=100;i++)
7      {
8         if (i%2==1)
9            continue;
10
11        sum=sum+i;
12     }
13     printf("1到100之間的偶數和
              =%d\n",sum);
14     system("pause");
15     return 0;
16  }
```

執行結果

1到100之間的偶數和=2550

範例11流程圖

三 程式解說

1. 「for」迴圈結構執行 100 次，但只有 i=2，4，…，100 時，「sum = sum + i;」敘述有執行到。因 i=1，3…，99 時，符合「i % 2 == 1」的條件，會執行「continue;」敘述，跳過「sum = sum + i;」敘述，接著程式執行該層 for「( )」內的第三部分。

2. 第 6 列到第 12 列，可改寫成：

```
for (i=1;i<=100;i++)
  {
   if (i%2==0)
      sum=sum+i;
  }
```

注意 「continue;」敘述通常寫在某個選擇結構內，因此我們可將選擇結構 ( ) 內的條件改成否定 (或反面) 寫法，如此就可以不必使用「continue;」敘述。

5-4 發現問題

三 範例 12

（浮點數的缺失）寫一程式，判斷 0.1+0.1+0.1 與 0.3 是否相等。

```
1   #include <stdio.h>
2   #include <stdlib.h>
3   int main(void)
4   {
5     float num=0.0;
6     int i;
7     for (i=1 ; i<=3 ; i++)
8       {
9           printf("0.1+");
10          num=num+0.1;
11      }
12    printf("\b ");
13    if (num == 0.3)
14      printf("與 0.3 相等\n");
15    else
16      printf("與 0.3 不相等\n");
17    system("pause");
18    return 0;
19  }
```

執行結果

`0.1+0.1+0.1 與 0.3 不相等`

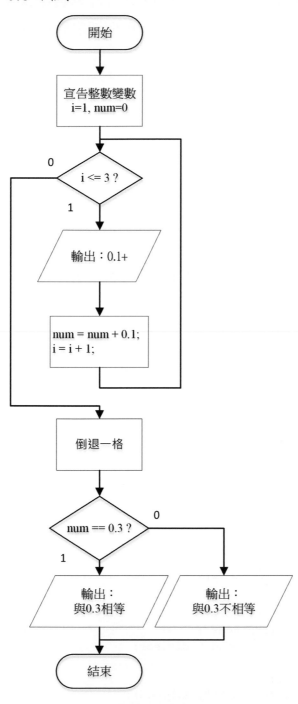

範例12流程圖

≡ 程式解說

1. 浮點數儲存在記憶體會產生誤差，造成浮點數運算時所得到的結果與我們認為的結果有所不同。若需判斷兩個浮點數是否相等，則改為判斷兩個整數是否相等。

2. num=num+0.1; 改成 num=num+1;

   if (num == 0.3) 改成 if (num == 3)

   結果：相等。

5-5   進階範例

≡ 範例 13

寫一程式，輸入兩個整數，輸出其最大公因數（使用 while 迴圈）。

提示：輾轉相除法程序如下：

Step1：兩個整數相除

Step2：若餘數 =0，則除數為最大公因數，結束。

否則將除數當新的被除數，餘數當新的除數。回到 Step1。

```
1   #include <stdio.h>
2   #include <stdlib.h>
3   int main(void)
4   {
5     int a,b;
6     int divisor,dividend,remainder,gcd;
7     printf("輸入兩個整數a,b:");
8     scanf("%d,%d",&a,&b);
9     dividend=a;
10    divisor=b;
11    remainder= dividend % divisor;
12    while (remainder != 0)
13     {
14      dividend = divisor;
15      divisor = remainder ;
16      remainder= dividend % divisor;
17     }
18    gcd= divisor;
19    printf("(%d,%d)=%d \n", a,b,gcd);
20    system("pause");
21    return 0;
22  }
```

執行結果

輸入兩個整數a,b:4,6
(4,6)=2

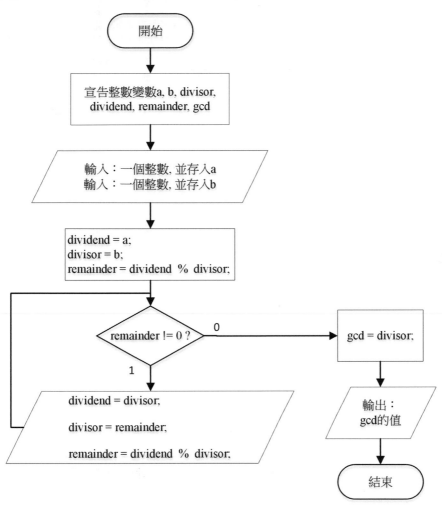

範例13流程圖

≡**範例 14**

寫一程式，使用巢狀迴圈，輸出以下結果。

A
BC
DEF
GHIJ
KLMNO

```
1   #include <stdio.h>
2   #include <stdlib.h>
3   int main(void)
```

```
4   {
5   int i,j,k=65;
6   for (i=1;i<=5;i++)
7     {
8      for (j=1;j<=i;j++)
9        {
10        printf("%c",k);
11        k++;
12       }
13     printf("\n");
14    }
15   system("pause");
16   return 0;
17  }
```

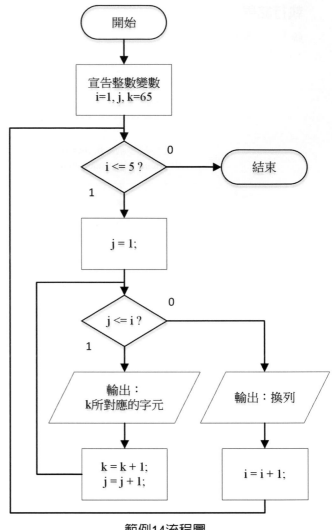

範例14流程圖

三範例 **15**

假設球從 100 米高度自由落下，每次落地後反彈高度為原來的一半，直到停止。寫一程式，輸出第 n 次落地時，球經過的距離及球第 n 次反彈的高度（使用 while 迴圈）。

```
1   #include <stdio.h>
2   #include <stdlib.h>
3   int main(void)
4    {
5      int n,i=1;
6      float length=100,distance=0;
7      printf("輸入n:");
8      scanf("%d",&n);
9      while (i<=n)
```

```
10      {
11       distance = distance +length;
12       length = length / 2;
13       distance = distance +length;
14       i++;
15      }
16     distance = distance -length;
17     printf("第%d次落地時，球經過的距離=%f\n",n,distance);
18     printf("球第%d次反彈的高度=%f\n",n,length);
19     system("pause");
20     return 0;
21  }
```

執行結果1

輸入n:1
第1次落地時，球經過的距離=100.000000
球第1次反彈的高度=50.000000

執行結果2

輸入n:2
第2次落地時，球經過的距離=200.000000
球第2次反彈的高度=25.000000

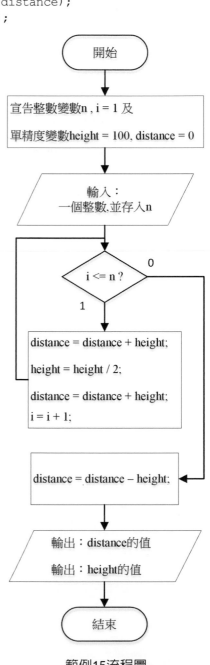

範例15流程圖

≡範例 16 ▓▓▓▓▓▓▓▓▓▓▓▓▓▓▓▓▓▓▓▓▓▓▓▓▓▓▓▓▓▓▓▓

寫一個程式，使文字 I love C language. 呈現跑馬燈效果，直到按下任何按鍵，才結束。

```
1   #include <stdio.h>
2   #include <stdlib.h>
3   #include <conio.h>
4   int main(void)
5   {
6     char letter[19]="I love C language."; //(參考7-1-3字串)
7     int i=61,j;   //i=61,表示文字I love C language.活動的寬度
8     while (kbhit()==0)   // 按下任何按鍵，結束跑馬燈(參考3-2-5 kbhit()函式說明)
9       {
10      // 輸出:I love C language.之前先輸出 i 個空白
11      for (j=1;j<=i;j++)
12        printf(" ");
13      printf("%s",letter);
14      _sleep(250); //暫停0.25秒
15      //請參考 6-6 停滯函式 _sleep()
16      if (i>1)
17        i--;
18      else
19        i=61;
20
21      system("cls");
22      }
23    system("pause");
24    return 0;
25  }
```

執行結果

請讀者自行練習。

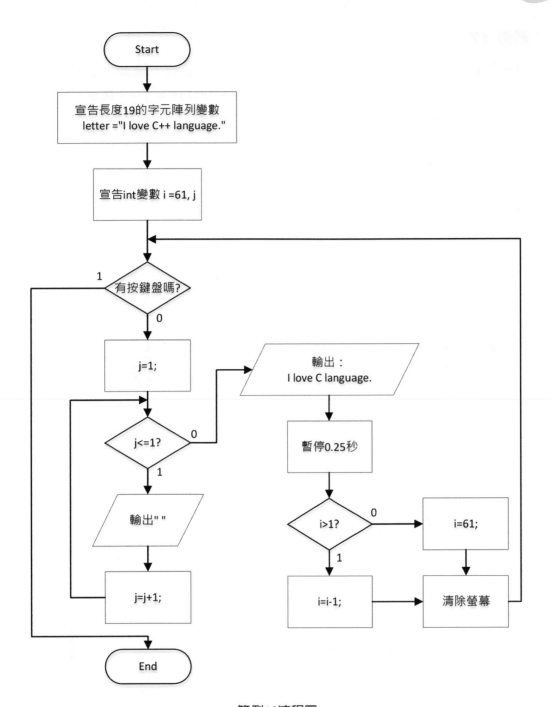

範例16流程圖

≡ 範例 **17**

寫一個程式,輸入一正整數 n,並將 n 轉成 2 進位整數,輸出此 2 進位整數共有多少個 1 及多少個 0。(不可使用除號 (/) 及餘數 (%) 運算子)(提示:參考「2-3-6位元運算子」)

```c
1   #include <stdio.h>
2   #include <stdlib.h>
3   int main(void)
4    {
5     int n;
6     int one_num=0,zero_num=0;
7     printf("輸入一正整數n:");
8     scanf("%d",&n);
9     printf("%d轉成2進位整數後,",n);
10    while (n != 0)
11     {
12      //n & 1 : 表示n與1做遮罩運算(即,位元且(&)運算)
13      //若2進位的個位數=1,則結果為1,否則為0
14      if ((n & 1)==1)
15        one_num++;
16      else
17        zero_num++;
18
19      //除以2,即去掉2進位表示法的個位數
20      n=n>>1;
21     }
22
23    printf("其中共有%d個1及%d個0\n",one_num,zero_num);
24    system("pause");
25    return 0;
26   }
```

執行結果

輸入一正整數n:8
8轉成2進位整數後,其中共有1個1及3個0

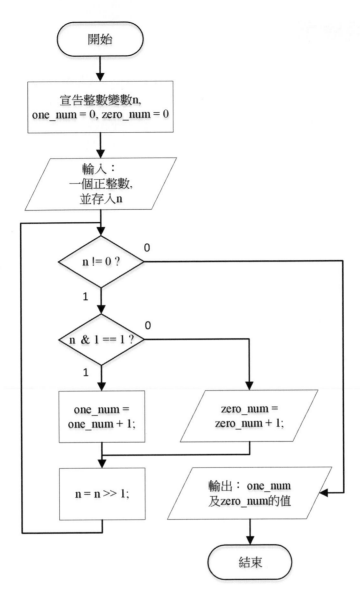

範例17流程圖

5-6 自我練習

1. 寫一程式，輸入小於 100 的正整數 n，輸出 1+3+…+(2*n-1) 之和。

2. 寫一程式，輸入小於 100 的正整數 n，輸出 1+1/2+1/3+…+1/n 的值。

3. 假設有一提款機只提供 1 元、10 元和 100 元三種紙鈔兌換。寫一程式模擬提款機的作業，輸入提領金額，輸出 1 元、10 及 100 元三種紙鈔各兌換數量（最少）。

4. 假設某文具店的鉛筆售價一枝 2.5 元，小英身上帶 22 元。寫一程式，輸出可買幾枝鉛筆及剩下多少錢（使用 while 迴圈）。

5. 假設有一隻蝸牛爬20公尺的樹，白天可以爬3公尺，晚上會下滑1公尺。寫一程式，輸出蝸牛爬到樹頂的天數。

6. 假設有一條繩子長 1000 公尺，每次剪去一半的長度。寫一程式，輸出需剪幾次才能使繩子的長度小於 5 公尺（使用 while 迴圈）。

7. 分別寫一程式，使用巢狀迴圈，輸出以下結果。

```
a.                    b.
123456789             1
1234567               23
12345                 456
123
1
```

8. 寫一程式，輸入一個 5 位數，輸出其個位數、十位數、百位數、千位數及萬位數。

9. 寫一程式，在螢幕上顯示一西洋棋盤（提示：使用 word 中的插入功能中之符號內的■及□）。

10. 假設有一種細菌，每天繁殖一倍的數量。寫一程式，判斷幾天後，細菌數量才會達到 1000000 隻（剛開始細菌數量等於 1）。

11. 寫一程式，一個字元一個字元輸入，直到按 Ctrl+Q 或 Ctrl+C 鍵才停止，印出共輸入幾個字元。（提示：使用 getche( ) 函式輸入，若按 Ctrl+A，則 Ctrl+A 的 ASCII 值為 1；Ctrl+B 的 ASCII 值為 2；…，以此類推，Ctrl+Z 的 ASCII 值為 26）

12. 寫一程式，輸入密碼，若密碼不等於 123，則輸出「密碼輸入錯誤」。若連續輸入三次都錯誤，則輸出「暫停使用本系統！」。若輸入正確，則輸出「歡迎光臨本系統！」。（限用 do while 迴圈結構）

13. (數學益智遊戲)兩個人輪流從 50 顆玻璃彈珠中，拿走 1 或 2 或 3 顆，拿走最後一顆玻璃彈珠的人就輸了。寫一程式，模擬此遊戲。

14. 寫一程式，重複輸入文字資料，直到按 Ctrl+Z 鍵，才結束輸入。（提示：利用 gets() 函式，判斷輸入時是否按 Ctrl+Z 鍵，若有按 Ctrl+Z 鍵，則會傳回 0 個 byte，表示沒有輸入資料）

15. 寫一程式，連續輸入字元，直到使用者按 Esc 鍵為止，最後印出共輸入幾個字元（提示：Esc 鍵的 ASCII 值為 27）。

16. 寫一程式，模擬販賣機的作業流程，輸入投入的金額，再選擇要買的飲料。

17. 寫一程式，模擬某個路口三分鐘紅綠燈的過程，假設綠燈時間 30 秒，黃燈時間 5 秒，紅燈時間 25 秒，由綠燈開始顯示。

18. 寫一個程式，輸入一正整數 n，輸出 n 的 2 進位表示。

　　（提示：不可使用除號 (/) 及餘數 (%) 運算子，參考「2-3-6 位元運算子」）

06

庫存函式

教學目標

6-1　常用庫存函式

6-2　數學運算函式

6-3　字元轉換及字元分類函式

6-4　時間與日期函式

6-5　聲音函式

6-6　停滯函式

6-7　自我練習

日常生活中所使用的物件，都具備符合我們需求的一些功能。例：電視機選台器的選台功能，可以幫助我們轉換電視頻道；洗衣機的脫水功能，可以幫助我們脫乾衣服中的水分。

凡是具有特定功能的程式被稱為函式（function）。當某種特定的功能需要常常被使用時，我們必須將此特定功能撰寫成一函式，方便日後重複使用。

使用函式的方式撰寫程式有以下優點：

1. 縮短程式碼的撰寫：相同功能的程式碼不用重複撰寫。
2. 可隨時提供程式重複呼叫使用：需要某種特定功能時，隨時都可以呼叫對應的函式。
3. 方便偵錯：程式偵錯時，可以很容易地發覺錯誤是發生在「main( )」主函式或是其他函式中。
4. 跨檔案使用：可提供給不同程式使用。

當程式呼叫某函式時，程式流程的控制權就會轉移到被呼叫的函式上，等被呼叫的函式程式碼執行完後，程式流程的控制權會再回到原先程式執行位置，然後繼續執行下一列敘述。

函式以是否存在於 C 語言中來區分，可分成下列兩類：

1. 庫存函式：存在於 C 語言所提供的函式庫中的函式。
2. 使用者自訂函式：使用者自行撰寫的函式。（參考「第十章 使用者自訂函式」）

本章主要是以介紹常用的庫存函式為主，其他未介紹的庫存函式，請讀者自行參考相關的 .h 標頭檔。

注意 在程式中，只要有使用到庫存函式，必須使用 #include 將宣告該庫存函式所在 .h 標頭檔含括到程式裡，否則可能會出現下面錯誤訊息（切記）：

' 某庫存函式名稱 ' undeclared (first use this function)

例：abs( ) 庫存函式宣告在 stdlib.h 裡，若想在程式中使用 abs( )，則必須在前置處理指令區，撰寫 #include <stdlib.h> 敘述。

6-1　常用庫存函式

　　程式語言所提供的庫存函式，就好像數學公式一般，只要代入庫存函式所規範的引數，就能得到所需要的結果。處理問題時，學習者若能學會以庫存函式替代一長串的程式碼，則程式所需要的程式碼就會大大地降低，同時能縮短程式的撰寫時程。C 程式語言提供的庫存函式可分成下列幾類：

1. 輸出 / 輸入函式。（參考「第三章 基本輸出函式及輸入函式」）
2. 數學運算函式。
3. 亂數函式。（參考「第七章 陣列」）
4. 字元轉換及字元分類函式。
5. 字串處理函式。（參考「第七章 陣列」）
6. 字串與數字轉換函式。（參考「第七章 陣列」）
7. 時間與日期函式。
8. 聲音函式。
9. 停滯函式。

6-2　數學運算函式

> **注意**　在程式中，只要有使用到以下的庫存函式，則必須使用 #include <stdlib.h>，將宣告該庫存函式所在 stdlib.h 標頭檔含括到程式裡，否則可能會出現下面錯誤訊息（切記）：
>
> ' 某庫存函式名稱 ' undeclared (first use this function)

函式名稱	abs( )
函式原型	int abs(int x); 說明：abs(整數變數或整數常數x)
功能	將整數變數(或整數常數)x之值轉變成正的整數。
傳回	x的絕對值。
原型宣告所在的標頭檔	stdlib.h

範例 *1*

寫一程式，輸出下列對稱圖形。

```
  *
 ***
*****
 ***
  *
```

提示：輸出上下對稱的資料，使用絕對值的觀念是最佳的解決方式。

（絕對值的意義：與某一位置等距的資料俱有相同的樣子，即含有對稱的意思）

第 1 列印 1(=5-2*|1-3|) 個 * ，　　　第 2 列印 3(=5-2*|2-3|) 個 *

第 3 列印 5(=5-2*|3-3|) 個 * ，　　　第 4 列印 3(=5-2*|4-3|) 個 *

第 5 列印 1(=5-2*|5-3|) 個 *

（其中，5 表示中間那一列 * 的個數，-2(=1-3=3-5) 表示每一列相差幾個 *，3 表示中間那一列的編號）

```c
1  #include <stdio.h>
2  #include <stdlib.h>
3  int main(void)
4  {
5    int i,j;
6    for (i=1;i<=5;i++)
7     {
8       for (j=1;j<=0+1*abs(i-3);j++)
9          printf(" ");
10      for (j=1;j<=5-2*abs(i-3);j++)
11         printf("*");
12
13      printf("\n");
14     }
15   system("pause");
16   return 0;
17  }
```

注意　在程式中，只要有使用到以下的庫存函式，就必須使用 #include <math.h>，將宣告該庫存函式所在的 math.h 標頭檔含括到程式裡，否則可能會出現下面錯誤訊息（切記）：

' 某庫存函式名稱 ' undeclared (first use this function)

函式名稱	fmax( )
函式原型	double fmax(double x，double y); 說明：fmax(倍精度浮點數變數或常數x，倍精度浮點數變數或常數y)
功能	求兩數值中的最大值。
傳回	x與y的最大值。
原型宣告所在的標頭檔	math.h

函式名稱	fmin( )
函式原型	double fmin(double x，double y); 說明：fmin(倍精度浮點數變數或常數x，倍精度浮點數變數或常數y)
功能	求兩數值中的最小值。
傳 回	x與y的最小值。
原型宣告所在的標頭檔	math.h

☰ 範例 2

寫一程式，輸入兩個倍精度浮點數，輸出最大值與最小值。

```
1   #include <stdio.h>
2   #include <stdlib.h>
3   #include <math.h>
4   int main(void)
5   {
6      double num1,num2,max,min;
7      printf("輸入兩個倍精度浮點數:");
8      scanf("%lf,%lf",&num1,&num2);
9      max=fmax(num1,num2);
10     min=fmin(num1,num2);
11     printf("最大值%f，最小值為%f\n", max, min);
12     system("pause"); //暫停程式執行
13     return 0;//程式結束
14  }
```

執行結果

輸入兩個倍精度浮點數:-1,2.3
最大值2.300000，最小值為-1.000000

函式名稱	fabs( )
函式原型	double fabs(double x); 說明：fabs(倍精度浮點數變數或常數x);
功 能	將倍精度浮點數變數或常數x之值轉變成正數。
傳 回	x的絕對值。
原型宣告所在的 標頭檔	math.h

≡範例 3

寫一程式，輸入一浮點數，不管是否為正，都將它變成正的。

```
1   #include <stdio.h>
2   #include <stdlib.h>
3   #include <math.h>
4   int main(void)
5   {
6       double num;
7       printf("輸入一浮點數:");
8       scanf("%lf",&num);
9       printf("%f的絕對值為%f\n", num,fabs(num));
10      system("pause"); //暫停程式執行
11      return 0;//程式結束
12  }
```

執行結果

```
輸入一浮點數:-12.3
-12.300000的絕對值為12.300000
```

函式名稱	round( )
函式原型	double round(double x); 說明：round(倍精度浮點數變數或常數x)
功能	將倍精度浮點數變數或常數x之值四捨五入成整數。
傳回	x四捨五入後的整數。
原型宣告所在的 標頭檔	math.h

☰範例 4

寫一程式，模擬到中油公司加油所需的金額。

（假設 1 公升 31.3 元，金額以四捨五入計算）

```
1   #include <stdio.h>
2   #include <stdlib.h>
3   #include <math.h>
4   int main(void)
5    {
6      double liter,money;
7      printf("輸入汽油公升數:");
8      scanf("%lf",&liter);
9      money=round(liter*31.3);
10     printf("汽油%f公升,共%.0f元\n",liter,money);
11     system("pause");  //暫停程式執行
12     return 0;//程式結束
13   }
```

執行結果

輸入汽油公升數:11
汽油11.000000公升,共344元（比實際金額少0.3元）

函式名稱	floor( )
函式原型	double floor(double x); 說明：floor(倍精度浮點數變數或常數x)
功能	將倍精度浮點數變數或常數x之值轉變成倍精度浮點數型態的整數。
傳回	不大於x的最大整數。
原型宣告所在的標頭檔	math.h

☰範例 5

寫一程式，模擬百貨公司周年慶買千送百的活動。

（注意，金額未達千元，無法送百）（無條件捨去問題）

```
1   #include <stdio.h>
2   #include <stdlib.h>
3   #include <math.h>
4   int main(void)
5    {
6      double money,gift;
7      printf("輸入消費總金額:");
8      scanf("%lf",&money);
9      gift=floor(money /1000)*100;
10     printf("獲得的禮券金額為%.0f元\n",gift);
```

```
11      system("pause"); //暫停程式執行
12      return 0;//程式結束
13    }
```

執行結果

輸入消費總金額:1999
獲得的禮券金額為100元

函式名稱	ceil( )
函式原型	double ceil(double x); 說明：ceil(倍精度浮點數變數或常數x)
功能	將倍精度浮點數變數或常數x之值轉變成倍精度浮點數型態的整數。
傳回	不小於x的最小整數。
原型宣告所在的 標頭檔	math.h

≡ 範例 6

寫一程式，模擬路邊自動停車收費，假設 1 小時 20 元，不到 1 小時也以 20 元收費。(無條件進位問題)

```
1   #include <stdio.h>
2   #include <stdlib.h>
3   #include <math.h>
4   int main(void)
5     {
6      double hour,money;
7      printf("輸入路邊停車時數:");
8      scanf("%lf",&hour);
9      money=ceil(hour)*20;
10     printf("路邊停車%.1f時,共%.0f元\n", hour,money);
11     system("pause"); //暫停程式執行
12     return 0;//程式結束
13    }
```

執行結果

輸入路邊停車時數:2.5
路邊停車2.5時,共60元

≡ 範例 7-1

寫一程式，輸入一個正整數 n(>1)，判斷 n 是否為質數。(提示：若 n 不是 2，3，…，floor(sqrt(n)) 這些整數的倍數，則 n 為質數)

```
1   #include <stdio.h>
2   #include <stdlib.h>
3   #include <math.h>
4   int main(void)
5   {
6      // 若一個整數n(>1)的因數只有n和1，則此整數稱為質數
7      // 古希臘數學家Sieve of Eratosthenes埃拉托斯特尼的質數篩法：
8      // 判斷介於2 ~floor(sqrt(n))之間的整數i是否整除n，
9      // 若有一個整數i整除n，則n不是質數，否則n為質數
10
11     int n;
12     int IsPrime = 1 ; // 0:是質數  1:質數
13     int i, j;
14     printf("輸入一個正整數(>1):");
15     scanf("%d",&n);;
16     for (i = 2; i <= floor(sqrt(n)); i++)
17         // 不需判斷大於2的偶數i是否整除n
18         // 因為n(>2)若為偶數，則會被2整除，便知n不是質數
19         if (!(i > 2 && i % 2 == 0))
20             if (n % i == 0) // n不是質數
21             {
22             IsPrime = 0;
23             break;
24             }
25
26     if (IsPrime ==1)
27         printf("%d為質數\n",n);
28     else
29         printf("%d不是質數\n",n);
30
31   system("pause"); //暫停程式執行
32   return 0;//程式結束
33 }
```

執行結果1

輸入一個正整數(>1):5
5為質數

執行結果2

輸入一個正整數(>1):18
18不是質數

≡ 提示

若 n 為合數 (即，非質數)，則其至少包含一個因數小於或等於 $n^{0.5}$。

證明：(反證法)

因 n 為合數，故 $n = P_1 P_2 \cdots P_r$，

其中 P_1，P_2，$\cdots$，P_r 分別為 n 的因數，$r \geq 2$

假設 P_1，P_2，$\cdots$，$P_r > n^{0.5}$, 則 $n = P_1 P_2 \cdots P_r > n^{0.5r}$

但 $r \geq 2$，即 $0.5r \geq 1$ ，則 $n = P_1 P_2 \cdots P_r > n$ ，矛盾

因此，若 n 為合數，則其至少包含一個因數小於或等於 $n^{0.5}$。

≡ 範例 *7-2*

寫一程式，輸入一個正整數 n(>1)，求 n 的最大質因數。(提示 : 正整數 n 的最大質因數介於 n 到 2 之間)

```
1   #include <stdio.h>
2   #include <stdlib.h>
3   #include <math.h>
4   int main(void)
5   {
6     // 若一個整數n(>1)的因數只有n和1，則此整數稱為質數
7     // 古希臘數學家Sieve of Eratosthenes埃拉托斯特尼的質數篩法:
8     // 判斷介於2 ~floor(sqrt(n))之間的整數i是否整除n,
9     // 若有一個整數i整除n，則n不是質數，否則n為質數
10
11    int n;
12    int IsPrime = 1 ; // 0:是質數   1:質數
13    int i, j;
14    printf("輸入一個正整數(>1):");
15    scanf("%d",&n);;
16
17    // 正整數n的最大質因數介於n到2之間
18    for (i = n; i >= 2; i--)
19      {
20        IsPrime = 1;
21
22        // 判斷i是否為質數
23        for (j = 2; j <= floor(sqrt(i)); j++)
24            // 不需判斷大於2的偶數j是否整除i
25            // 因為i(>2)若為偶數，則會被2整除，便知n不是質數
26            if (!(j > 2 && j % 2 == 0))
27                if (i % j == 0)   // i不是質數
28                    {
29                        IsPrime = 0;
30                        break;
31                    }
32
33                if (IsPrime == 1)   // i為質數
```

```
34                    if (n % i == 0)    // i為n的最大質因數
35                        break;
36          }
37
38   printf("%d的最大質因數為%d\n",n,i);
39   system("pause"); //暫停程式執行
40   return 0;//程式結束
41 }
```

執行結果1

輸入一個正整數(>1):10
10的最大質因數為5

執行結果2

輸入一個正整數(>1):121
121的最大質因數為11

函式名稱	pow( )
函式原型	double pow(double x , double y); 說明：pow(倍精度浮點數變數或常數x , 倍精度浮點數變數或常數y)
功能	求一個數的幾次方。
傳回	x^y
原型宣告所在的標頭檔	math.h

注意

1. x 和 y 皆是倍精度浮點數。
2. 當 x=0 時，y 必須大於 0；否則 pow(x,y) 結果為 1.#INF00。
3. 當 x<0 時，y 必須為整數；否則 pow(x,y) 結果為 1.#IND00（1.#INF00 表示除以 0，1.#IND00 表示根號中的值為負數）。

函式名稱	sqrt( )
函式原型	double sqrt(double x); 說明：sqrt(倍精度浮點數變數或常數x)
功能	求某數的平方根。
傳回	$x^{0.5}$
原型宣告所在的標頭檔	math.h

注意　x必須大於0，否則sqrt(x)結果為 1.#IND00（1.#IND00表示根號中的值為負數）。

≣**範例 8**

寫一程式，求一元二次方程式 $ax^2+bx+c=0$ 的兩個根，其中 $b^2-4ac>=0$。

```
1   #include <stdio.h>
2   #include <stdlib.h>
3   #include <math.h>
4   int main(void)
5    {
6      double a,b,c,root1,root2;
7      printf("輸入方程式ax²+bx+c=0的係數a,b,c:");
8      scanf("%lf,%lf,%lf",&a,&b,&c);
9      root1=(-b+sqrt(pow(b,2)-4*a*c))/(2*a);
10     root2=(-b-sqrt(pow(b,2)-4*a*c))/(2*a);
11     printf("ax²+bx+c=0的根為%f及%f\n",root1,root2);
12     system("pause"); //暫停程式執行
13     return 0;//程式結束
14    }
```

執行結果

輸入方程式ax²+bx+c=0的係數a,b,c:1,6,9
ax²+bx+c=0的根為-3.000000及-3.000000

函式名稱	hypot( )
函式原型	double hypot(double x , double y); 說明：hypot(倍精度浮點數變數或常數x , 倍精度浮點數變數或常數y)。
功能	求兩數的平方和之平方根。
傳回	$(x^2+y^2)^{0.5}$
原型宣告所在的 標頭檔	math.h

≣**範例 9**

寫一程式，求直角三角形的斜邊長。

```
1   #include <stdio.h>
2   #include <stdlib.h>
3   #include <math.h>
4   int main(void)
5    {
6      double a,b,c;
7      printf("輸入直角三角形兩股長a,b:");
8      scanf("%lf,%lf",&a,&b);
9      c=hypot(a,b);
10     printf("直角三角形的斜邊長為%f \n",c);
11     system("pause"); //暫停程式執行
```

```
12      return 0;//程式結束
13    }
```

執行結果

輸入直角三角形兩股長a,b:3,4
直角三角形的斜邊長為5.000000

6-3 字元轉換及字元分類函式

字元是屬於何種性質的字元，可以利用字元分類函式來判斷。另外，也可以利用字元轉換函式將它轉換成不同的形式。

> **注意** 在程式中，只要有使用到以下的庫存函式，則必須使用 #include <ctype.h>，將宣告該庫存函式所在 ctype.h 標頭檔含括到程式裡，否則可能會出現下面錯誤訊息（切記）：
>
> ' 某庫存函數名稱 ' undeclared (fitst use this function)

1. 整數轉成字元函式 toascii( )

如何將整數轉成它所對應的文字？例：想將 65 轉成它所對應的 A 文字，可以使用 C 語言的 toascii( ) 函式來達成。

函式名稱	toascii( )
函式原型	int toascii(int x); 說明：toascii(字元變數或常數x)
功能	將ASCII碼轉換成所對應的字元。
傳回	ASCII碼為x所對應的字元。
原型宣告所在的標頭檔	ctype.h

範例 10

寫一程式，將 ASCII 碼轉成所對應的字元。

```
1  #include <stdio.h>
2  #include <stdlib.h>
3  #include <ctype.h>
4  int main(void)
```

```
5    {
6       char ch;
7       int ascii;
8       printf("輸入ASCII碼:");
9       scanf("%d", &ascii);
10      ch=toascii(ascii);
11      printf("ASCII碼%d所對應的字元為%c\n", ascii,ch);
12      system("pause"); //暫停程式執行
13      return 0;//程式結束
14   }
```

執行結果1

輸入ASCII碼:65
ASCII碼65所對應的字元為A

執行結果2

輸入ASCII碼:97
ASCII碼97所對應的字元為a

執行結果3

輸入ASCII碼:48
ASCII碼48所對應的字元為0

2. 字元小寫轉換函式 tolower( )

如何將一個英文字元轉成小寫英文字元？例：想將 A 轉成 a，可以使用
C 語言的 tolower( ) 函式來達成。

函式名稱	tolower( )
函式原型	int tolower(int x); 說明：tolower(字元變數或常數x)
功能	將大寫英文字元轉成小寫英文字元。
傳回	x所對應的小寫英文字元。
原型宣告所在的標頭檔	ctype.h

≡範例 11

寫一程式，將大寫英文字元轉換成小寫英文字元。

```
1  #include <stdio.h>
2  #include <stdlib.h>
3  #include <ctype.h>
4  int main(void)
5   {
6      char ch1,ch2;
```

```
7       printf("輸入英文字元:");
8       scanf("%c", &ch1);
9       ch2= tolower(ch1);
10      printf("%c的小寫為%c\n", ch1,ch2);
11      system("pause"); //暫停程式執行
12      return 0;//程式結束
13    }
```

執行結果

輸入英文字元:A
A的小寫為a

3. 字元大寫轉換函式 toupper( )

如何將一個英文字元轉成大寫英文字元？例：想將 b 轉成 B，可以使用
C 語言的 toupper( ) 函式來達成。

函式名稱	toupper( )
函式原型	int toupper(int x); 說明：toupper(字元變數或常數x)
功能	將小寫英文字元轉成大寫英文字元。
傳回	x所對應的大寫英文字元。
原型宣告所在的 標頭檔	ctype.h

≡範例 12

寫一程式，將小寫英文字元轉換成大寫英文字元。

```
1   #include <stdio.h>
2   #include <stdlib.h>
3   #include <ctype.h>
4   int main(void)
5    {
6      char ch1,ch2;
7      printf("輸入英文字元:");
8      scanf("%c", &ch1);
9      ch2= toupper (ch1);
10     printf("%c的大寫為%c\n", ch1,ch2);
11     system("pause"); //暫停程式執行
12     return 0;//程式結束
13    }
```

執行結果

輸入英文字元:b
b的大寫為B

4. 英文字母判斷函式 isalpha( )

如何判斷一個字元是否爲英文字元（A~Z,a~z）？例:2 是否爲英文字元，可以使用 C 語言的 isalpha( ) 函式來達成。

函式名稱	isalpha( )
函式原型	int isalpha(int x); 說明：isalpha(字元變數或常數x)
功能	判斷字元是否爲英文字母（A~Z,a~z）。
傳回	1. 若x不是英文字母，則傳回0。 2. 若x是大寫英文字母，則傳回1。 3. 若x是小寫英文字母，則傳回2。
原型宣告所在的 標頭檔	ctype.h

≡範例 13

寫一程式，判斷字元是否爲英文字母（A~Z, a~z）。

```
1   #include <stdio.h>
2   #include <stdlib.h>
3   #include <ctype.h>
4   int main(void)
5   {
6      char ch;
7      printf("輸入字元:");
8      scanf("%c", &ch);
9      if ( isalpha(ch) != 0 )
10        printf("%c是英文字母\n",ch);
11     else
12        printf("%c不是英文字母\n",ch);
13     system("pause"); //暫停程式執行
14     return 0;//程式結束
15  }
```

執行結果1

輸入字元:b
b是英文字母

執行結果2

輸入字元:2
2不是英文字母

5. **文字型的數字判斷函式 isdigit( )**

如何判斷一個字元是否為文字型的數字（0~9）？例：b 是否為文字型的數字，可以使用 C 語言的 isdigit( ) 函式來達成。

函式名稱	isdigit( )
函式原型	int isdigit(int x); 說明：isdigit(字元變數或常數x)
功能	判斷字元是否為文字型的數字(0~9)。
傳回	1. 若x不是文字型的數字，則傳回0。 2. 若x是文字型的數字，則傳回4或非零數值。
原型宣告所在的標頭檔	ctype.h

≡**範例 14**

寫一程式，判斷字元是否為文字型的數字。

```
1    #include <stdio.h>
2    #include <stdlib.h>
3    #include <ctype.h>
4    int main(void)
5      {
6        char ch;
7        printf("輸入字元:");
8        scanf("%c", &ch);
9        if (isdigit (ch) != 0 )
10           printf("%c是文字型的數字\n",ch);
11       else
12           printf("%c不是文字型的數字\n",ch);
13       system("pause"); //暫停程式執行
14       return 0;//程式結束
15     }
```

執行結果1

輸入字元:b
b不是文字型的數字

執行結果2

輸入字元:2
2是文字型的數字

6. 英文字母或文字型的數字判斷函式 isalnum( )

如何判斷一個字元是否為英文字母或文字型的數字（0~9）？例：> 是否為英文字母或文字型的數字，可以使用 C 語言的 isalnum( ) 函式來達成。

函式名稱	isalnum( )
函式原型	int isalnum(int x); 說明：isalnum(字元變數或常數x)
功能	判斷字元是否為文字型的數字或英文字母。
傳回	1. 若x不是文字型的數字或英文字母，則傳回0。 2. 若x是大寫英文字母，則傳回1或非零數值。 3. 若x是小寫英文字母，則傳回2或非零數值。 4. 若x是文字型的數字，則傳回3或非零數值。
原型宣告所在的 標頭檔	ctype.h

≡ 範例 15

寫一程式，判斷字元是否為文字型的數字或英文字母。

```
1   #include <stdio.h>
2   #include <stdlib.h>
3   #include <ctype.h>
4   int main(void)
5     {
6       char ch;
7       printf("輸入字元:");
8       scanf("%c", &ch);
9       if (isalnum(ch) != 0 )
10          printf("%c是文字型的數字或英文字母\n",ch);
11      else
12          printf("%c不是文字型的數字或英文字母\n",ch);
13      system("pause"); //暫停程式執行
14      return 0;//程式結束
15    }
```

執行結果1

輸入字元:b
b是文字型的數字或英文字母

執行結果2

輸入字元:>
>不是文字型的數字或英文字母

7. 十六進位字元判斷函式 isxdigit( )

如何判斷一個字元是否為十六進位字元（0,1,…,9,A,B,…,F,a,b,…,f）？例：z 是否為十六進位字元，可以使用 C 語言的 isxdigit( ) 函式來達成。

函式名稱	isxdigit( )
函式原型	int isxdigit(int x); 說明：isxdigit(字元變數或常數x)
功能	判斷字元是否為十六進位字元(0,1,…,9,A,B,…,F,a,b,…,f)。
傳回	1. 若x不是十六進位字元，則傳回0。 2. 若x是十六進位字元，則傳回128或非零數值。
原型宣告所在的標頭檔	ctype.h

三範例 16

寫一程式，判斷字元是否為十六進位數字。

```
1   #include <stdio.h>
2   #include <stdlib.h>
3   #include <ctype.h>
4   int main(void)
5     {
6       char ch;
7       printf("輸入字元:");
8       scanf("%c", &ch);
9       if (isxdigit(ch) != 0 )
10          printf("%c是十六進位數字\n",ch);
11      else
12          printf("%c不是十六進位數字\n",ch);
13      system("pause"); //暫停程式執行
14      return 0;//程式結束
15    }
```

執行結果1

輸入字元:b
b是十六進位數字

執行結果2

輸入字元:z
z不是十六進位數字

8. 小寫英文字母判斷函式 islower( )

如何判斷一個字元是否為小寫的英文字母？例，b 是否為小寫的英文字母，可以使用 C 語言的 islower( ) 函式來達成。

函式名稱	islower( )
函式原型	int islower(int x); 說明：islower(字元變數或常數x)
功能	判斷字元是否為小寫的英文字母。
傳回	1. 若x不是小寫英文字母，則傳回0。 2. 若x是小寫英文字母，則傳回2或非零數值。
原型宣告所在的 標頭檔	ctype.h

≡範例 17

寫一程式，判斷字元是否為小寫的英文字母。

```
1   #include <stdio.h>
2   #include <stdlib.h>
3   #include <ctype.h>
4   int main(void)
5   {
6       char ch;
7       printf("輸入字元:");
8       scanf("%c", &ch);
9       if (islower(ch) != 0 )
10          printf("%c是小寫英文字母\n",ch);
11      else
12          printf("%c不是小寫英文字母\n",ch);
13      system("pause"); //暫停程式執行
14      return 0;//程式結束
15  }
```

執行結果1

輸入字元:b
b是小寫英文字母

執行結果2

輸入字元:2
2不是小寫英文字母

9. 大寫英文字母判斷函式 isupper( )

如何判斷一個字元是否為大寫的英文字母？例：b 是否為大寫的英文字母，可以使用 C 語言的 isupper( ) 函式來達成。

函式名稱	isupper( )
函式原型	int isupper(int x); 說明：isupper(字元變數或常數x)
功能	判斷字元是否為大寫的英文字母。
傳回	1. 若x不是大寫英文字母，則傳回0。 2. 若x是大寫英文字母，則傳回1或非零數值。
原型宣告所在的 標頭檔	ctype.h

≡ 範例 18

寫一程式，判斷字元是否為大寫的英文字母。

```
1   #include <stdio.h>
2   #include <stdlib.h>
3   #include <ctype.h>
4   int main(void)
5    {
6      char ch;
7      printf("輸入字元:");
8      scanf("%c", &ch);
9      if (isupper(ch) != 0 )
10        printf("%c是大寫英文字母\n",ch);
11     else
12        printf("%c不是大寫英文字母\n",ch);
13     system("pause"); //暫停程式執行
14     return 0;//程式結束
15   }
```

執行結果1

輸入字元:C
C是大寫英文字母

執行結果2

輸入字元:a
a不是大寫英文字母

10. 中文字判斷函式 isascii( )

如何判斷一個字元是否為中文字？例：'C' 是否為中文字，可以使用 C 語言的 isascii( ) 函式來達成。

函式名稱	isascii( )
函式原型	int isascii(int x); 說明：isascii(字元變數或常數x)
功能	判斷字元是否為中文字。
傳回	1. 若x為中文字，則傳回0。 2. 若x不為中文字，則傳回1或非零數值。
原型宣告所在的 標頭檔	ctype.h

≡ 範例 *19*

寫一程式，判斷輸入的字元是否為中文字。

```
1   #include <stdio.h>
2   #include <stdlib.h>
3   #include <ctype.h>
4   int main(void)
5   {
6      char ch;
7      printf("輸入字元:");
8      scanf("%c", &ch);
9      if (isascii(ch) != 0 )
10        printf("%c不為中文字 \n",ch);
11     else
12        printf("輸入的資料為中文字\n");
13     system("pause"); //暫停程式執行
14     return 0;//程式結束
15  }
```

執行結果1

輸入字元:C
C不為中文字

執行結果2

輸入字元:好
輸入的資料為中文字

11. 空白字元判斷函式 isspace( )

如何判斷一個字元是否為空白字元？例：Tab 鍵是否為空白字元，可以使用 C 語言的 isspace( ) 函式來達成。

函式名稱	isspace( )
函式原型	int isspace(int x); 說明：isspace(字元變數或常數x)
功能	判斷字元是否為空白字元。 （注意：空白字元或定位字元（Tab）或歸位字元（Enter鍵）或新列字元（'\n'）都被稱為空白字元）
傳回	1. 若x不是空白字元，則傳回0。 2. 若x是空白字元，則傳回8或非零數值。
原型宣告所在的標頭檔	ctype.h

≡範例 20

寫一程式，判斷字元否為空白字元。

```
1   #include <stdio.h>
2   #include <stdlib.h>
3   #include <ctype.h>
4   int main(void)
5     {
6       char ch;
7       printf("輸入字元:");
8       scanf("%c", &ch);
9       if (isspace(ch) != 0 )
10          printf("%c是空白字元\n",ch);
11      else
12          printf("%c不是空白字元\n",ch);
13      system("pause"); //暫停程式執行
14      return 0;//程式結束
15    }
```

執行結果1

輸入字元:(Tab)
是空白字元

執行結果2

輸入字元:1
1不是空白字元

12. 標點符號字元判斷函式 ispunct( )

如何判斷一個字元是否為標點符號字元？例：h 是否為標點符號字元，可以使用 C 語言的 ispunct( ) 函式來達成。

函式名稱	ispunct( )
函式原型	int ispunct(int x); 說明：ispunct(字元變數或常數x)
功能	判斷字元是否為標點符號。 〔注意〕,.;:"'~!@#$%^&(){}[]+-*/=_<>\?| 都被稱為標點符號
傳回	1. 若x不是標點符號，則傳回0。 2. 若x是標點符號，則傳回16或非零數值。
原型宣告所在的 標頭檔	ctype.h

≡ 範例 21

寫一程式，判斷字元是否為標點符號。

```
1   #include <stdio.h>
2   #include <stdlib.h>
3   #include <ctype.h>
4   int main(void)
5   {
6       char ch;
7       printf("輸入字元:");
8       scanf("%c", &ch);
9       if (ispunct(ch) != 0 )
10          printf("%c是標點符號\n",ch);
11      else
12          printf("%c不是標點符號\n",ch);
13      system("pause"); //暫停程式執行
14      return 0;//程式結束
15  }
```

執行結果1

輸入字元:,
,是標點符號

執行結果2

輸入字元:h
h不是標點符號

13. 控制字元判斷函式 iscntrl( )

凡是可改變系統作業方式或執行狀態的特殊字元，都被稱為控制字元。
以下是 C 語言常用的一些控制字元：

ASCII碼	字碼	用法（逸出序列）	用途
0	NUL	'\x00 '	代表字串(string)的結束。
3	EXT	'\x03'	終止程式的執行。
7	BEL	'\x07'或'\a'	從電腦的speaker，發出一聲嗶(beep)。
8	BS	'\x08'或'\b'	若游標不是在第一格，則游標往左一格，即倒退一格。
9	HT	'\x09'或'\t'	Tab定位鍵。
10	LF	'\x10'或'\n'	Enter鍵。
13	CR	'\x13'或'\r'	歸位字元。

如何判斷一個字元是否為控制字元？例：Tab 鍵是否為控制字元，可以使用
C 語言的 iscntrl( ) 函式來達成。

函式名稱	iscntrl( )
函式原型	int iscntrl(int x);
	說明：iscntrl(字元變數或常數x)
功能	判斷字元是否為控制字元。 （注意：凡ASCII碼範圍在0至31之間，且不能顯示在螢幕上的字元，都被稱為控制字元）
傳回	1. 若x不是控制字元，則傳回0。 2. 若x是控制字元，則傳回32或非零數值。
原型宣告所在的標頭檔	ctype.h

≡範例 22

寫一程式，判斷字元否為控制字元。

```
1  #include <stdio.h>
2  #include <stdlib.h>
3  #include <ctype.h>
4  int main(void)
5   {
6    char ch;
7    printf("輸入字元:");
8    scanf("%c", &ch);
```

```
9        if (iscntrl(ch) != 0 )
10           printf("%c是控制字元\n",ch);
11       else
12           printf("%c不是控制字元\n",ch);
13       system("pause"); //暫停程式執行
14       return 0;//程式結束
15   }
```

執行結果1

輸入字元：(Tab鍵)
是控制字元

執行結果2

輸入字元:6
6不是控制字元

≡範例 23

寫一程式，連續輸入字元，直到按下 Enter 鍵，才結束輸入動作。最後印出輸入
字元的總長度及分別累計數字字元 (0-9)、大寫字母字元、小寫字母字元、標點
符號字元、控制字元、空白字元和中文字元有多少個。

```
1   #include <stdio.h>
2   #include <stdlib.h>
3   #include <ctype.h>
4   int main(void)
5    {
6      char string[81];
7      int length=0;          //字元的長度
8      int digit=0;           //文數字的個數
9      int space=0;           //空白字元的個數
10     int lowercase=0;       //小寫文字的個數
11     int uppercase=0;       //大寫文字的個數
12     int punctuation=0;     //標點符號的個數
13     int control=0;         //控制字元的個數
14     int chinese=0;         //中文字的個數
15     int i=0;               //字元的位置
16     printf("輸入一個字串:");
17     gets(string);
18     while(string[i] !='\0' )
19      {
20       //ascii值>127:中文字 (或全形文字)
21       if(isascii(string[i])== 0)
22         {
23            chinese++;
24            i++;
25         //中文字(或全形文字)為2bytes，要多移一個字元
```

```
26              }
27          else if(isdigit(string[i])!= 0)
28            digit++;
29          else if(islower(string[i])!= 0)
30            lowercase++;
31          else if(isupper(string[i])!= 0)
32            uppercase++;
33          else if(ispunct(string[i])!= 0)
34            punctuation++;
35          else if(iscntrl(string[i])!= 0)
36            control++;
37          else if(isspace(string[i])!= 0)
38            space++;
39
40        i++;
41      }
42
43     printf("輸入字串的總長度為%dbyte\n",strlen(string));
44     printf("1.中文字（或全形文字）有%d個\n",chinese);
45     printf("2.阿拉伯數字有%d個\n",digit);
46     printf("3.小寫英文有%d個\n",lowercase);
47     printf("4.大寫英文有%d個\n",uppercase);
48     printf("5.標點符號有%d個\n",punctuation);
49     printf("6.控制字元有%d個\n",control);
50     printf("7.空白字元有%d個\n",space);
51     system("PAUSE");
52     return 0;
53   }
```

執行結果

輸入字元:2012,新年快樂（Enter鍵）
輸入字串的總長度為13bytes
1.中文字（或全形文字）有4個
2.阿拉伯數字有4個
3.小寫英文有0個
4.大寫英文有0個
5.標點符號有1個
6.控制字元有0個
7.空白字元有0個

6-4 時間與日期函式

在程式中，只要有使用到以下的庫存函式，則必須使用 #include <time.h>，將宣告該庫存函式所在 time.h 標頭檔含括到程式裡，否則可能會出現下面錯誤訊息（切記）：

' 某庫存函數名稱 ' undeclared (first use this function)

1. 取得目前的日期函式 _strdate( )

函式名稱	_strdate( )
函式原型	char *_strdate(char *buf); 說明：_strdate(字元陣列變數或字元指標變數buf);
功能	取得目前的日期（樣式為MM/DD/YY）。存入字元陣列變數或字元指標變數buf。
傳回	目前的日期。
原型宣告所在的標頭檔	time.h

≡ 說明

_strdate( )函式被呼叫時，需傳入參數（buf），做為儲存系統日期的變數。它的資料型態為 char *，表示 buf 為字元陣列變數且 buf 字元陣列至少要設定 9 個 Bytes 以上。[進階用法]buf 也可為字元指標變數。

2. 取得目前的時間函式 _strtime( )

函式名稱	_strtime( )
函式原型	char *_strtime(char *buf); 說明：_strtime(字元陣列變數或字元指標變數buf);
功能	取得目前的時間（樣式為HH：MM：SS）存入字元陣列變數或字元指標變數buf。
傳回	目前的時間。
原型宣告所在的標頭檔	time.h

≡ **說明**

　　_strtime( ) 函式被呼叫時，需傳入參數（buf），做為儲存系統時間的變數。它的資料型態為 char *，表示 buf 為字元陣列變數且 buf 字元陣列至少要設定 9 個 Bytes 以上。[進階用法]buf 也可為字元指標變數。

≡ **範例 24**

寫一程式，模擬電子時鐘。

```
1   #include <stdlib.h>
2   #include <stdio.h>
3   #include <time.h>
4   void lcd_clock(int,int []);
5   int main(void)
6     {
7       char current_date[9];
8       char current_time[9];
9
10      while (1)
11      {
12       int i,j;
13       int time_digit[6];
14       _sleep(1000);//停頓1(1000/1000)秒,（請參考6-6停滯函式_sleep()）
15       system("cls");//清除畫面
16
17       _strdate(current_date);
18       // 將目前的日期以MM/DD/YY方式,
19       // 存入字串current_date內
20
21       _strtime(current_time);
22       // 將目前的時間以HH：MM：SS方式,
23       // 存入字串current_time內
24
25       printf("目前日期:%s\n",current_date);
26       printf("現在時刻:%s\n",current_time);
27
28       j=0;
29       for (i=0;i<=7;i++)
30         if (i!=2 && i!=5)
31           {
32               time_digit[j]=current_time[i]-48;
33               j++;
34           }
35       lcd_clock(6,time_digit);
36      }
37
38      system("pause");
39      return 0;
```

```
40      }
41
42
43    void lcd_clock(int size, int digit_code[])
44     {
45       char *LED[5]={ "   ",
46                      " - ",
47                      "   |",
48                      "|  ",
49                      "|  |"};
50
51       int i,j;
52
53       //十進位(0~9)數字所對應的LED數字
54       int digit_vs_led [10][5]={{1,4,0,4,1},{0,2,0,2,0},
55                                 {1,2,1,3,1},{1,2,1,2,1},
56                                 {0,4,1,2,0},{1,3,1,2,1},
57                                 {1,3,1,4,1},{1,4,0,2,0},
58                                 {1,4,1,4,1},{1,4,1,2,0}};
59
60       //每一個數字對應於LED七段顯示器
61       //呈現的方式有5列資料
62       //例:第一組資料{1,4,0,4,1},表示0在七段顯示器呈現的5列資料所對應於圖形資料。
63       //  這組資料中的第一個數字1為表示第一列資料為-,
64       //            第二個數字4為表示第二列資料為| |,
65       //            第三個數字0為表示第三列資料為空白
66       //            第四個數字4為表示第四列資料為| |
67       //            第五個數字1為表示第五列資料為-
68       //其他組資料說明,以此類推。
69
70       for(j=0;j<5;j++)
71        {
72          for(i=0;i<6;i++)
73            {
74              printf("%s",LED[digit_vs_led [digit_code[i]][j]]);
75              if (j==2 &&(i==1 || i==3))
76                printf(":");
77              else
78                printf(" ");
79            }
80          printf("\n");
81        }
82
83    }
```

三 程式解說

每一個數字對應於 LED 七段顯示器呈現的方式有 5 列資料：

0 在七段顯示器所對應於圖形資料如下

第一列資料為 - ,
第二列資料為| |,

第三列資料為（空白）
第四列資料為|　|
第五列資料為 –

所以 0 以陣列 LED 的第一組資料 {1,4,0,4,1} 表示。

這組資料中的

第一個數字1表示第一列資料為 –,
第二個數字4表示第二列資料為|　|,
第三個數字0表示第三列資料為(空白)
第四個數字4表示第四列資料為|　|
第五個數字1表示第五列資料為 –

其他 1~9，在七段顯示器所對應於圖形，以此類推。

3. 取得程式從開始執行所經過的滴答數函式 clock( )

函式名稱	clock( )
函式原型	clock_t clock(void); 說明：clock();
功能	取得程式從開始執行到此函數所經過的滴答數（ticks）。
傳回	程式從開始執行到此函數所經過的滴答數。
原型宣告所在的標頭檔	time.h

≡ 說明

1. clock( ) 函式被呼叫時，不需傳入任何參數。

2. clock_t 型態定義於 time.h 中 (typedef long clock_t;)，為一長整數型別。

3. 滴答數是由電腦系統 CPU 控制的一種時鐘計時單位，若要換算成秒數，則必須除以 CLK_TCK 常數。CLK_TCK 是定義在 time.h 內的常數名稱，其值等於 1000（個滴答數 / 每秒）。

≡ **範例 25**

寫一程式，計算 1+2+3+....+100000000 所花的時間。

```
1   #include <stdlib.h>
2   #include <stdio.h>
3   #include <time.h>
4
5   int main(void)
6     {
7
8       clock_t start_clock,end_clock;
```

```
9        int i;
10       double sum=0.0;
11       float spend;
12
13       start_clock=clock();
14       //取得程式從開始執行到此函數
15       //所經過的滴答數(ticks)
16
17       for (i=1;i<=100000000;i++)
18         sum+=i;
19
20       end_clock=clock();
21       //取得程式從開始執行到此函數
22       //所經過的滴答數(ticks)
23
24       spend =(double) (end_clock-start_clock)/CLK_TCK;
25       //計算1+2+3+....+100000000所花的時間
26       //CLK_TCK是定義在time.h內的常數名稱,
27       //其值等於1000 (個滴答數/每秒)
28       //除以CLK_TCK常數,即可得到所花的秒數
29
30       printf("1+2+...+100000000=%.0lf\n",sum);
31       printf("計算1+2+3+....+100000000所花的時間:");
32       printf("%lf\n", spend);
33
34       system("pause");
35       return 0;
36    }
```

執行結果

```
1+2+...+100000000=5000000050000000
計算1+2+3+....+100000000所花的時間:0.359000
```

4. 取得 1970/1/1 00:00:00 到目前所經過的秒數函式 time( )

函式名稱	time( )
函式原型	time_t time(time_t *t); 說明:time (整數指標變數t);
功能	取得1970/1/1 00:00:00到目前所經過的秒數。
傳回	從1970/1/1 00:00:00到目前所經過的秒數。
原型宣告所在的 標頭檔	time.h

三 說明

1. time( ) 函式被呼叫時，需傳入參數（t），做為儲存從 1970/1/1 00:00:00 到目前所經過的秒數的變數。它的資料型態為 time_t *，表示必須使用整數指標變數。

2. time_t 型態定義於 time.h 中（typedef long time_t; ），為一長整數型別。

三 範例 26

寫一程式，求 1970/1/1 00:00:00 到目前所經過的秒數。

```
1   #include <stdlib.h>
2   #include <stdio.h>
3   #include <time.h>
4   int main(void)
5     {
6       time_t t;
7
8       //1970/1/1 00:00:00到目前所經過的秒數
9       t=time(NULL);
10
11      printf("從1970/1/1 00:00:00到目前");
12      printf("所經過的秒數: %d秒\n ",t);
13      // 〔注意〕執行的時間點不同，得到的秒數也不同
14
15      system("pause");
16      return 0;
17    }
```

執行結果

從1970/1/1 00:00:00到目前所經過的秒數:1326327067

5. 取得目前 PC 系統時間函式 ctime( )

函式名稱	ctime( )
函式原型	char * ctime(time_t *t); 說明：ctime (整數指標變數t);
功能	將取得之時間秒數轉換成26個字元之字串，格式為:星期 月 日 時間 年份。
傳回	26個字元之字串，呈現目前PC系統時間。
原型宣告所在的標頭檔	time.h

三 說明

1. ctime( ) 函式被呼叫時，需傳入參數（t），做為儲存從 1970/1/1 00:00:00 到目前所經過的秒數的變數。它的資料型態為 time_t *，表示必須使用整數指標變數。

2. time_t 型態定義於 time.h 中（typedef long time_t;），為一長整數型別。

三 範例 27

寫一程式，將 PC 系統時間轉換成格式為：星期 月 日 時間 年份 的 26 個字元之字串。

```
1   #include <stdlib.h>
2   #include <stdio.h>
3   #include <time.h>
4   int main(void)
5   {
6     time_t *t,tt;
7     t=&tt;
8
9     //1970/1/1 00:00:00到目前所經過的秒數
10    //也是目前PC系統時間
11    tt=time(NULL);
12
13    printf("目前PC系統時間:%s\n",ctime(t));
14    //ctime(t),將PC系統時間轉換成26個字元之字串
15
16    system("pause");
17    return 0;
18  }
```

執行結果

目前PC系統時間：Sun Oct 28 12:10:20 2012

三 程式解說

第 6 列到 14 列

```
6   time_t *t,tt;
7   t=&tt;
8
9   //1970/1/1 00:00:00到目前所經過的秒數
10  //也是目前PC系統時間
11  tt=time(NULL);
12
13  printf("目前PC系統時間:%s\n",ctime(t));
14  //ctime(t),將PC系統時間轉換成26個字元之字串
```

可改成

```
time_t tt;

//1970/1/1 00:00:00到目前所經過的秒數
//也是目前PC系統時間
tt=time(NULL);

printf("目前PC系統時間:%s\n",ctime(&tt));
//ctime(&tt)，將PC系統時間轉換成26個字元之字串
```

> **注意** 在程式中，只要有使用到以下的庫存函式，則必須使用 #include <stdlib.h>，將宣告該庫存函式所在 stdlib.h 標頭檔含括到程式裡，否則可能會出現下面錯誤訊息（切記）：
>
> ' 某庫存函數名稱 ' undeclared (first use this function)

6. 執行 DOS 的指令函式 system( )

若要執行 DOS 作業系統下的一些指令，則可以使用 C 語言的 system( ) 函式來達成。

函式名稱	system( )
函式原型	int system(const char *str); 說明：system(字元陣列變數或字串常數str);
功能	執行DOS的指令
傳回	0。
原型宣告所在的標頭檔	stdlib.h

≡說明

1. system( ) 函式被呼叫時，需傳入參數 (str)，str 內容必須為 DOS 指令表示要執行 DOS 的 str 指令。它的資料型態為 const char *，表示必須使用字元陣列名稱或字串常數。

2. 例：

```
system("pause");  //暫停程式執行
system("cls");    //清除畫面
system("date 13-08-01"); //設定目前日期為2013-08-01
system("time 08:00:00"); //設定現在時刻為08:00:00
```

```
//執行特定的程式。例如，開啟牡丹水庫.bmp圖形檔
system("start 牡丹水庫.bmp");

 //設定螢幕之背景顏色為黑色(0)、前景顏色為白色(F)
system("color 0F");
```

顏色代號說明：

0：黑 1：藍　 2：綠　 3：藍綠　 4：紅　 5：紫　　　 6：黃　 7：白

8：灰 9：淺藍 A：淺綠 B：淺藍綠 C：淺紅 D：淺紫　 E：淺黃 F：亮白

有關 system 函式中的參數用法說明，可在下列程序中取得。

1. 按 開始 -> 所有程式 -> 附屬應用程式 -> 命令提示字元。

2. 分別輸入以下指令：

```
(1) pause  /?
(2) cls    /?
(3) date   /?
(4) time   /?
(5) start  /?
(6) color  /?
```

≡範例 28

寫一程式，設定系統時間及日期。

```
1   #include <stdlib.h>
2   #include <stdio.h>
3   #include <time.h>
4   int main(void)
5     {
6      char current_date[9];
7      char date_parameter[16]="date ";
8      char current_time[9];
9      char time_parameter[14]="time ";
10     printf("改變目前日期及現在時刻:\n");
11     printf("設定目前日期(格式: yy-mm-dd)為");
12     scanf("%s",current_date);
13     printf("設定現在時刻(格式: hh:mm:ss)為");
14     scanf("%s",current_time);
15     strcat(date_parameter,current_date);
16     strcat(time_parameter,current_time);
17
18     system(date_parameter);//設定目前日期
19     //日期參數格式: date yy-mm-dd
20
21     system(time_parameter);//設定現在時刻
```

```
22        //時間參數格式：time hh:mm:ss
23
24        printf("設定後:\n");
25        _strdate(current_date);
26        // 將目前的日期以MM/DD/YY方式，
27        //存入字串current_date內
28
29        _strtime(current_time);
30        //將目前的時間以HH：MM：SS方式，
31        //存入字串current_time內
32
33        printf("目前日期:%s\n",current_date);
34        printf("現在時刻:%s\n",current_time);
35
36        system("pause");
37        return 0;
38     }
```

執行結果

```
改變目前日期及現在時刻:
設定目前日期(格式：yy-mm-dd):12-10-01
設定現在時刻(格式：hh:mm:ss): 08:08:08
設定後:
目前日期:10/01/12
現在時刻: 08:08:08
```

6-5 聲音函式

電腦本身有喇叭的裝置，想讓它發出我們想要的聲音頻率，可以使用 C 語言的 beep( ) 函式來達成。

> **注意** 在程式中，只要有使用到以下的庫存函式，必須使用 #include <stdlib.h>，將宣告該庫存函式所在的 stdlib.h 標頭檔含括到程式裡，否則可能會出現下面錯誤訊息（切記）：
>
> ' 某庫存函數名稱 ' undeclared (first use this function)

函式名稱	_beep( )
函式原型	void _beep(unsigned int x , unsigned int y); 說明：_beep(無號數整數變數或常數x， 無號數整數變數或常數y)
功能	發出某個音頻聲,幾秒鐘
傳回	發出x音頻聲, y/1000秒鐘。 例，_beep(392,500); 發出Sol音，0.5秒鐘。
原型宣告所在的 標頭檔	stdlib.h

近似頻率：

以 C 大調為基準，Do、Re、Mi、Fa、Sol、La 及 Si 及五個半音的近似音頻如下所示：

低音部的Do、Re、Mi、Fa、Sol、La及Si頻率

唱名	Do	Do#	Re	Re#	Mi	Fa	Fa#	Sol	Sol#	La	La#	Si
近似頻率(Hz)	131	139	147	156	165	175	185	196	208	110	167	124

中音部的Do、Re、Mi、Fa、Sol、La及Si頻率

唱名	Do	Do#	Re	Re#	Mi	Fa	Fa#	Sol	Sol#	La	La#	Si
近似頻率(Hz)	262	277	293	311	330	349	370	392	415	220	233	247

高音部的Do、Re、Mi、Fa、Sol、La及Si頻率

唱名	Do	Do#	Re	Re#	Mi	Fa	Fa#	Sol	Sol#	La	La#	Si
近似頻率(Hz)	523	554	587	622	659	698	740	784	831	880	932	988

拍子的算法：

一拍需要幾秒，這要看曲子的速度而定。若曲子上寫的速度是 120 BPM（Beat Per Minute），就代表一分鐘共有 120 拍，那麼一拍就是 60/120=0.5 秒；若曲子上寫的速度是 60，就代表一分鐘共有 60 拍，那麼一拍就是 60/60=1 秒。

≡ **範例 29**

寫一程式，彈奏出小蜜蜂的旋律。

小蜜蜂歌譜

533 422 1234555

533 422 13553

2222234

3333345

533 422 13551

```c
1   #include <time.h>
2   #include <stdio.h>
3   #include <stdlib.h>
4   int main(void)
5   {
6
7      //_beep定義在stdlib.h內，發出某個音頻聲，幾秒鐘
8      //例 _beep(392,500);發出Sol音,0.5(=500/1000)秒鐘
9      _beep(392,500); //533 422 1234555
10     _beep(330,500);
11     _beep(330,1000);
12
13     _beep(349,500);
14     _beep(293,500);
15     _beep(293,1000);
16
17     _beep(263,500);
18     _beep(293,500);
19     _beep(330,500);
20     _beep(349,500);
21     _beep(392,500);
22     _beep(392,500);
23     _beep(392,1000);
24
25     _beep(392,500);//533 422 13553
26     _beep(330,500);
27     _beep(330,1000);
28
29     _beep(349,500);
30     _beep(293,500);
31     _beep(293,1000);
32
33     _beep(263,500);
34     _beep(330,500);
35     _beep(392,500);
36     _beep(392,500);
37     _beep(330,2000);
38
39     _beep(293,500);//2222234
```

```
40    _beep(293,500);
41    _beep(293,500);
42    _beep(293,500);
43    _beep(293,500);
44    _beep(330,500);
45    _beep(349,1000);
46
47    _beep(330,500);//3333345
48    _beep(330,500);
49    _beep(330,500);
50    _beep(330,500);
51    _beep(330,500);
52    _beep(349,500);
53    _beep(392,1000);
54
55    _beep(392,500);//533 422 13551
56    _beep(330,500);
57    _beep(330,1000);
58
59    _beep(349,500);
60    _beep(293,500);
61    _beep(293,1000);
62
63    _beep(263,500);
64    _beep(330,500);
65    _beep(392,500);
66    _beep(392,500);
67    _beep(263,1000);
68
69    system("pause");
70    return 0;
71  }
```

執行結果

（彈奏出小蜜蜂的旋律）

☰ 程式解說

可以用 beep( ) 代替 _beep( )。

6-6　停滯函式

　　想讓程式暫停執行幾秒鐘之後再繼續執行，可以使用 C 語言的 _sleep( ) 函式來達成。

> **注意**　在程式中，只要有使用到以下的庫存函式，則必須使用 #include <stdlib.h>，將宣告該庫存函式所在的 stdlib.h 標頭檔含括到程式裡，否則可能會出現下面錯誤訊息（切記）：
>
> ' 某庫存函數名稱 ' undeclared (first use this function)

函式名稱	_sleep( )
函式原型	void _sleep (unsigned int x); 說明：_sleep(無號數整數變數或常數x)
功能	讓程式停頓幾個滴答(tick)數。滴答數是計算時間的一種時間單位。例：1000滴答數等於1秒鐘。
傳回	暫停x/1000秒鐘。
原型宣告所在的標頭檔	stdlib.h

≡ 範例 30

　　寫一程式，在程式執行過程中暫停 5 秒鐘。

```
1   #include <stdio.h>
2   #include <stdlib.h>
3   int main(void)
4   {
5     printf("程式暫停5秒鐘…\n");
6     _sleep(5000);
7     printf("程式繼續執行\n");
8     system("pause"); //暫停程式執行
9     return 0;//程式結束
10  }
```

執行結果

程式暫停5秒鐘…
程式繼續執行

6-7 自我練習

1. 寫一程式，輸入 3 個數，輸出最大值與最小值。

2. 寫一程式，輸入平面座標上的任意兩點，輸出兩點的距離。

3. 寫一程式，輸入一整數，判斷此數是否為某一個整數的平方。

4. 分別寫一程式，輸出下列對稱圖形。

    (1) *   (2) ********
       **   ******
       ***   ****
       **   **
       *   ****
                       ******
                       ****

5. 寫一程式，輸入一段英文句子，直到按下 Enter 鍵，才結束輸入動作，最後印出共有多少個英文字 (word)。

6. 某餐廳促銷活動，每人費用 398 元，每 4 人消費其中 1 人免費，以此類推。寫一程式，輸入消費人數，輸出消費金額。

07

陣列

教學目標

7-1 陣列宣告

7-2 排序法與搜尋

7-3 C語言常用之字串庫存函式

7-4 C語言常用之字串與數字轉換庫存函式

7-5 二維陣列宣告

7-6 三維陣列宣告

7-7 隨機亂數庫存函式

7-8 進階範例

7-9 自我練習

生活中，常會記錄很多的資訊。例如：汽車監理所記錄每部汽車的車牌號碼、戶政事務所記錄每個人的身分證字號、學校記錄每個學生的每科月考成績、人事單位記錄公司的員工資料、個人記錄親朋好友的電話號碼等等。在 C 語言中，一個變數只能存放一個數值 (或文字) 資料，需記錄大量資料，就必須宣告許多的變數來儲存這些資料。若使用一般變數來宣告，則變數名稱在命名上及使用上都非常不方便。

為了儲存型態相同且性質相同的大量資料，C 語言提供一種稱為「陣列」的延伸資料型態，以方便儲存大量資料。而所謂的「大量資料」到底是多少個呢？是 100 個或 1000 個或⋯？只要 2 個 (含) 以上型態相同且性質相同的資料就能把它們當做大量資料來看。陣列是以一個名稱來代表一群資料，並以註標或索引存取陣列中的元素，每個陣列元素相當於一個變數。

陣列有以下特徵：
1. 存取陣列中元素，都是使用同一個陣列名稱。
2. 每個陣列元素存放在連續的記憶體空間。
3. 每個陣列元素的型態相同且性質相同。
4. 註標或索引的範圍介於 0 與 (所屬維度大小 -1) 之間。

陣列的形式有下列 2 種：
1. 一維陣列：一維陣列是 C 語言中最基本的陣列結構，只有一個註標或索引。以車籍資料為例，若汽車的車牌號碼是以連續數字來編碼，則可以使用「車牌號碼」當做一維陣列的索引，並利用車牌號碼查出車主。
2. 多維陣列：多維陣列是指有兩個註標或索引（含）以上的陣列。以班級課表為例，可以使用「星期」及「節數」當做二維陣列的索引，並利用「星期」及「節數」查出授課教師。

二維陣列可看成多個一維陣列的組成；三維陣列可看成多個二維陣列的組成；以此類推。

7-1 陣列宣告

陣列變數跟一般變數一樣，使用前都要先經過宣告，通知編譯器配置記憶體空間，以供程式使用，否則出現「某陣列變數 undeclared」。當我們宣告一個陣列時，就等於宣告了多個變數。

儲存相同資料型態的資料，到底要使用幾維陣列的方式來撰寫最適合，可由問題中有多少因素在改變來決定。只有一個因素在改變，使用一維陣列；有兩個因素在改變，使用二維陣列；以此類推。另外，也可以空間的概念來思考。若問題所呈現的樣貌為一度空間 (即，線的概念)，使用一維陣列；呈現的樣貌為二度空間 (即，平面的概念)，則使用二維陣列；呈現的樣貌為三度空間 (即，立體的概念)，則使用三維陣列；以此類推。

在程式設計上，陣列通常會與迴圈搭配使用，幾維陣列就搭配幾層迴圈使用。

7-1-1　一維陣列宣告

行（或排）是指直行。行（或排）的概念，在幼稚園或小學階段大家就知道了。例：國語生字作業，都是規定一次要寫多少行。而一維陣列元素的「索引」，其意義就如同「行」一樣。

宣告一個擁有「n」個元素的一維陣列之語法如下：

資料型態 陣列名稱[n];

≡ 說明

1. 資料型態：一般常用的資料型態有整數、浮點數和字元。
2. 陣列名稱：陣列名稱的命名，請參照識別字的命名規則。
3. n：代表行數，是指陣列有幾行 (或個) 元素，代表此陣列維度 1 的元素個數，必須為整數。
4. 一維陣列，只有一個 [ ]。
5. 註標或索引的範圍介於 0 與 (n-1) 之間。

> **注意** 在使用陣列元素時，即使註標值或索引值超過 0 與行數 -1 之間的範圍，在程式編譯時，也不會產生任何錯誤訊息。這是因為 C 語言並不會檢查註標或索引的範圍是否超過範圍。雖然如此，在這裡強烈建議讀者，在註標值或索引值使用上，一定要謹慎小心，不可超過陣列在宣告時的範圍，否則程式發生邏輯錯誤，很難找出問題點。
>
> （多維陣列在註標值或索引值使用上，也一樣要注意不要超過範圍。）

例：char name[7]；
　　// 宣告一個有 7 個元素的一維字元陣列 name
　　char name[7];　　// 可使用 name[0]~ name[6]

　　// 宣告一個有 6 個元素的一維整數陣列 age
　　int age[6]；　// 可使用 age[0]~age[5]

　　// 宣告一個有 5 個元素的一維單精度浮點數陣列 sum
　　float sum[5]；// 可使用 sum[0]~ sum[4]

　　// 宣告一個有 4 個元素的一維倍精度浮點數陣列 avg
　　double avg[4]；// 可使用 avg[0]~avg[3]

■ 7-1-2　一維陣列初始化

在宣告陣列時，同時設定陣列元素的初始值，這種過程被稱為陣列初始化。

宣告一個擁有「n」個元素的一維陣列，同時設定陣列元素的初始值之語法如下：

> 資料型態 陣列名稱[n]={$a_1, a_2, \cdots, a_n$};

其中，a_1 代表陣列的第 0 個元素的值；a_2 代表陣列的第 1 個元素的值，以此類推。

> **注意** 針對數值陣列而言，若陣列元素初始值的個數小於陣列元素的個數，則編譯器會將未設定初值的元素之值設定為 0。

例：char word[5]={ 'd' , 'a' , 'v' , 'i' , 'd' };
　　// 宣告一個一維字元陣列 name 有 5 個元素，且

// word[0]='d'　　word[1]='a'　　word[2]='v'

// word[3]= 'i'　　word[4]='d'

int money[3] ={18,25,6};

// 宣告一個一維整數陣列 money 有 3 個元素，且

// money[0]=18　　　　money[1]=25　　　　money[2]=6

float total[2]={0}；

// 宣告一個一維單精度浮點數陣列 total 有 2 個元素，且

// total[0]=0　　　total[1]=0

double taxrate[3] ={0.1,0.2}；

// 宣告一個一維倍精度浮點數陣列 taxrate 有 3 個元素，且

// taxrate[0]=0.1　　　　taxrate[1]=0.2　　　　taxrate[2]=0

≡ 範例 1

寫一程式，輸入一星期每天的花費，印出總花費（使用一般變數的方式）。

```
1   #include <stdio.h>
2   #include <stdlib.h>
3   int main(void)
4     {
5       int w1,w2,w3,w4,w5,w6,w7,total=0;
6       printf("輸入星期一的花費:");
7       scanf("%d" , &w1);
8       printf("輸入星期二的花費:");
9       scanf("%d" , &w2);
10      printf("輸入星期三的花費:");
11      scanf("%d" , &w3);
12      printf("輸入星期四的花費:");
13      scanf("%d" , &w4);
14      printf("輸入星期五的花費:");
15      scanf("%d" , &w5);
16      printf("輸入星期六的花費:");
17      scanf("%d" , &w6);
18      printf("輸入星期日的花費:");
19      scanf("%d" , &w7);
20      total=w1+w2+w3+w4+w5+w6+w7;
21      printf("一星期總花費:%d\n", total);
22      system("PAUSE");
23      return 0;
24    }
```

執行結果

```
輸入星期一的花費:100
輸入星期二的花費:120
輸入星期三的花費:110
輸入星期四的花費:120
輸入星期五的花費:110
輸入星期六的花費:130
輸入星期日的花費:150
一星期總花費:840
```

≡ 程式解說

1. 範例只要求輸入一星期每天的花費,就要設 7 個變數。若要求輸入一年中每天的花費,就要設 365 或 366 個變數(☹)。

2. 範例只要求輸入一星期每天的花費,程式第 6 列及第 7 列的寫法重複 7 遍;若要求輸入一年中每天的花費,程式第 6 列及第 7 列的寫法,就要重複 365 或 366 遍,程式第 20 列,就要加到 w365 或 w366。(☹☹☹)

3. 因此,處理大量型態相同且性質相同的資料時,使用一般變數的作法是不適合的。

≡ 範例 2

寫一程式,輸入一星期每天的花費,印出總花費(使用陣列變數的方式)。

```c
1    #include <stdio.h>
2    #include <stdlib.h>
3    int main(void)
4      {
5        int m[7],total=0,i;  //只能使用m[0],m[1],…,m[6]
6        for (i=0;i<7;i++) //累計7天的花費
7          {
8            printf("輸入星期%d的花費:",i+1);
9            scanf("%d" , &m[i]);
10           total=total+ m[i];
11         }
12       printf("一星期總花費:%d\n", total);
13       system("PAUSE");
14       return 0;
15     }
```

執行結果

```
輸入星期1的花費:100
輸入星期2的花費:120
輸入星期3的花費:110
輸入星期4的花費:120
```

輸入星期5的花費:110
輸入星期6的花費:130
輸入星期7的花費:150
一星期總花費:840

≡ 程式解說

1. 此範例需要儲存 7 個型態相同且性質相同的花費金額，且只有「星期」這個因素在改變，所以使用一維陣列變數配合一層「for」迴圈結構的方式來撰寫是最適合的。

2. 不管範例要求輸入一星期或一年中每天的花費，都只要設定一個陣列變數，差別在於程式第 5 列的 m[7] 改成 m[365] 或 m[366]；程式第 6 列的 i<7 改成 i<365 或 i<366，第 8 列的 i+1 改成 i%7+1，其他文字稍為修正一下即可。(☹☹☹☹☹)

3. 因此，處理大量型態相同且性質相同的資料時，使用陣列變數方式來撰寫是最適合的。

≡ 範例 3

寫一程式，輸入一星期的氣溫，印出平均氣溫。

```
1   #include <stdio.h>
2   #include <stdlib.h>
3   int main(void)
4     {
5       float t[7],total=0; //只能使用t[0],t[1],…,t[6]
6       int i;
7       for (i=0;i<7;i++) //累計7天的氣溫
8         {
9           printf("輸入星期%d的氣溫:",i+1);
10          scanf("%f" , &t[i]);
11          total=total+ t[i];
12        }
13
14      printf("平均氣溫:%.1f\n", total/7);
15      system("PAUSE");
16      return 0;
17    }
```

執行結果

輸入星期1的氣溫:18
輸入星期2的氣溫:19
輸入星期3的氣溫:21

輸入星期4的氣溫:20
輸入星期5的氣溫:19
輸入星期6的氣溫:18
輸入星期7的氣溫:18
平均氣溫:19.0

■ 7-1-3　字串

　　字串是由一個字元一個字元組合而成的資料。C 語言中並沒有字串資料型態，而是以一維字元陣列的形式來表示字串。那如何區分字串與一般的一維字元陣列呢？C 語言是以字元陣列末端是否有 '\0' 字元（空字元），來判別是字串還是一般字元陣列。若有 '\0' 字元，則表示這字元陣列是字串；否則表示這字元陣列是一般字元陣列。'\0' 字元代表字串的資料到此為止，因此，在宣告一字元陣列作為字串使用時，字元陣列的長度必須至少比字串實際上的長度多一個位元組（byte）存 '\0' 用。

　　宣告一個擁有「n」個字元的字串之語法如下：

> char 字元陣列名稱[n+1];

例：想利用字串儲存一個長度為 8 的姓名，其宣告語法如下：
　　　char name[9];　// name 視問題而定，也可以用其他名稱
　　　　　　　　　// 9=8+1

宣告一個擁有「n」個字元的字串，同時設定字串的初始值之語法，有下列兩種：

1. char 字元陣列名稱[n+1]= "字串內容";
2. char 字元陣列名稱[n+1]= {'字串的第 1 個 byte',
　 ' 字串的第 2 個 byte',…, ' 字串的最後一個 byte','\0'};

例：想利用字串儲存一個姓名為 Robinson Cano，其初值設定語法如下：
　　　char name[14]= "Robinson Cano"; //14=13+1
　　或 char name[14]= {'R','o','b','i','n','s','o','n',' ','C','a','n','o','\0'};

☰範例 4

寫一程式，輸入最多 7 位字元的密碼，當使用者從鍵盤輸入字元時，螢幕上只會顯示 * 號，直到使用者按 Enter 鍵為止。最後以字串的方式印出實際輸入的文字密碼。

```
1   #include <stdio.h>
2   #include <stdlib.h>
3   #include <conio.h>
4   int main(void)
5   {
6     int i;
7     char password[8];// 儲存最多7位字元的密碼
8     printf("輸入字元密碼(最多7位):");
9     for (i=0;i<7;i++)
10     {
11       password[i] = getch(); //從鍵盤輸入字元，但不會顯示
12       if (password[i]=='\r') // '\r'表示歸位鍵(即Enter鍵)
13          break;
14       printf("*");
15     }
16
17     password[i]='\0';
18     //將'\0'結束字元存入最後位元，使password成為字串
19
20     printf("\n輸入的字元密碼為%s\n",password);
21     system("pause");
22     return 0;
23  }
```

執行結果

```
輸入字元密碼(最多7位):******
輸入的文字密碼為ab34cd
```

7-2　排序法與搜尋

　　搜尋資料是生活的一部分。例：上圖書館找書籍、從電子辭典找單字、上網找資料等等。若要從一堆沒有整理（排序）的資料中尋找資料，可真是大海撈針啊！因此，資料的排序，更顯得舉足輕重。將一堆資料依照某個鍵值 (Key Value) 從小排到大或從大排到小的過程，稱之為排序 (Sorting)。排序的目的，是為了方便日後查詢。例如：電子辭典的單字是依照英文字母（鍵值）a~z 的順序排列而成。

7-2-1　氣泡排序法(Bubble Sort)

讀者可以在資料結構或演算法的課程中，學習到各種不同的排序方法，以了解它們之間的差異。本書只介紹基礎的排序方法——「氣泡排序法」。所謂氣泡排序法，是指將相鄰兩個資料逐一比較，且較大的資料會漸漸往右邊移動的過程。這種過程就像氣泡由水底浮到水面，距離水面越近，氣泡的體積越大，故稱之為氣泡排序法。

n 個資料從小排到大的氣泡排序法之步驟如下：

步驟 1：將最大的資料排在位置 n

將位置 1 到位置 n 相鄰兩個資料逐一比較，若左邊位置的資料＞右邊位置的資料，則將它們的資料互換。經過 (n-1) 次比較，最大的資料就會排在位置 n 的地方。

步驟 2：將第 2 大的資料排在位置 (n-1)

將位置 1 到位置 (n-1) 相鄰兩個資料逐一比較，若左邊位置的資料＞右邊位置的資料，則將它們的資料互換。經過 (n-2) 次比較後，第 2 大的資料就會排在位置 (n-1) 的地方。

...

步驟 (n-1)：目的：將第 2 小的資料排在位置 2

將位置 1 與位置 2 的兩個資料比較，若左邊位置的資料＞右邊位置的資料，則將它們的資料互換。經過 1 次比較後，第 2 小的資料就會排在位置 2 的地方，同時也完成最小的資料排在位置 1 的地方。

從以上過程發現：使用氣泡排序法將 n 個資料從小排到大，最多需經過 (n-1) 個步驟，且各步驟所需比較次數的總和為 n*(n-1)/2（=(n-1)+(n-2)+…+2+1=((n-1)+1)*(n-1)/2）次。

> **注意**　在排序過程中，若發現執行某個步驟時，完全沒有任何位置的資料被互換，則表示資料在上個步驟時，就已經完成排序，因此就可結束排序的流程。

　　資料排序時，通常有一定的數量，且資料型態都相同，所以將資料存入陣列變數是最好的方式。另外，從氣泡排序法的步驟中可以發現，其特徵符合迴圈結構的撰寫模式。因此，利用陣列變數配合迴圈結構來撰寫氣泡排序法是最適合的。

≡ 範例 5

寫一程式，使用氣泡排序法，將資料 12、6、26、1 及 58，從小排到大。

```
1   #include <stdio.h>
2   #include <stdlib.h>
3   int main(void)
4     {
5       int data[5]={12,6,26,1,58};
6       int i,j;
7       int temp;
8       printf("排序前的資料:");
9       for (i=0;i<5;i++)
10        printf("%d ",data[i]);
11      printf("\n");
12
13      for (i=1;i<=4;i++)          //執行4(=5-1)個步驟
14        for (j=0;j<5-i;j++)         //第i步驟，執行5-i次比較
15          if (data[j]>data[j+1]) //左邊的資料>右邊的資料
16            {
17              temp=data[j];
18              data[j]=data[j+1]; //將data[j],data[j+1]的內容互換
19              data[j+1]=temp;
20            }
21
22      printf("排序後的資料:");
23      for (i=0;i<5;i++)
24        printf("%d ",data[i]);
25      printf("\n");
26
27      system("pause");
28      return 0;
29    }
```

執行結果

排序前的資料:12 6 26 1 58
排序後的資料:1 6 12 26 58

三 程式說明

步驟 1：(經過 4 次比較後，最大值排在位置 5)

原始資料 \ 比較程序No	位置1 data[0]	位置2 data[1]	位置3 data[2]	位置4 data[3]	位置5 data[4]
	12	6	26	1	58
1	12	6	26	1	58
2	6	12	26	1	58
3	6	12	26	1	58
4	6	12	1	26	58
步驟1的 排序結果	6	12	1	26	58

(1) 12 與 6　比較：12 > 6　，所以 12 與 6　的位置互換。

(2) 12 與 26 比較：12 < 26　，所以 12 與 26 的位置不互換。

(3) 26 與 1　比較：26 > 1　，所以 26 與 1　的位置互換。

(4) 26 與 58 比較：26 < 58　，所以 26 與 58 的位置不互換。

最大的資料 58，已排在位置 5。

[註] 步驟 2~4 的比較過程說明，與步驟 1 類似。

步驟 2：(經過 3 次比較後，第 2 大值排在位置 4)

步驟1的 排序結果 \ 比較程序No	位置1 data[0]	位置2 data[1]	位置3 data[2]	位置4 data[3]	位置5 data[4]
	6	12	1	26	58
5	6	12	1	26	58
6	6	12	1	26	58
7	6	1	12	26	58
步驟2的 排序結果	6	1	12	26	58

步驟 3：(經過 2 次比較後，第 3 大值排在位置 3)

步驟2的 排序結果 比較程序No	位置1 data[0]	位置2 data[1]	位置3 data[2]	位置4 data[3]	位置5 data[4]
	6	1	12	26	58
8	6	1	12	26	58
9	1	6	12	26	58
步驟3的 排序結果	1	6	12	26	58

步驟 4：(經過 1 次比較後，第 4 大值排在位置 2，同時最小值排在位置 1)

步驟3的 排序結果 比較程序No	位置1 data[0]	位置2 data[1]	位置3 data[2]	位置4 data[3]	位置5 data[4]
	1	6	12	26	58
10	1	6	12	26	58
步驟4的 排序結果	1	6	12	26	58

5 筆資料，使用氣泡排序法從小排到大，需經過 4(=5-1) 個步驟，且各步驟需比較次數的總和爲 4+3+2+1 = 10 次。

在「步驟 4」(即，程式第 13 列 for (i=1; i<=4; i++) 中的 i=4 時)，完全沒有任何位置的資料被互換，則表示資料在「步驟 3」(即，程式第 13 列 for (i=1; i<=4; i++) 中的 i=3 時)，就已經完成排序了。

7-2-2　資料搜尋

依據某項鍵值（Key Value）來尋找特定資料的過程，稱之爲資料搜尋。例：依據學號可判斷該生是否存在，若存在，則可查出其電話號碼。以下介紹兩種基本的搜尋法，來搜尋 n 個資料中的特定資料。

一. 線性搜尋法(Sequential Search)：

依序從第 1 個資料往第 n 個資料去搜尋，直到找到或查無特定資料爲止的方法，稱之爲線性搜尋法。線性搜尋法的步驟如下：

步驟 1：從位置 1 的資料開始搜尋。

步驟 2：判斷目前位置的資料是否為搜尋的資料，若是，表示找到搜尋的資料，跳到步驟 5。

步驟 3：判斷目前的資料是否為位置 n 的資料，若是，表示沒找到，跳到步驟 5。

步驟 4：繼續搜尋下一個資料，回到步驟 2。

步驟 5：停止搜尋。

使用此種搜尋法，資料雖然無需排序，但其缺點是效率差，平均需要做 $(1+n)/2$ 次的判斷，才能確定要找的資料是否在給定的 n 個資料中。

二. 二分搜尋法(Binary Search)：

搜尋已排序資料的中間位置之資料，若為您要搜尋的特定資料，則表示找到了，否則往左右兩邊的其中一邊，搜尋其中間位置之資料，若為您要搜尋的特定資料，則表示找到了，否則重複上述的做法，直到找到或查無此特定資料為止的方法，稱之為二分搜尋法。二分搜尋法的步驟如下：

步驟 1：求出資料的中間位置。

步驟 2：判斷搜尋的資料是否等於中間位置的資料，若是，表示找到搜尋的資料，跳到步驟 5。

步驟 3：判斷搜尋的資料是否大於中間位置的資料，若是，表示資料是在右半邊，則重新設定左邊資料位置，左邊資料位置 = 資料中間位置 +1；否則重新設定右邊資料位置，右邊資料位置 = 資料中間位置 -1。

步驟 4：判斷左邊資料位置是否大於右邊資料位置，若是，表示沒找到，跳到步驟 5；否則回到步驟 1。

步驟 5：停止搜尋。

使用此種搜尋法之前，資料必須先排序過，其優點是效率高，平均做 $(1+\log_2 n)/2$ 次的判斷，就能確定要找的資料是否在給定的 n 個資料中。

≡範例 6

寫一程式,使用線性搜尋法,在 7、5、12、16、26、71、58 資料中搜尋資料。

```
1   #include <stdio.h>
2   #include <stdlib.h>
3   int main(void)
4     {
5       int data[7]={ 7,5,12,16,26,71,58};
6       int i,num;
7       printf("輸入搜尋的資料:");
8       scanf("%d",&num);
9       for (i=0;i<7;i++)
10        if (num==data[i])
11          {
12            printf("%d位於資料中的第%d個位置\n",num,i+1);
13            break;
14          }
15
16      //若搜尋的資料不在資料中,最後for迴圈的i=7
17      if (i==7)
18        printf("%d不在資料中\n",num);
19
20      system("pause");
21      return 0;
22    }
```

執行結果

輸入搜尋的資料:12
12位於資料中的第1個位置
輸入搜尋的資料:17
17不在資料中

≡範例 7

寫一程式,使用二分搜尋法,在 5、7、12、16、26、58、71 資料中搜尋資料。

```
1   #include <stdio.h>
2   #include <stdlib.h>
3   int main(void)
4     {
5       int data[7]={ 5,7,12,16,26,58,71};
6       int num;
7       int left,right,middle;
8       printf("輸入搜尋的資料:");
9       scanf("%d",&num);
10      left=0;
11      right=6;
12
13      //左邊資料位置<=右邊資料位置,表示有資料才能搜尋
```

```
14      while (left<=right)
15        {
16          middle=(left+right)/2; //目前資料中的中間位置
17          if (num==data[middle]) //搜尋資料=中間元素
18              break;
19          else if (num > data[middle])
20              left= middle+1; //左邊資料位置=資料中間位置+1
21          else
22              right= middle-1; //右邊資料位置=資料中間位置-1
23        }
24      if (left<=right) //左邊資料位置<=右邊資料位置，表示有搜尋到資料
25          printf("%d位於資料中的第%d個位置\n",num,middle+1);
26      else
27          printf("%d不在資料中\n",num);
28      system("pause");
29      return 0;
30    }
```

執行結果

輸入搜尋的資料:71
71位於資料中的第7個位置
輸入搜尋的資料:1
1不在資料中

7-3 C語言常用之字串庫存函式

在程式中，只要有使用到以下的庫存函式，則必須使用 #include <string.h>，將宣告該庫存函式所在的 string.h 標頭檔含括到程式裡，否則可能會出現下面錯誤訊息（切記）：

' 某庫存函數名稱 ' undeclared (first use this function)

1. 字串長度函式 strlen( )

如何計算字串長度呢？例：若想求字串 " 我是 mike" 的長度（byte），可以使用 C 語言的 strlen( ) 函式來達成。

函式名稱	strlen( )
函式原型	size_t strlen(const char *str); 說明：strlen(字元陣列變數或字串常數str);
功能	計算字串長度(byte)。
傳回	字串的長度（不包括結束字元'\0'）。
原型宣告所在的 標頭檔	string.h

☰ 說明

1. strlen( ) 函式被呼叫時，需傳入參數(str)，它的資料型態為 const char *，表示必須使用字元陣列名稱或字串常數。[進階用法] 字元陣列變數的名稱為一常數（固定的）記憶體位置，也是該陣列的起始 byte，因此，可使用字元陣列名稱 str 或字元陣列名稱 str ＋常數。

2. 傳回值的資料型態 size_t，為無號數整數。

☰ 範例 8

寫一程式，輸入一個字串，印出字串的長度。

```
1   #include <stdio.h>
2   #include <stdlib.h>
3   #include <string.h>
4   int main(void)
5     {
6       char str[81];
7       int len;
8       printf("輸入字串:");
9       gets(str);
10      len=strlen(str) ;
11      printf("字串的長度:%d\n",len);
12      system("PAUSE");
13      return 0;
14    }
```

執行結果

輸入字串:我是mike
字串的長度:8

2. 字串拷貝函式 strcpy( )

當一字串的內容要與另外一字串的內容相同時，不可使用一般指定運算子來設定，必須使用拷貝字串的方式。那如何拷貝字串？例：想將字串 "Today is Monday" 拷貝給 destination 字串，可以使用 C 語言的 strcpy( ) 函式來達成。

函式名稱	strcpy( )
函式原型	char *strcpy(char *dest , const char *src); 說明：strcpy(字元陣列變數或字元指標變數dest, 字元陣列變數或字串常數src);
功能	將來源字串拷貝到目的字串。 （注意：目的字串的資料會被來源字串取代）
傳回	所拷貝字串。
原型宣告所在的 標頭檔	string.h

≡ 說明

1. strcpy( ) 函式被呼叫時，需傳入兩個參數，第一個參數（dest），用來存放從來源字串拷貝出來的字串；第二個參數（src），用來存放來源字串的起始 byte。

2. 第一個參數（dest）的資料型態為 char *，表示可使用字元陣列變數或字元指標變數的起始 byte；第二個參數（src）的資料型態為 const char *，表示必須使用字元陣列名稱或字串常數。[進階用法] 字元陣列變數的名稱為一常數（固定的）記憶體位置，也是該陣列的起始 byte，因此可使用字元陣列名稱 src 或字元陣列名稱 src ＋常數。

≡ **範例 9**

寫一程式，輸入一來源字串，然後將它拷貝給目的字串。

```
1   #include <stdio.h>
2   #include <stdlib.h>
3   #include <string.h>
4   int main(void)
5    {
6      char resource[81];//來源字串
7      char destination[81]; //或 char *destination;
8      //目的字串：存放從來源字串拷貝出來的字串
9
10     printf("輸入來源字串:");
11     gets(resource);
12
13     strcpy(destination,resource) ;
14     //resource為陣列名稱，且為該陣列的起始位置
15
16     printf("目的字串也為%s\n",destination);
17     system("PAUSE");
18     return 0;
19   }
```

執行結果

```
輸入來源字串:Today is Monday
目的字串也為Today is Monday
```

3. 部分字串拷貝函式 strncpy( )

如何從一字串中的第某個 byte 開始，拷貝（取出）n 個 bytes 的資料出來呢？例：想將字串 " 貳拾壹億伍仟零陸佰萬 " 中的第 8 個 bytes 開始，拷貝（取出）共 10 個 bytes 的資料 " 伍仟零陸佰 "，可以使用 C 語言的 strncpy( ) 函式來達成。

函式名稱	strncpy( )
函式原型	char *strncpy(char *dest , const char *src , size_t n); 說明：strncpy(字元陣列變數或字元指標變數dest,字元陣列變數或字串常數 src,無號數整數變數或常數n);
功能	從來源字串中的第某個byte開始，拷貝（取出）n個byte資料到目的字串（注意：目的字串的資料會被來源字串中的資料取代）。
傳回	所拷貝（取出）的部分字串。
原型宣告所在的標頭檔	string.h

三 說明

1. strncpy( ) 函式被呼叫時，需傳入三個參數，第一個參數（dest），用來存放從來源字串拷貝出來的字串；第二個參數（src），用來存放來源字串所要拷貝的起始位置；第三個參數為（n），用來指定所要拷貝資料的總長度 (byte)。

2. 第一個參數（dest）的資料型態為 char *，表示可使用字元陣列變數或字元指標變數的起始 byte；第二個參數（src）的資料型態為 const char *，表示必須使用字元陣列名稱或字串常數。[進階用法] 字元陣列變數的名稱為一常數（固定的）記憶體位置，也是該陣列的起始 byte，因此可使用字元陣列名稱 src 或字元陣列名稱 src ＋常數；第三個參數（n）的資料型態為 size_t，必須使用無號數整數變數或常數。

3. strncpy( ) 函式被呼叫時，會將拷貝到的字串傳入目的字串（dest），但不
一定保證會拷貝到 '\0'，所以要自己加上 '\0'，當作目的字串（dest）的結
尾，以確保目標字串（dest）形成一個字串且長度等於第三個參數 n。這
是 strncpy 函式不便之處。

≡ 範例 *10* ⣀⣀⣀

寫一程式，輸入一來源字串，然後將來源字串中的部分資料拷貝出來給目的字串。

```
1   #include <stdio.h>
2   #include <stdlib.h>
3   #include <string.h>
4   int main(void)
5   {
6       char resource[81];//來源字串
7       char destination[81]; //或 char *destination;
8       //目的字串：存放從來源字串拷貝出來的字串
9
10      int start_pos;
11      //來源字串的起始位置(0~resource字串長度-1)
12      int copy_length;
13      //要拷貝出來之資料的總長度;一個中文字占2bytes
14      printf("輸入來源字串:");
15      scanf("%s",resource);
16      printf("從來源字串的第幾個byte開始拷貝:");
17      scanf("%d",&start_pos);
18      printf("拷貝多少個byte資料:");
19      scanf("%d",&copy_length);
20      strncpy(destination,resource+start_pos,copy_length);
21      //resource為陣列名稱也是該陣列的起始位置
22      //resource+start_pos:表示來源字串的第
23      //start_pos個byte的位置
24
25      *(destination+copy_length)='\0';
26      //加上'\0'當作目的字串(destination)的結尾,
27      //確保目的字串 (destination) 形成一個字串且
28      //長度等於strncpy函式的第三個參數copy_length
29
30      printf("目的字串為%s\n",destination);
31      system("PAUSE");
32      return 0;
33  }
```

執行結果

輸入來源字串:貳拾壹億伍仟零陸佰萬
從來源字串的第幾個byte開始拷貝:8
拷貝多少個byte資料:4
目的字串為伍仟

4. **字串合併函式 strcat( )**

如何將一個字串的資料合併到另一個字串的尾巴呢？例：將字串 "Birthday" 合併到字串 "Happy " 的尾巴，成為 "Happy Birthday"，可以使用 C 語言的 strcat( ) 函式來達成。

函式名稱	strcat( )
函式原型	char *strcat(char *dest , const char *src); 說明：strcat(字元陣列變數或字元指標變數dest,字元陣列變數或字串常數 src);
功能	將來源字串合併到目的字串後面。
傳回	兩字串合併後的字串。
原型宣告所在的標頭檔	string.h

≡ 說明

1. strcat( ) 函式被呼叫時，需傳入兩個參數，第一個參數（dest），用來存放原來 dest 內容加上從來源字串所要合併之內容；第二個參數（src），是用來存放來源字串中要被合併資料的起始 byte。

2. 第一個參數（dest）的資料型態為 char *，表示可使用字元陣列變數或字元指標變數；第二個參數（src）的資料型態為 const char *，表示必須使用字元陣列名稱或字串常數。[進階用法] 字元陣列變數的名稱為一常數（固定的）記憶體位置，也是該陣列的起始 byte，因此可使用字元陣列名稱 src 或字元陣列名稱 src ＋常數。

≡ **範例 11**

寫一程式，輸入來源字串及目的字串；然後將來源字串合併到目的字串的後面，並輸出合併後的目的字串。

```
1   #include <stdio.h>
2   #include <stdlib.h>
3   #include <string.h>
4   int main(void)
5     {
6       char resource[81];//來源字串
7       char destination[81]; //或char *destination;
8       //目的字串:存放與來源字串合併後的字串
9       printf("輸入來源字串:");
```

```
10     scanf("%s",resource);
11     printf("輸入目的字串:");
12     scanf("%s",destination);
13     strcat(destination,resource) ;
14     printf("目的字串合併後的結果為%s\n",destination);
15     system("PAUSE");
16     return 0;
17  }
```

執行結果

輸入來源字串:Birthday
輸入目的字串:Happy
目的字串合併後的結果為Happy Birthday

5. 部分字串合併函式 strncat( )

如何從一個字串中的第某個 byte 開始，拷貝（取出）n 個 bytes 的資料，並合併到另一個字串的尾巴呢？例：將字串 "2012/1/1 星期日" 從第 8 個 byte 開始，取出 6 個 bytes 的資料合併到字串 "中華民國元旦是" 的尾巴，成為 "中華民國元旦是星期日"，可以使用 C 語言的 strncat( ) 函式來達成。

函式名稱	strncat( )
函式原型	char *strncat(char *dest , const char *src , size_t n); 說明：strncat(字元陣列變數或字元指標變數dest,字元陣列變數或字串常數 src,無號數整數變數或常數n);
功能	從來源字串中的第某個byte開始，拷貝（取出）n個byte資料，並合併到目的字串。
傳回	部分字串合併後的字串。
原型宣告所在的標頭檔	string.h

≡ 說明

1. strncat( ) 函式被呼叫時，需傳入三個參數，第一個參數（dest），用來存放原來 dest 內容加上從來源字串所要合併之內容；第二個參數（src），是用來存放來源字串中被合併資料的起始 byte；第三個參數為無號數整數（n），用來指定所要被合併資料的總長度 (byte)。

2. 第一個參數（dest）的資料型態為 char *，表示可使用字元陣列變數或字元指標變數；第二個參數（src）的資料型態為 const char *，表示必須使用字元陣列名稱或字串常數。[進階用法]字元陣列變數的名稱為一常數（固定的）記憶體位置，也是該陣列的起始 byte，因此可使用字元陣列名稱 src 或字元陣列名稱 src ＋常數；第三個參數（n）的資料型態為 size_t，必須使用無號數整數變數或常數。

3. 第一個參數（dest）必須宣告足夠的空間，作為串接後存放資料使用。

≡範例 12

寫一程式，輸入兩個字串，然後取出其中一字串的部分資料合併到另一個字串的尾巴去。

```
1   #include <stdio.h>
2   #include <stdlib.h>
3   #include <string.h>
4   int main(void)
5   {
6       char resource[81];//來源字串
7       char destination[81]; //或char *destination;
8       //目的字串:存放與來源字串合併後的字串
9
10      int start_pos;
11      //來源字串的起始byte(0~resource字串長度-1)
12      int merge_length;
13      //要被合併的資料之總長度;一個中文字占2bytes
14
15      printf("輸入來源字串:");
16      scanf("%s",resource);
17      printf("輸入目的字串:");
18      scanf("%s",destination);
19      printf("從來源字串的第幾個byte開始合併:");
20      scanf("%d",&start_pos);
21      printf("合併多少個bytes資料:");
22      scanf("%d",&merge_length);
23      strncat(destination,resource+start_pos,merge_length);
24      //resource為陣列名稱,且為該陣列的起始byte
25      //resource+start_pos:表示resource陣列的
26      //第start_pos個byte的位置
27
28      *(destination+strlen(destination)+merge_length)='\0';
29      //加上'\0',當目標字串(destination)的結尾,
30      //以確保目標字串(destination)形成一個字串且
31      //長度等於strlen(destination)+merge_length
32
33      printf("目標字串合併後的結果為%s\n",destination);
34      system("PAUSE");
35      return 0;
36  }
```

執行結果

輸入來源字串:2012/1/1星期日
輸入目的字串:中華民國100年元旦是
從來源字串的第幾個byte開始拷貝:8
合併多少個byte資料:6
目的字串合併後的結果為中華民國100年元旦是星期日

6. **區分英文大小寫的字串比較函式 strcmp( )**

如何比較兩個字串的內容是否相同呢？例：比較字串 "I Love C Language" 與字串 "I love C language" 的內容是否相同（英文大小寫視為不同），可以使用 C 語言的 strcmp( ) 函式來達成。

函式名稱	strcmp( )
函式原型	int strcmp(const char *s1 , const char *s2); 說明：strcmp(字元陣列變數或字串常數s1,字元陣列變數或字串常數s2)
功能	比較兩個字串的內容是否相同（英文大小寫視為不同）。
傳回	1. 若兩個字串的內容相同，則傳回0。 2. 若參數(s1)大於參數(s2)，則會傳回1。 3. 若參數(s1)小於參數(s2)，則會傳回-1。
原型宣告所在的標頭檔	string.h

≡ 說明

1. strcmp( )函式被呼叫時，需傳入兩個參數，第一個參數（s1），用來存放要比較字串中的第一個字串的起始 byte；第二個參數（s2），用來存放要比較字串中的第二個字串的起始 byte。

2. 第一個參數（s1）與第二個參數（s2）的資料型態均為 const char *，表示必須使用字元陣列名稱或字串常數。[進階用法] 字元陣列變數的名稱為一常數（固定的）記憶體位置，也是該陣列的起始 byte，因此分別可使用字元陣列名稱 s1 或字元陣列名稱 s1 ＋常數，以及字元陣列名稱 s2 或字元陣列名稱 s2 ＋常數。

範例 13

寫一程式，輸入兩個字串，比較兩個字串是否相同（英文大小寫視為不同）。

```
1   #include <stdio.h>
2   #include <stdlib.h>
3   #include <string.h>
4   int main(void)
5     {
6        char s1[81];
7        char s2[81];
8        int result;
9        printf("英文大小寫視為不同\n");
10       printf("輸入字串1:");
11       gets(s1);
12       printf("輸入字串2:");
13       gets(s2);
14       result=strcmp(s1,s2);
15
16       printf("\"%s\"內容",s1);
17       if (result>0)
18         printf(" 大於 ");
19       else if (result==0)
20           printf(" 等於 ");
21       else
22           printf(" 小於 ");
23       printf("\"%s\"的內容\n",s2);
24       system("PAUSE");
25       return 0;
26     }
```

執行結果

```
英文大小寫視為不同
輸入字串1:I Love C Language
輸入字串2:I love C language
"I Love C Language" 小於 "I love C language"
 (註：L的ASCII碼小於l的ASCII碼)
```

7. 不分英文大小寫的字串比較函式 stricmp( )

如何比較兩個字串的內容是否相同呢？例：比較字串 "I Love C Language" 與字串 "I love C language" 的內容是否相同（英文大小寫視為相同），可以使用 C 語言的 stricmp( ) 函式來達成。

函式名稱	stricmp( )
函式原型	int stricmp(const char *s1, const char *s2); 說明：stricmp(字元陣列變數或字串常數s1 , 字元陣列變數或字串常數s2);
功能	比較兩個字串的內容是否相同。
傳回	1. 若兩個字串的內容相同，則傳回0。 2. 若參數(s1)大於參數(s2)，則會傳回1。 3. 若參數(s1)小於參數(s2)，則會傳回-1。
原型宣告所在的 標頭檔	string.h

≡ 說明

1. stricmp( ) 函式被呼叫時，需傳入兩個參數，第一個參數（s1），用來存放要比較字串中的第一個字串的起始 byte；第二個參數（s2），用來存放要比較字串中的第二個字串的起始 byte。

2. 第一個參數（s1）與第二個參數（s2）的資料型態均為 const char *，表示必須使用字元陣列名稱或字串常數。[進階用法] 字元陣列變數的名稱為一常數（固定的）記憶體位置，也是該陣列的起始 byte，因此分別可使用字元陣列名稱 s1 或字元陣列名稱 s1 ＋常數，以及字元陣列名稱 s2 或字元陣列名稱 s2 ＋常數。

≡ 範例 **14**

寫一程式，輸入兩個字串，比較兩個字串是否相同。

```
1   #include <stdio.h>
2   #include <stdlib.h>
3   #include <string.h>
4   int main(void)
5   {
6      char s1[81];
7      char s2[81];
8      int result;
9      printf("英文大小寫視為相同\n");
10     printf("輸入字串1:");
11     gets(s1);
12     printf("輸入字串2:");
13     gets(s2);
14     result=stricmp(s1,s2);
15
16     printf("\"%s\"內容",s1);
17     if (result>0)
```

```
18        printf(" 大於 ");
19    else if (result==0)
20        printf(" 等於 ");
21    else
22        printf(" 小於 ");
23
24    printf("\"%s\"的內容\n",s2);
25    system("PAUSE");
26    return 0;
27  }
```

執行結果

```
英文大小寫視為相同
輸入字串1:I Love C Language
輸入字串2:I love C language
"I Love C Language" 等於 "I love C language"
```

8. **區分英文大小寫的部分字串比較函式 strncmp( )**

如何比較兩個字串中的部分內容是否相同呢？例，比較字串 "I Love C Language" 的第 9 個 byte 到第 11 個 byte 的內容與字串 "C language is strict" 的第 2 個 byte 到第 4 個 byte 的內容是否相同（英文大小寫視為不同），可以使用 C 語言的 strncmp( ) 函式來達成。

函式名稱	strncmp( )
函式原型	int strncmp(const char *s1 , const char *s2 , size_t n); 說明：strncmp(字元陣列變數或字串常數s1，字元陣列變數或字串常數s2，無號數整數變數或常數n);
功能	比較兩個字串的n個bytes內容是否相同（英文大小寫視為不同）。
傳回	1. 若兩個字串的n個bytes內容相同，則傳回0。 2. 若參數(s1)大於參數(s2)，則會傳回1。 3. 若參數(s1)小於參數(s2)，則會傳回-1。
原型宣告所在的標頭檔	string.h

三 說明

1. strncmp( ) 函式被呼叫時，需傳入三個參數，第一個參數（s1），用來存放要比較字串中的第一個字串的起始 byte；第二個參數（s2），用來存放要比較字串中的第二個字串的起始 byte；第三個參數為無號數整數（n），用來指定所要被合併資料的總長度 (byte)。

2. 第一個參數（s1）與第二個參數（s2）的資料型態均為 const char *，表示必須使用字元陣列名稱或字串常數。[進階用法] 字元陣列變數的名稱為一常數（固定的）記憶體位置，也是該陣列的起始 byte，因此分別可使用字元陣列名稱 s1 或字元陣列名稱 s1 ＋常數，以及字元陣列名稱 s2 或字元陣列名稱 s2 ＋常數；第三個參數（n）的資料型態為 size_t，必須使用無號數整數變數或常數。

≡ **範例 15**

寫一程式，輸入兩個字串，比較兩個字串中的部分內容是否相同。

```
1   #include <stdio.h>
2   #include <stdlib.h>
3   #include <string.h>
4   int main(void)
5     {
6       char s1[81],s1_part[81];
7       char s2[81],s2_part[81];
8       int s1_pos,s2_pos;
9       //s1,s2的起始byte(0~來源字串長度-1)
10
11      int compare_length;
12      //要比較的部分字串之總長度：一個中文字占2bytes
13
14      int result;
15      printf("英文大小寫視為不同\n");
16      printf("輸入字串1:");
17      gets(s1);
18      printf("輸入字串2:");
19      gets(s2);
20      printf("從字串1的第幾個byte開始比較:");
21      scanf("%d",&s1_pos);
22      printf("從字串2的第幾個byte開始比較:");
23      scanf("%d",&s2_pos);
24      printf("要比較多少個byte資料:");
25      scanf("%d",&compare_length);
26
27      result=strncmp(s1+s1_pos,s2+s2_pos,compare_length);
28      //s1為陣列名稱，且為該陣列的起始byte
29      //s1+s1_pos:表示s1陣列的第s1_pos個byte的位置
30      //s2為陣列名稱，且為該陣列的起始byte
31      //s2+s2_pos:表示s2陣列的第s2_pos個byte的位置
32
33      //拷貝s1中的部分內容
34      strncpy(s1_part,s1+s1_pos,compare_length);
35      s1_part[compare_length]= '\0';
36
```

```
37       //拷貝s2中的部分內容
38       strncpy(s2_part,s2+s2_pos,compare_length);
39       s2_part[compare_length]= '\0';
40
41       printf("\"%s\"",s1_part);
42       if (result>0)
43          printf(" 大於 ");
44       else if (result==0)
45          printf(" 等於 ");
46       else
47          printf(" 小於 ");
48
49       printf("\"%s\"\n",s2_part);
50       system("PAUSE");
51       return 0;
52    }
```

執行結果

```
英文大小寫視為不同
輸入字串1:I Love C Language
輸入字串2:C language is strict
從字串1的第幾個byte開始比較:9
從字串2的第幾個byte開始比較:2
要比較多少個byte資料:3
"Lan" 小於 "lan"
```

9. 不分英文大小寫的部分字串比較函式 strnicmp( )

如何比較兩個字串中的部分內容是否相同呢？例：比較字串 "I Love C Language" 的第 9 個 byte 到第 11 個 byte 的內容與字串 "C language is strict" 的第 2 個 byte 到第 4 個 byte 的內容是否相同（英文大小寫視為相同），可以使用 C 語言的 strnicmp( ) 函式來達成。

函式名稱	strnicmp( )
函式原型	int strnicmp(const char *s1 , const char *s2 , size_t n); 說明：strnicmp(字元陣列變數或常數s1，字元陣列變數或字串常數s2，無號數整數變數或字串常數n);
功能	比較兩個字串的部分內容是否相同（英文大小寫視為相同）。
傳回	1. 若兩個字串的n個byte內容相同，則傳回0。 2. 若參數(s1)大於參數(s2)，則會傳回1。 3. 若參數(s1)小於參數(s2)，則會傳回-1。
原型宣告所在的標頭檔	string.h

三 說明

1. strnicmp( )函式被呼叫時，需傳入三個參數，第一個參數（s1），用來存放要比較字串中的第一個字串的起始 byte；第二個參數（s2），用來存放要比較字串中的第二個字串的起始 byte；第三個參數為無號數整數（n），用來指定所要被合併資料的總長度 (byte)。

2. 第一個參數（s1）與第二個參數（s2）的資料型態均為 const char *，表示必須使用字元陣列名稱或字串常數。[進階用法] 字元陣列變數的名稱為一常數（固定的）記憶體位置，也是該陣列的起始 byte，因此分別可使用字元陣列名稱 s1 或字元陣列名稱 s1 ＋常數，以及字元陣列名稱 s2 或字元陣列名稱 s2 ＋常數；第三個參數（n）的資料型態為 size_t，必須使用無號數整數變數或常數。

三 範例 16

寫一程式，輸入兩個字串，比較兩個字串中的部分內容是否相同。

```
1    #include <stdio.h>
2    #include <stdlib.h>
3    #include <string.h>
4    int main(void)
5    {
6        char s1[81],s1_part[81];
7        char s2[81],s2_part[81];
8        int s1_pos,s2_pos;
9        //s1,s2的起始byte(0~來源字串長度-1)
10       int compare_length;
11       //要比較的部分字串之總長度；一個中文字占2bytes
12       int result;
13       printf("英文大小寫視為相同\n");
14       printf("輸入字串1:");
15       gets(s1);
16       printf("輸入字串2:");
17       gets(s2);
18       printf("從字串1的第幾個byte開始比較:");
19       scanf("%d",&s1_pos);
20       printf("從字串2的第幾個byte開始比較:");
21       scanf("%d",&s2_pos);
22       printf("要比較多少個byte資料:");
23       scanf("%d",&compare_length);
24
25       result=strnicmp(s1+s1_pos,s2+s2_pos,compare_length);
26       //s1為陣列名稱,且為該陣列的起始byte
27       //s1+s1_pos:表示s1陣列的第s1_pos個byte的位置
```

```
28      //s2為陣列名稱，且為該陣列的起始byte
29      //s2+s2_pos:表示s2陣列的第s2_pos個byte的位置
30
31      //拷貝s1中的部分內容
32      strncpy(s1_part,s1+s1_pos,compare_length);
33      s1_part[compare_length]= '\0';
34      //拷貝s2中的部分內容
35      strncpy(s2_part,s2+s2_pos,compare_length);
36      s2_part[compare_length]= '\0';
37
38      printf("\"%s\"",s1_part);
39      if (result>0)
40         printf(" 大於 ");
41      else if (result==0)
42         printf(" 等於 ");
43      else
44         printf(" 小於 ");
45      printf("\"%s\"\n",s2_part);
46      system("PAUSE");
47      return 0;
48   }
```

執行結果

```
英文大小寫視為相同
輸入字串1:I Love C Language
輸入字串2:C language is strict
從字串1的第幾個byte開始比較:9
從字串2的第幾個byte開始比較:2
要比較多少個byte資料:3
"Lan" 等於 "lan"
```

10. 尋找字元函式 strchr( )

如何從一個字串前端往後搜尋某字元首次出現的位置呢？例：想知道從字串 "what day is today? " 前端往後搜尋，首次出現 'd' 是在 "what day is today? " 中的第幾個 byte，可以使用 C 語言的 strchr( ) 函式來達成。

函式名稱	strchr( )
函式原型	char *strchr(const char *haystack , int needle); 說明：strchr((字元陣列變數或字串常數haystack , 整數變數needle);
功能	從一個字串前端往後搜尋某字元首次出現的記憶體位址。
傳回	若在haystack內容中有出現needle字元，則會傳回haystack內容中首次出現needle字元的記憶體位址；否則傳回「NULL」。
原型宣告所在的標頭檔	string.h

≡ 說明

1. strchr( )函式被呼叫時，需傳入兩個參數，第一個參數（haystack），用來存放被搜尋字串中所要搜尋的起始 byte；第二個參數（needle），用來指定搜尋字元。

2. 第一個參數（haystack）的資料型態為 const char *，表示必須使用字元陣列名稱或字串常數。[進階用法] 字元陣列變數的名稱為一常數（固定的）記憶體位址，也是該陣列的起始 byte，因此可使用字元陣列名稱 haystack 或字元陣列名稱 haystack ＋常數。

3. 第二個參數（needle）的資料型態為 int，可使用字元或字元所對應的 ASCII 碼。特別要提醒：若此參數為字元所對應的 ASCII 碼，執行 strchr( )函式時，會將 ASCII 碼自動轉換成所對應的字元。

≡ 範例 **17**

寫一程式（needle in a haystack：大海撈針），輸入一字串及字元，從字串前端往後搜尋該字元，印出首次出現該字元的位置（在字串中的第幾個 byte）。

```
1    #include <stdio.h>
2    #include <stdlib.h>
3    #include <string.h>
4    int main(void)
5     {
6       char haystack[81];//被搜尋字串(haystack:乾草堆)
7       char needle;//即搜尋字元(needle:針)
8       //呼叫strchr函數時，
9       //若needle為整數值，則會被轉換成所相對應字元
10
11      char *ptr;//ptr為指標變數(參考「第八章 指標」)
12      //紀錄haystack中首次出現needle所在的記憶體位置
13
14      int position;
15      printf("輸入被搜尋字串:");
16      gets(haystack);
17
18      fflush(stdin);
19      //清除鍵盤緩衝區內的資料，
20      //防止下面指令到鍵盤緩衝區內讀取資料
21      //stdin:鍵盤裝置
22
23      printf("輸入搜尋字元:");
24      scanf("%c",&needle);
25      fflush(stdin);
26
```

```
27      ptr=strchr(haystack,needle);
28      //在haystack內容中搜尋needle字元，若找到，
29      //則會傳回首次出現needle字元的記憶體位址給ptr
30      //否則傳回NULL
31
32      if (ptr!=NULL) //有找到
33       {
34        position=ptr-haystack;
35        //haystack中首次出現needle字元的位置(不是記憶體位址)
36        printf("從%s前端往後搜尋%c,\n",haystack,needle);
37        printf("首次出現的位置是在第%d個byte",position);
38       }
39      else
40        printf("在%s中沒有%c ",haystack,needle);
41      printf("\n");
42      system("PAUSE");
43      return 0;
44    }
```

執行結果

輸入被搜尋字串:what day is today?
輸入搜尋字元:d
從what day is today?前端往後搜尋d,
首次出現的位置是在第5個byte

11. 尋找字元函式 strrchr( )

如何從一個字串尾端往前搜尋某字元首次出現的位置呢？例：想知道從字串 "what day is today? " 尾端往前搜尋，'d' 首次出現是在 "what day is today? " 中的第幾個 byte，可以使用 C 語言的 strrchr( ) 函式來達成。

函式名稱	strrchr( )
函式原型	char *strrchr(const char *haystack , int needle); 說明：strrchr(字元陣列變數或字串常數haystack , 整數變數或常數needle);
功能	從字串前端往後搜尋某字元首次出現的記憶體位址。
傳回	若在haystack內容中有出現needle字元，則會傳回haystack內容中首次出現needle字元的記憶體位址；否則傳回「NULL」。
原型宣告所在的標頭檔	string.h

≡ 說明

1. strrchr( )函式被呼叫時，需傳入兩個參數，第一個參數（haystack），用來存放被搜尋字串中所要搜尋的起始 byte；第二個參數（needle），用來指定搜尋字元。

2. 第一個參數（haystack）的資料型態為 const char *，表示必須使用字元
陣列名稱或字串常數。[進階用法] 字元陣列變數的名稱為一常數（固
定的）記憶體位址，也是該陣列的起始 byte，因此可使用字元陣列名稱
haystack 或字元陣列名稱 haystack ＋常數。

3. 第二個參數（needle）的資料型態為 int，可使用字元或字元所對應
的 ASCII 碼。特別要提醒：若此參數為字元所對應的 ASCII 碼，執行
strchr( ) 函式時，會將 ASCII 碼自動轉換成所對應的字元。

≡範例 **18**

寫一程式（needle in a haystack：大海撈針），輸入一字串及字元，從字串尾端往
前搜尋該字元，印出首次出現該字元的位置（在字串中的第幾個 byte）。

```
1   #include <stdio.h>
2   #include <stdlib.h>
3   #include <string.h>
4   int main(void)
5    {
6       char haystack[81];//被搜尋字串(haystack:乾草堆)
7
8       char needle;//即搜尋字元(needle:針)
9       //呼叫strchr函數時，
10      //若needle為整數值，則會被轉換成所相對應字元
11
12      char *ptr;//ptr為指標變數(參考「第八章 指標」)
13      //紀錄haystack中首次出現needle字元的記憶體位址
14
15      int position;
16      printf("輸入被搜尋字串:");
17      gets(haystack);
18
19      fflush(stdin);
20      //清除鍵盤緩衝區內的資料，
21      //防止下面指令到鍵盤緩衝區內讀取資料
22      //stdin:鍵盤裝置
23
24      printf("輸入搜尋字元:");
25      scanf("%c",&needle);
26      fflush(stdin);
27
28      ptr=strrchr(haystack,needle);
29      //在haystack內容中搜尋needle字元，找到則會傳回
30      //haystack內容中首次出現needle字元的記憶體位址;
31      //否則傳回NULL。
32
33      if (ptr!=NULL) //有找到
34       {
```

```
35        position=ptr-haystack;
36        //haystack中首次出現needle的位置（不是記憶體位址）
37
38        printf("從%s尾端往前搜尋%c,\n",haystack,needle);
39        printf("首次出現的位置是在第%d個byte",position);
40      }
41    else
42      printf("在%s中沒有%c",haystack,needle);
43    printf("\n");
44    system("PAUSE");
45    return 0;
46  }
```

執行結果

輸入被搜尋字串:what day is today?
輸入搜尋字元:d
從what day is today?尾端往前搜尋d,
首次出現的位置是在第14個byte。

12. 尋找字串函式 strstr( )

如何從一個字串前端往後搜尋某字串首次出現的位置呢？例：想知道從字串 "what date is today? " 前端往後搜尋，"at" 首次出現是在 "what date is today? " 中的第幾個 byte，可以使用 C 語言的 strstr( ) 函式來達成。

函式名稱	strstr( )
函式原型	char *strstr(const char *haystack , const char *needle); 說明：strstr(字元陣列變數或字串常數haystack , 字元陣列變數或字串常數 needle);
功能	從一個字串前端往後搜尋某字串首次出現的記憶體位址。
傳回	若在haystack內容中有出現needle字串，則會傳回haystack內容中首次出現needle字串的記憶體位址；否則傳回「NULL」。
原型宣告所在的標頭檔	string.h

三 說明

1. strstr( ) 函式被呼叫時，需傳入兩個參數，第一個參數（haystack），用來存放被搜尋字串中所要搜尋的起始 byte；第二個參數（needle），用來指定搜尋字串。

2. 第一個參數（haystack）及第二個參數（needle）的資料型態均為 const char *，表示必須使用字元陣列名稱或字串常數。[進階用法] 字元陣列變數的名稱為一常數（固定的）記憶體位址，也是該陣列的起始 byte，因此分別可使用字元陣列名稱 haystack 或字元陣列名稱 haystack＋常數，以及字元陣列名稱 needle 或字元陣列名稱 needle＋常數。

3. strstr( ) 函式被呼叫時，若在 haystack 內容中有出現 needle 內容，則會傳回一個指標，此指標為 haystack 內容中首次出現 needle 內容的記憶體位址；否則傳回「NULL」。

≡範例 *19*

寫一程式（needle in a haystack：大海撈針），輸入兩個字串，從一個字串前端往後搜尋另外一個字串，印出首次出現另外一個字串的位置（在字串中的第幾個 byte）。

```
1    #include <stdio.h>
2    #include <stdlib.h>
3    #include <string.h>
4    int main(void)
5      {
6        char haystack[81];//被搜尋字串(haystack:乾草堆)
7        char needle[81];//即搜尋字串(needle:針)
8
9        char *ptr;//ptr為指標變數(參考「第八章 指標」)
10       //紀錄haystack中首次出現needle所在的記憶體位址
11
12       int position;
13       printf("輸入被搜尋字串:");
14       gets(haystack);
15
16       fflush(stdin);
17       //清除鍵盤緩衝區內的資料,
18       //防止下面指令到鍵盤緩衝區內讀取資料
19       //stdin:鍵盤裝置
20
21       printf("輸入搜尋字串:");
22       gets(needle);
23       fflush(stdin);
24
25       ptr=strstr(haystack,needle);
26       //在haystack字串中搜尋needle字串,找到則會傳回
27       //haystack內容中首次出現needle字串的記憶體位址;
28       //否則傳回NULL。
29
30       if (ptr != NULL) //有找到
31         {
32           position=ptr-haystack;
33           //haystack中首次出現needle的位置(不是記憶體位址)
```

```
34
35          printf("從%s前端往後搜尋%s,\n",haystack,needle);
36          printf("首次出現的位置是在第%d個byte",position);
37      }
38    else
39      printf("在%s中沒有%s",haystack,needle);
40    printf("\n");
41    system("PAUSE");
42    return 0;
43  }
```

執行結果

輸入被搜尋字串:what date is today?
輸入搜尋字串:at
從what date is today?前端往後搜尋at,
首次出現的位置是在第2個byte。

13. 字串分割函式 strtok( )

如何將一字串以某些字元為分界點，分割成一個一個獨立的個體呢？例：
將字串 "How are you? I am fine." 以空白字元、.（點）字元及？字元為分
界點，分割成一個一個獨立的個體，可以使用 C 語言的 strtok( ) 函式來
達成。

函式名稱	strtok( )
函式原型	char *strtok(char *str , const char *delimiters); 說明：strtok(字元陣列變數或字元指標變數str，字元陣列變數或字串常數 delimiters);
功能	將一字串以某些字元為分界點，分割成一個一個獨立的個體。
傳回	第一個分割內容的記憶體位址；無資料則傳回「NULL」。
原型宣告所在的標頭檔	string.h

☰ 說明

1. strtok( )函式被呼叫時，需傳入兩個參數，第一個參數（str），用來存放
   被切割的原始字串的起始 byte；第二個參數（delimiters），用來分割字串
   的字元陣列，可以只有一個字元，也可以有很多個字元，但不能為中文
   字。

2. 第一個參數（str）的資料型態為 char *，表示可使用字元陣列變數或字元指標變數；第二個參數（delimiters）的資料型態為 const char *，表示必須使用字元陣列變數或字串常數。[進階用法] 字元陣列變數的名稱為一常數（固定的）記憶體位址，也是該陣列的起始 byte，因此可使用字元陣列名稱 delimiters 或字元陣列名稱 delimiters ＋常數。

3. strtok( ) 函式被呼叫時，若字元陣列（str）包含字元陣列（delimiters）中的某字元時，則傳回字元陣列（str）第一個出現在字元陣列（delimiters）中的字元之前的字串，即所分割出來的字串，並將該字元用「NULL」取代；否則會傳回「NULL」。strtok( ) 函式被呼叫一次，只會分割出一部分，因此想將整個字串分割成一個一個個體的話，必須配合迴圈重複呼叫 strtok( ) 函式。

4. strtok( ) 函式第一次被呼叫時，使用 strtok(str,delimiters)；第二次以後被呼叫，則使用 strtok(NULL,delimiters)。主要是因為第一次被呼叫，若字元陣列（str）包含字元陣列（delimiters）中的某字元時，則字元陣列（str）中的該字元會用「NULL」取代，所以下次分割從「NULL」所在的記憶體位址開始分割；若 strtok(NULL,delimiters) 傳回「NULL」，則表示無法再分割。

5. strtok( ) 函式第一次被呼叫時，第一個參數（str）的內容會變成所分割出來的字串。因此，想保存原始字串（str），則必須在 strtok( ) 函式被呼叫之前先備份。

≡範例 20

寫一程式，輸入兩個字串，其中一個字串為要被分割的字串；另外一個字串作為分界點字串，印出字串被分割後的結果。

```
1    #include <stdio.h>
2    #include <stdlib.h>
3    #include <string.h>
4    int main(void)
5      {
6       char sentence[81],delimiters[81];
7       char *word;//word為指標變數(參考「第八章 指標」)
8       printf("輸入要被分割的字串:");
9       gets(sentence);
10      printf("輸入分界點字串:");
11      gets(delimiters);
```

```
12      word=strtok(sentence,delimiters) ; //第一次分割
13      printf("分割後的結果:\n");
14      while (word != NULL)
15        {
16           printf("%s\n",word);
17           word=strtok(NULL,delimiters);
18        }
19      system("PAUSE");
20      return 0;
21    }
```

執行結果

```
輸入要被分割的字串:How Are You? I Am Fine.
輸入分界點字串:? .
分割後的結果:
How
Are
You
I
Am
Fine
```

三 程式解說

第 12 列

```
word=strtok(sentence," ,.?;:") ;
```

可改成

```
char *ptr;
ptr= sentence;
word=strtok(ptr," ,.?;:") ;
```

14. 字串小寫轉換函式 strlwr( )

如何將字串中的英文字轉成小寫呢？例：若想將字串 "Hi, 您好 " 轉換成小寫，可以使用 C 語言的 strlwr( ) 函式來達成。

函式名稱	strlwr( )
函式原型	char *strlwr(char *str); 說明：strlwr(字元陣列變數或字元指標變數str);
功能	將字串中的英文字轉成小寫。
傳回	轉成小寫後的字串。
原型宣告所在的標頭檔	string.h

說明

1. strlwr( ) 函式被呼叫時，需傳入參數（str），它的資料型態為 char *，表示可使用字元陣列變數或字元指標變數。

2. 中文字、數字及標點符號不會被轉成小寫。

> **注意** strlwr( ) 函式被呼叫後，參數（str）的內容已改變。

範例 21

寫一程式，輸入一個字串，印出字串轉成小寫後的結果。

```
1   #include <stdio.h>
2   #include <stdlib.h>
3   #include <string.h>
4   int main(void)
5     {
6        char str[81];
7        printf("輸入字串:");
8        gets(str);
9
10       strlwr(str) ;
11       printf("轉成小寫後的結果:%s \n",str);
12
13       system("PAUSE");
14       return 0;
15    }
```

執行結果

輸入字串:Hi, 您好
轉成小寫後的結果:hi, 您好

15. 字串大寫轉換函式 strupr( )

如何將字串中的英文字轉成大寫呢？例：若想將字串 "hi, 您好 " 轉換成大寫，可以使用 C 語言的 strupr( ) 函式來達成。

函式名稱	strupr( )
函式原型	char *strupr(char *str); 說明：strupr(字元陣列變數或字元指標變數str);
功能	將字串中的英文字轉成大寫。
傳回	轉成大寫後的字串。
原型宣告所在的標頭檔	string.h

≡ 說明

1. strupr( ) 函式被呼叫時，需傳入參數（str），它的資料型態為 char *，表示可使用字元陣列變數或字元指標變數。

2. 中文字、數字及標點符號不會被轉成大寫。

注意　strupr( ) 函式被呼叫後，參數（str）的內容已改變。

≡ **範例 22**

寫一程式，輸入一個字串，印出字串轉成大寫後的結果。

```
1   #include <stdio.h>
2   #include <stdlib.h>
3   #include <string.h>
4   int main(void)
5     {
6       char str[81];
7       printf("輸入字串:");
8       gets(str);
9
10      strupr(str) ;
11      printf("轉成大寫後的結果:%s \n",str);
12
13      system("PAUSE");
14      return 0;
15    }
```

執行結果

輸入字串:hi, 您好
轉成大寫後的結果:HI, 您好

16. 字串反轉函式 strrev( )

如何將字串中的文字順序反轉過來呢？例：若想將字串 " 我是誰 " 反轉過來，可以使用 C 語言的 strrev( ) 函式來達成。

函式名稱	strrev( )
函式原型	char *strrev(char *str); 說明：strrev(字元陣列變數或字元指標變數str);
功能	將字串中的文字順序反轉過來。
傳回	字串反轉後的字串。
原型宣告所在的標頭檔	string.h

≡ 說明

1. strrev( ) 函式被呼叫時，需傳入參數（str），它的資料型態為 char *，表示可使用字元陣列變數或字元指標變數。

> **注意** strrev( ) 函式被呼叫後，參數（str）的內容已改變。

≡ 範例 23

寫一程式，輸入一個字串，將字串的文字順序反轉輸出。

```
1   #include <stdio.h>
2   #include <stdlib.h>
3   #include <string.h>
4   int main(void)
5    {
6       char str[81];
7       printf("輸入字串:");
8       gets(str);
9
10      strrev(str) ;
11      printf("字串反轉後的結果:%s\n",str);
12
13      system("PAUSE");
14      return 0;
15    }
```

執行結果

```
輸入字串:我是誰
字串反轉後的結果:誰是我
```

17. 字串替換函式 strset( )

如何將字串中的文字全部替換成某字元呢？例：若想將字串 "you are a student." 中的文字全部替換成某字元，可以使用 C 語言的 strset( ) 函式來達成。

函式名稱	strset( )
函式原型	char *strset(char *str , int ch); 說明：strset(字元陣列變數或字元指標變數str , 整數變數ch);
功能	將字串中的文字全部替換成某字元。
傳回	字串替換後的字串。
原型宣告所在的標頭檔	string.h

≡ 說明

1. strset( ) 函式被呼叫時，需兩個傳入參數，第一個參數（str）的資料型態為 char *，表示可使用字元陣列變數或字元指標變數；

2. 第二個參數（ch）的資料型態為 int，可使用字元或字元所對應的 ASCII 碼，用來替換的字元，只有一個字元，但不能為中文。

特別要提醒：若此參數為字元所對應的 ASCII 碼時，執行 strset( ) 函式，會將 ASCII 碼自動轉換成所對應的字元。

> **注意** strset( ) 函式被呼叫後，參數（str）的內容已改變。

≡ 範例 **24**

寫一程式，輸入一個字串，印出字串中的文字全部替換成某字元後的結果。

```
1   #include <stdio.h>
2   #include <stdlib.h>
3   #include <string.h>
4   int main(void)
5    {
6      char str[81];
7      char replace;
8      printf("輸入字串:");
9      gets(str);
10     printf("輸入替換字元:");
11     replace =getchar();
12
13     strset(str, replace) ;
14     //呼叫strset函數時，
15     //若replace為整數值,則會被轉換成所相對應字元
16
17     printf("字串替換後的結果:%s\n",str);
18     system("PAUSE");
19     return 0;
20   }
```

執行結果

輸入字串: you are a student.
輸入替換字元:A
字串替換後的結果:AAAAAAAAAAAAAAAAAA

18. **字串部分替換函式 strnset( )**

如何將字串中的一段連續文字替換成某字元呢？例：若想將字串 "you are a student." 中的 "are" 替換成 "rrr"，可以使用 C 語言的 strnset( ) 函式來達成。

函式名稱	strnset( )
函式原型	char *strnset(char *str , int ch , size_t n); 說明：strnset(字元陣列變數或字元指標變數str , 整數變數ch , 無號數整數變數或常數n);
功能	將字串中的一段連續文字替換成某字元。
傳回	字串替換後的字串。
原型宣告所在的標頭檔	string.h

≡ 說明

1. strnset( ) 函式被呼叫時，需三個傳入參數，第一個參數（str）的資料型態爲 char *，表示可使用字元陣列變數或字元指標變數；

2. 第二個參數（ch）的資料型態爲 int，可使用字元或字元所對應的 ASCII 碼，用來替換的字元，只有一個字元，但不能爲中文。

特別要提醒：若此參數爲字元所對應的 ASCII 碼時，執行 strnset( ) 函式，會將 ASCII 碼自動轉換成所對應的字元。

3. 第三個參數（n）的資料型態爲 size_t，爲無號數整數變數或常數，用來表示要被替換字元的長度 (byte)。

> **注意** strnset( ) 函式被呼叫後，參數（str）的內容已改變。

≡ **範例 25**

寫一程式，輸入一個字串，印出字串中的部分文字替換成某字元後的結果。

```
1   #include <stdio.h>
2   #include <stdlib.h>
3   #include <string.h>
4   int main(void)
5    {
6      char str[81];
```

```
7        char replace;
8        int n,pos;
9        printf("輸入字串:");
10       gets(str);
11       printf("輸入替換字元:");
12       replace =getchar();
13
14       printf("輸入從第幾個byte開始替換:");
15       scanf("%d",&pos);
16
17       printf("輸入要替換的長度(byte):");
18       scanf("%d",&n);
19
20       strnset(str+pos,replace,n) ;
21       //呼叫strnset函數時，
22       //replace值會被轉換成所相對應ASCII碼
23
24       printf("字串替換後的結果:%s\n",str);
25       system("PAUSE");
26       return 0;
27   }
```

執行結果

```
輸入字串: you are a student.
輸入替換字元:A
輸入從第幾個byte開始替換:4
輸入要替換的長度(byte):3
字串替換後的結果: you rrr a student.
```

7-4　C語言常用之字串與數字轉換庫存函式

　　當文字型態的數字要拿來計算時，必須先將其轉換成數值型態的數字，然後才能處理。同樣地，我們也可以將數值型態的數字轉換成文字型態的數字。

> **注意**　在程式中，只要有使用到以下的庫存函式，就必須使用 #include <stdlib.h>，將宣告該庫存函式所在的 stdlib.h 標頭檔含括到程式裡，否則可能會出現下面錯誤訊息（切記）：
>
> ' 某庫存函數名稱 ' undeclared (first use this function)

1. **整數轉成字串函式 itoa( )**

如何將數值型態的整數轉成以某進位系統的文字型態表示的數字？例：想將 10 轉成以 8 進位系統的文字型態表的數字，可以使用 C 語言的 itoa( ) 函式來達成。

函式名稱	itoa( )
函式原型	char *itoa(int x , char *y , int z); 說明：itoa(整數變數或常數x ,字元陣列變數y, 整數變數或常數z)
功能	將整數x轉成以z進位表示的文字，並存入字元陣列y。
傳回	文字型態的整數
原型宣告所在的標頭檔	stdlib.h

≡範例 26

寫一程式，將數值型態的整數轉成文字型態的整數。

```
1   #include <stdio.h>
2   #include <stdlib.h>
3   int main(void)
4    {
5      int a,digit;
6      char string_a[12];
7      printf("輸入整數:");
8      scanf("%d",&a);
9      printf("%d要轉成哪種進位系統的文字:",a);
10     scanf("%d",&digit);
11     itoa(a , string_a , digit);
12     printf("%d轉成%d進位的文字為%s\n",a,digit,string_a);
13     system("pause"); //暫停程式執行
14     return 0;//程式結束
15    }
```

執行結果

```
輸入整數:10
10要轉成哪種進位系統的文字:8
10轉成8進位的文字為12
```

2. **字串轉成整數函式 atoi( )**

如何將字串轉成數值型態的整數？例：想將 165.5cm 轉成數值型態的整數，可以使用 C 語言的 atoi( ) 函式來達成。

函式名稱	atoi( )
函式原型	int atoi(const char *x); 說明：atoi(字元陣列變數或常數x)
功能	將字串轉成整數型態的數值。
傳回	整數型態的數值。
原型宣告所在的 標頭檔	stdlib.h

三 說明

1. atoi( )函式被呼叫時，需傳入參數（x），用來存放要被轉換字串的起始 byte。而參數（x）的資料型態為 const char *，表示必須使用字元陣列變數或常數。[進階用法] 字元陣列變數的名稱為一常數（固定的）記憶體位址，也是該陣列的起始 byte。因此參數（x）可使用字元陣列變數 x 或字元陣列變數 x ＋常數。

2. atoi( )函式會跳過字串前面的空格。

3. 若最先出現的字元不是正負號或數字，則傳回 0；否則就開始擷取資料，直到遇見非數字的字元，才停止擷取資料，並將擷取到的這段資料，轉換成整數傳回。

4. 使用時機：字串資料當數值資料處理時。

例：將 "123" 與 "45" 相加。

三 **範例 27**

寫一程式，將字串轉成整數型態的數值。

```
1   #include <stdio.h>
2   #include <stdlib.h>
3   int main(void)
4     {
5       char height[10];
6       int a;
7       printf("輸入身高(含cm):");
8       scanf("%s", height);
9       a=atoi(height);
10      printf("%s轉成%dcm\n", height, a);
11      system("pause"); //暫停程式執行
12      return 0;//程式結束
13    }
```

執行結果1

輸入身高(含cm):165.5cm
165.5cm轉成165cm

執行結果2

輸入身高(含cm):　　165.5cm
165.5cm轉成165cm

執行結果3

輸入身高(含cm):我身高165.5cm
我身高165.5cm轉成0cm

3. **字串轉成浮點數函式 atof( )**

   如何將字串轉成數值型態的浮點數?例:想將 165.5cm 轉成數值型態的浮點數,可以使用 C 語言的 atof( ) 函式來達成。

函式名稱	atof( )
函式原型	double　atof(const char *x); 說明:atof(字元陣列變數或常數x)
功能	將字串轉成浮點數型態的數值。
傳回	浮點數型態的數值。
原型宣告所在的 標頭檔	stdlib.h

說明

1. atof( ) 函式被呼叫時,需傳入參數(x),用來存放要被轉換字串的起始 byte。而參數(x)的資料型態為 const char *,表示必須使用字元陣列變數或常數。[進階用法]字元陣列變數的名稱為一常數(固定的)記憶體位址,也是該陣列的起始 byte。因此參數(x)可使用字元陣列變數 x 或字元陣列變數 x +常數。

2. atof( ) 函式會跳過字串前面的空格。

3. 若最先出現的字元不是正負號或數字或點(.),則傳回 0。

4. 若最先出現的字元是正負號或數字或點(.),就開始擷取資料,直到遇見非數字或非點(.)或非 E(或 e)的字元,才停止擷取資料,並將擷取到的這段資料,轉換成浮點數傳回。

5. 使用時機：字串資料當數值資料處理時。

例：將 "123.4" 與 "56.7" 相加。

≡範例 28

寫一程式，將字串轉成浮點數型態的數值。

```
1   #include <stdio.h>
2   #include <stdlib.h>
3   int main(void)
4     {
5       char height[10];
6       float a;
7       printf("輸入身高(含cm):");
8       scanf("%s", height);
9       a=atof(height);
10      printf("%s轉成%fcm\n", height, a);
11      system("pause"); //暫停程式執行
12      return 0;//程式結束
13    }
```

執行結果1

輸入身高(含cm):165.5cm
165.5cm轉成165.500000cm

執行結果2

輸入身高(含cm):16.55E1cm
16.55E1cm轉成165.500000cm

執行結果3

輸入身高(含cm):我身高16.55E1cm
我身高16.55E1cm轉成0.000000cm

注意 正負號或點（.）或 E(或 e) 只能出現一次，第二次出現時，就停止擷取資料。

7-5 二維陣列宣告

列是指橫列，行（或排）是指直行，列與行（或排）的概念，在幼稚園或小學階段就知道了。例：教室有 7 列 8 排的課桌椅。而二維陣列元素的兩個「索引」，其意義就如同「列」與「行」一樣。

宣告一個擁有「m」列「n」行共「mxn」個元素的二維陣列之語法如下：

資料型態 陣列名稱[m][n];

≡ 說明

1. 資料型態：一般常用的資料型態有整數、浮點數和字元。
2. 陣列名稱：陣列名稱的命名，請參照識別字的命名規則。
3. m：代表列數，是指陣列有幾列元素，代表此陣列維度 1 的元素個數，必須爲整數。
4. n：代表行數，是指陣列每一列有幾行元素，代表此陣列維度 2 的元素個數，必須爲整數。
5. 二維陣列，有兩個 [ ]。
6. 維度 1 的註標或索引，其範圍介於 0 與 (m-1) 之間。
7. 維度 2 的註標或索引，其範圍介於 0 與 (n-1) 之間。

例：char sex[15][2]；
    // 宣告一個二維字元陣列 sex，有 30（=15*2）個元素
    // sex[0][0] , sex[0][1]
    // sex[1][0] , sex[1][1]
    //…
    // sex[14][0] , sex[14][1]

例：int position[6][10]；
    // 宣告一個二維整數陣列 position，有 60（=6*10）個元素
    // position[0][0]~ position[0][9]
    // position[1][0]~ position[1][9]
    // …

// position[5][0]~ position[5][9]

例：float score[50][3]；

// 宣告一個二維單精度浮點數陣列 score，

// 有 150（=50*3）個元素

// score[0][0]~ score[0][2]

// score[1][0]~ score[1][2]

//…

// score[49][0]~ score[49][2]

例：double batrate[3][4]；

// 宣告一個二維倍精度浮點數陣列 batrate，

// 有 12（=3*4）個元素

//batrate[0][0] , batrate[0][1] , batrate[0][2] , batrate[0][3]

//batrate[1][0] , batrate[1][1] , batrate[1][2] , batrate[0][3]

//batrate[2][0] , batrate[2][1] , batrate[2][2] , batrate[0][3]

7-5-1 二維陣列初始化

宣告一個擁有「m」列「n」行共「mxn」個元素的二維陣列，同時設定陣列元素的初始值之語法如下：

```
資料型態 陣列名稱[m][n]={
                    {a_{11},…,a_{1n}},
                    {a_{21},…,a_{2n}},
                    …
                    {a_{m1},…,a_{mn}}
                    };
```

其中，第一個 { } 內的資料 a_{11}~a_{1n}，代表陣列的第 0 列元素的初始值；第二個 { } 內的資料 a_{21}~a_{2n}，代表陣列的第 1 列元素的初始值，以此類推。

例：char sex[3][2]={ {'F' , 'M'} , {'M' , 'M'} , {'F' , 'F'} };

// 宣告一個二維字元陣列 sex，有 6 個元素且

// 第 0 列元素：sex[0][0]='F'   sex[0][1]='M'

```
// 第 1 列元素：sex[1][0]='M'     sex[1][1]='M'
// 第 2 列元素：sex[2][0]='F'     sex[2][1]='F'
```

例：int code[2][2]={ {1 , 2} , {0} };
// 宣告一個二維整數陣列 code，有 4 個元素
// 第 0 列元素：code[0][0]=1   code[0][1]=2
// 第 1 列元素：code[1][0]=0   code[1][1]=0

例：float num[4][3]={0};
// 宣告一個二維單精度浮點數陣列 score，有 12 個元素
// 第 0 列元素：num[0][0]=0   num[0][1]=0   num[0][2]=0
// 第 1 列元素：num[1][0]=0   num[1][1]=0   num[1][2]=0
// 第 2 列元素：num[2][0]=0   num[2][1]=0   num[2][2]=0
// 第 3 列元素：num[3][0]=0   num[3][1]=0   num[3][2]=0

例：double bankrate[2][3]={{1.2,2.8},{3.2}};
// 宣告一個二維倍精度浮點數陣列 bankrate，有 6 個元素
// 第 0 列元素：
//bankrate[0][0]=1.2 bankrate[0][1]=2.8 bankrate[0][2]=0.0
// 第 1 列元素：
//bankrate[1][0]=3.2 bankrate[1][1]=0.0 bankrate[1][2]=0.0

☰ 範例 29

寫一程式，分別輸入一家企業 2 間分公司一年四季的營業額，輸出這家企業一年
的總營業額。

```
1   #include <stdio.h>
2   #include <stdlib.h>
3   int main(void)
4    {
5      int money[2][4];   //2間分公司，四季的營業額
6      int total=0;        //一年的總營業額
7      int i,j;
8      for (i=0;i<2;i++)   //2間分公司
9       {
10       for (j=0;j<4;j++)     //四季
11        {
```

```
12          printf("第%d間分公司的第%d季營業額:",i+1,j+1);
13          scanf("%d",& money[i][j]);
14          total+=money[i][j]; //總營業額累計
15       }
16    }
17
18    printf("這家企業一年的總營業額:%d\n",total);
19    system("PAUSE");
20    return 0;
21  }
```

執行結果

```
第1間分公司的第1季營業額:1000000
第1間分公司的第2季營業額:1500000
第1間分公司的第3季營業額:2000000
第1間分公司的第4季營業額:2500000
第2間分公司的第1季營業額:1200000
第2間分公司的第2季營業額:1400000
第2間分公司的第3季營業額:2000000
第2間分公司的第4季營業額:2200000
這家企業一年的總營業額:13800000
```

≡ 程式解說

1. 範例共需要儲存 8 個型態相同且性質相同的季營業額，而且有兩個因素（分公司及季）在改變，所以使用二維陣列來撰寫。

2. 通常使用二維陣列時，都會配合兩層 for 迴圈結構，才能縮短程式碼。

≡範例 30

寫一程式，輸入兩個 2x3 矩陣，輸出兩個矩陣之和。

```
1. #include <stdio.h>
2. #include <stdlib.h>
3. int main(void)
4.  {
5.   int a[2][3],b[2][3],i,j;
6.   printf("輸入a矩陣:\n");
7.   for (i=0;i<=1;i++)
8.     for (j=0;j<=2;j++)
9.     {
10.      printf("輸入a[%d][%d]=",i,j);
11.      scanf("%d", &a[i][j]);
12.     }
13.   printf("輸入b矩陣:\n");
14.   for (i=0;i<=1;i++)
15.     for (j=0;j<=2;j++)
16.     {
```

```
17.        printf("輸入b[%d][%d]=",i,j);
18.        scanf("%d", &b[i][j]);
19.      }
20.   printf("a矩陣+b矩陣=\n");
21.   for (i=0;i<=1;i++)
22.    {
23.     for (j=0;j<=2;j++)
24.       printf("%d ", a[i][j]+ b[i][j]);
25.     printf("\n");
26.    }
27.   system("pause");
28.   return 0;
29. }
```

7-5-2 字串陣列

通常宣告一維字元陣列來儲存一個字串資料，但若是多個字串資料要儲存，則宣告二維字元陣列或一維字元指標陣列（參考 8-2-3 節）最適合。

例：char season[4][7] ={"Spring","Summer","Fall","Winter"};

表示有 4 個字串資料，每個字串資料最多 6 個字元（bytes），其中 season[0] 的內容爲 "Spring"，season[1] 的內容爲 "Summer"，season[2] 的內容爲 "Fall"，season[3] 的內容爲 "Winter"。

下表是以字元陣列方式，儲存 4 個字串資料的情形，其中第一欄代表每一個字串所在的記憶體位址。

0022ff50	S	p	r	i	n	g	\0
0022ff57	S	u	m	m	e	r	\0
0022ff5e	F	a	l	l	\0		
0022ff65	W	i	n	t	e	r	\0

在上表中，可以發現第 3 字串與第 4 字串之間有多餘的記憶體空間被閒置。爲什麼有些記憶體位址被閒置呢？因爲宣告 season 二維字元陣列時，會預留固定 7bytes（含 '\0' 字元）給每個字串，雖然有些字串的內容並沒有到 6 個字元，但仍會保留被閒置的記憶體位址，因此可能會浪費一些不必要的記憶體空間。

範例 31

寫一程式,輸入 3 個學生的姓名及期中考的 3 科成績,輸出 3 個學生的總成績。

```
1   #include <stdio.h>
2   #include <stdlib.h>
3   int main(void)
4     {
5       char name[3][9];    //3個學生的姓名
6       int score[3][3];     //3個學生的3科成績
7       int total[3]={0};    //3個學生的總成績
8       int i,j;
9       for (i=0;i<3;i++)   //3個學生
10        {
11          printf("輸入第%d個學生的姓名:",i+1);
12          scanf("%s",name[i]);
13          for (j=0;j<3;j++)      //3科
14            {
15              printf("第%d科成績:",j+1);
16              scanf("%d",&score[i][j]);
17              total[i]+= score[i][j]; //累計
18            }
19        }
20      for (i=0;i<3;i++)   //3個學生
21        printf("%s的總成績:%d\n",name[i],total[i]);
22      system("PAUSE");
23      return 0;
24    }
```

執行結果

```
輸入第1個學生的姓名:張三
第1科成績:50
第2科成績:60
第3科成績:70
輸入第2個學生的姓名:李四
第1科成績:60
第2科成績:60
第3科成績:80
輸入第3個學生的姓名:王五
第1科成績:40
第2科成績:60
第3科成績:90
張三的總成績:180
李四的總成績:200
王五的總成績:190
```

≡ 程式解說

1. 由於陣列名字本身就是一個記憶體位址，所以程式第 12 列 scanf("%s",name[i]); 在 name[i] 前面不需要加 &，但要加也可以，因為 name[i]==&name[i]==&name[i][0]。

2. name[i] 代表第 i 個字串。

7-6 三維陣列宣告

層是指層級，列是指橫列，行（或排）是指直行。層、列及行（或排）的概念，在幼稚園或小學階段就知道了。例：一個年級有五個班級。每個班級有 7 列 8 排的課桌椅。而三維陣列元素的三個「索引」，其意義就如同「層」,「列」與「行」一樣。

宣告一個擁有「1」層「m」列「n」行共「1xmxn」個元素的三維陣列之語法如下：

資料型態 陣列名稱[l][m][n];

≡ 說明

1. 資料型態：一般常用的資料型態有整數、浮點數和字元。

2. 陣列名稱：陣列名稱的命名，請參照識別字的命名規則。

3. 1：代表層數，是指此陣列的維度 1 有 1 個元素（1:L 的小寫）。

4. m：代表列數，是指此陣列的維度 2 有 m 個元素。

5. n：代表行數，是指此陣列的維度 3 有 n 個元素。

6. 三維陣列，有三個 [ ]。

7. 維度 1 的註標或索引，其範圍介於 0 與 (1-1) 之間。

8. 維度 2 的註標或索引，其範圍介於 0 與 (m-1) 之間。

9. 維度 3 的註標或索引，其範圍介於 0 與 (n-1) 之間。

例：char sex[2][3][2]；
    // 宣告一個三維字元陣列 sex，有 12（=2*3*2）個元素
    // 第 0 層：
    //   第 0 列元素：sex[0][0][0] , sex[0][0][1]
    //   第 1 列元素：sex[0][1][0] , sex[0][1][1]

```
//    第 2 列元素：sex[0][2][0] , sex[0][2][1]
//第 1 層：
//    第 0 列元素：sex[1][0][0] , sex[1][0][1]
//    第 1 列元素：sex[1][1][0] , sex[1][1][1]
//    第 2 列元素：sex[1][2][0] , sex[1][2][1]
```

例：int position[6][2][2] ；
//宣告一個三維整數陣列 position，有 24（=6*2*2）個元素
//第 0 層：
//   第 0 列元素：position[0][0][0] , position[0][0][1]
//   第 1 列元素：position[0][1][0] , position[0][1][1]
//第 1 層：
//   第 0 列元素：position[1][0][0] , position[1][0][1]
//   第 1 列元素：position[1][1][0] , position[1][1][1]
//…
//第 5 層：
//   第 0 列元素：position[5][0][0] , position[5][0][1]
//   第 1 列元素：position[5][1][0] , position[5][1][1]

…以此類推。

■7-6-1 三維陣列初始化

宣告一個擁有「l」層「m」列「n」行共「lxmxn」個元素的三維陣列，同時設定陣列元素的初始值之語法如下：

```
資料型態 陣列名稱[l][m][n]
        ={{{a_{111},…,a_{11n}},
          {a_{121},…,a_{12n}},
          …
          {a_{1m1},…,a_{1mn}}},
          …
          {{a_{111},…,a_{11n}},
```

$$\{a_{121}, \cdots, a_{12n}\},$$
$$\cdots$$
$$\{a_{lm1}, \cdots, a_{lmn}\}\ \}\ \};$$

其中，第一個 { } 內的資料 $a_{111} \sim a_{11n}$，代表陣列的第 0 層的第 0 列元素的初始值；第二個 { } 內的資料 $a_{121} \sim a_{12n}$，代表陣列的第 0 層的第 1 列元素的初始值，…，以此類推，$a_{ij1} \sim a_{ijn}$ 代表陣列的第 (i-1) 層的第 (j-1) 列元素的初始值。

例：char sex[2][3][2]={ {{'F' , 'M'} , {'M' , 'M'} , {'F' , 'F'}},

    {{'F' , 'M'} , {'M' , 'M'} , {'F' , 'M'}} };

    // 宣告一個三維字元陣列 sex，有 12（=2*3*2）個元素

    // 第 0 層：

    //   第 0 列元素：sex[0][0][0]='F' , sex[0][0][1]='M'

    //   第 1 列元素：sex[0][1][0]='M' , sex[0][1][1]='M'

    //   第 2 列元素：sex[0][2][0]='F' , sex[0][2][1] ='F'

    // 第 1 層：

    //   第 0 列元素：sex[1][0][0]='F' , sex[1][0][1]='M'

    //   第 1 列元素：sex[1][1][0]='M' , sex[1][1][1]='M'

    //   第 2 列元素：sex[1][2][0]='F' , sex[1][2][1]='M'

≡ 範例 32

寫一程式，輸入王建民及陳偉殷兩個人過去兩年每月（5 月 ~10 月）的勝場數，輸出每個人的月平均勝場數。

```
1    #include <stdio.h>
2    #include <stdlib.h>
3    int main(void)
4      {
5        char name[2][7]={"王建民", "陳偉殷"};
6        int win[2][2][6];          //2人，2年各6個月的勝場數
7        int total_win[2]={0};      //2人的總勝場數初始值都為0
8        int i,j,k;
9        for (i=0;i<2;i++)          //2人
10        {
11          printf("輸入%s",name[i]);
12          printf("過去兩年5月~10月的勝場數\n");
13          for (j=0;j<2;j++)       //2年
14            {
15              for (k=0;k<6;k++)   //6個月(5月~10月)
16                {
```

```
17              printf("第%d年%d月的勝場數:",j+1,k+5);
18              scanf("%d",&win[i][j][k]);
19
20              total_win[i]+=win[i][j][k]; //累計個人的總勝場數
21            }
22          }
23        }
24    for (i=0;i<2;i++)
25     {
26       printf("%s每個月的平均勝場數:",name[i]);
27       printf("%.1f\n", (float)total_win[i]/12);
28     }
29    system("PAUSE");
30    return 0;
31    }
```

執行結果

輸入王建民過去兩年5月~10月的勝場數
第1年5月的勝場數:3
第1年6月的勝場數:3
第1年7月的勝場數:2
第1年8月的勝場數:3
第1年9月的勝場數:4
第1年10月的勝場數:3
第2年5月的勝場數:2
第2年6月的勝場數:3
第2年7月的勝場數:4
第2年8月的勝場數:3
第2年9月的勝場數:4
第2年10月的勝場數:3
輸入陳偉殷過去兩年5月~10月的勝場數
第1年5月的勝場數:3
第1年6月的勝場數:2
第1年7月的勝場數:2
第1年8月的勝場數:3
第1年9月的勝場數:3
第1年10月的勝場數:3
第2年5月的勝場數:2
第2年6月的勝場數:4
第2年7月的勝場數:4
第2年8月的勝場數:3
第2年9月的勝場數:2
第2年10月的勝場數:3
王建民每個月的平均勝場數: 3.08
陳偉殷每個月的平均勝場數: 2.75

≡ 程式解說

1. 範例共需要儲存 24 個型態相同且性質相同的月勝場數，而且有三個因素（人、年及月）在改變，所以使用三維陣列來撰寫。

2. 通常使用三維陣列時，都會配合三層 for 迴圈結構，才能縮短程式碼。

7-7　隨機亂數庫存函式

亂數是根據某種公式計算所得到的數字，每個數字出現的機會均等。C 語言所提供的亂數有很多組，每組都有編號。因此，隨機產生亂數之前，先隨機選取一組亂數，讓人無法掌握所產生亂數資料為何，如此才能達到保密效果。若沒有先選定亂數組編號，則系統會預設一組固定的亂數給程式使用，導致程式每次執行時所產生的亂數資料，在數字及順序上都會是一模一樣。因此，為了確保所選定亂數組編號的隱密性，建議不要使用固定的亂數組編號，最好用時間當作亂數組的編號。

> **注意**　在程式中，只要使用到以下的 C 語言庫存函式，則必須使用 #include <stdlib.h>，將宣告該庫存函式所在的 stdlib.h 標頭檔，含括到程式裡，否則可能會出現下面錯誤訊息（切記）：
>
> ' 某庫存函數名稱 ' undeclared (first use this function)

1. 亂數種子函式 srand( )

函式名稱	srand()
函式原型	void srand(unsigned int n);
功能	選取亂數所在的組別。
傳回	無。
原型宣告所在的標頭檔	stdlib.h

≡ 說明

1. srand( ) 函式被呼叫時，需傳入參數 (n)，它的資料型態為 unsigned int，表示必須使用無號數整數變數或常數。例：srand(2012); 是用來選取編號 2012 的亂數組。

2. 為了確保所選定亂數組編號的隱密性，最好用時間當作亂數組編號。例：
srand(time(NULL)); 表示使用目前的時間當作亂數組編號。

2. 亂數產生函式 rand( )

函式名稱	rand(),
函式原型	int rand(void);
功能	隨機產生一個亂數。
傳回	介於0到32767之間的整數。
原型宣告所在的標頭檔	stdlib.h

☰ 說明

1. void 表示 rand( ) 函式被呼叫時，不需傳入任何參數。

2. rand( ) 函式所產生的亂數，都是由先前 srand( ) 函式所選定的亂數組決定。因此，通常在使用 rand( ) 函式之前，必須先使用 srand( ) 函式。

3. 若想要產生介於 m 到 n 之間的亂數資料，則可使用 m + rand()%(n-m+1); 敘述。

例：想要產生介於 2 到 12 之間的亂數資料，敘述為：
2 + rand()%(12-2+1); 即 2 + rand()%11;

☰範例 33

寫一程式，由亂數隨機產生 10 個整數，印出 10 個整數之和。

```
1   #include <stdio.h>
2   #include <stdlib.h>
3   #include <time.h>
4   int main(void)
5   {
6      int num[10],i,sum=0;
7      srand((unsigned)time(NULL));
8      for (i=0;i<10;i++)
9      {
10        num[i]=rand();
11        printf("%d+", num[i]);
12        sum=sum+ num[i];
13     }
14     printf("\b=%d\n", sum);
15     system("pause");
16     return 0;
17  }
```

執行結果

10+31+58+6+9+78+59+34+698+1204=2187
（注意：每一次執行結果都不同）

三範例 34

寫一程式，模擬數學四則運算（+，-，*，/），產生 2 個介於 1 到 100 之間亂數及
一個運算子，然後再讓使用者回答，最後印出對或錯。

```c
1   #include <stdio.h>
2   #include <stdlib.h>
3   int main(void)
4    {
5       int num1,num2;
6       int result,answer;
7       char operator;
8
9       //將目前時間轉成無號數整數
10      srand((unsigned) time(NULL));
11
12      printf("回答數學四則運算 (+,-,*,/) 的問題\n");
13
14      num1=1+rand()%100;
15      num2=1+rand()%100;
16      switch (1+rand()%4)
17       {
18         case 1:
19               operator = '+';
20               result=num1+num2;
21               break;
22         case 2:
23               operator = '-';
24               result=num1-num2;
25               break;
26         case 3:
27               operator = '*';
28               result=num1*num2;
29               break;
30         case 4:
31               operator = '/';
32               result=num1/num2;
33       }
34      printf("%d %c %d=", num1, operator, num2);
35      scanf("%d",&answer);
36      if (answer == result)
37         printf("答對\n");
38      else
39         printf("答錯\n");
40      system("pause");
41      return 0;
42    }
```

執行結果

回答數學四則運算（+，-，*，/）的問題
63 - 94=-31
答對

7-8 進階範例

≡範例 35

（猜數字遊戲）寫一程式，輸入一個四位數整數（數字不可重複），然後讓使用者去猜，接著回應使用者所猜的狀況。回應規則如下：

(1) 若所猜四位數中的數字及位置與正確的四位數中之數字及位置完全相同，則為 A。

(2) 若所猜四位數中的數字與正確的四位數中之數字相同，但位置不對，則為 B。

例：設計者輸入的四位數為 1234，若猜 1243，則回應 2A2B；若猜 6512，則回應 0A2B。

演算法：

步驟 1：由設計者輸入一個四位數（數字不可重複）。

步驟 2：使用者去猜，接著回應使用者所猜的狀況。

步驟 3：判斷是否為 4A0B，若是則結束；否則回到步驟 2。

```
1   #include <stdio.h>
2   #include <stdlib.h>
3   int main(void)
4   {
5      int answer,r[4]; //被猜的四位數,及分開的數字
6      int guess ,g[4]; //  猜的四位數,及分開的數字
7      int div_num=1;    //除數
8      int a,b;          //紀錄 ? A ? B
9      int i,j,k;
10
11     printf("輸入被猜的四位數(1234~9876),數字不可重複:");
12     scanf("%d",&answer);
13     for(i=0;i<4;i++)
14      {
15        r[i]=answer / div_num % 10;
16        //r[0]為answer的個位數,r[1]為answer的十位數
17        //r[2]為answer的百位數,r[3]為answer的千位數
18        div_num=div_num*10;
```

```
19       }
20
21    for(k=1;k<=12;k++)
22     {
23       printf("輸入要猜的四位數,數字不可重複:");
24       scanf("%d",&guess);
25       div_num=1;
26       for(i=0;i<4;i++)
27        {
28         g[i]=guess / div_num % 10;
29         //g[0]為guess的個位數,g[1]為guess的十位數
30         //g[2]為guess的百位數,g[3]為guess的千位數
31         div_num=div_num*10;
32        }
33     a=0;
34     b=0;
35
36
37     for(i=0;i<4;i++)
38       for(j=0;j<4;j++)
39         if (r[i]==g[j])//數字相同
40           if (i==j)      //位置相同,也數字相同
41             a++;
42           else          //位置不相同,但數字相同
43             b++;
44
45    printf("%d為%dA%dB\n",guess,a,b);
46    if (a==4)
47      break;
48    }
49  if (a==4)
50    printf("恭喜您BINGO了\n");
51  else
52    printf("正確答案為%d\n",answer);
53
54  system("pause");
55  return 0;
56 }
```

執行結果

```
輸入被猜的四位數(1234~9876),數字不可重複:1234
輸入要猜的四位數,數字不可重複:5678
5678為0A0B
輸入要猜的四位數,數字不可重複:4215
4215為1A2B
輸入要猜的四位數,數字不可重複:1234
1234為4A0B
printf("恭喜您BINGO了\n");
```

≡**範例 36**

（旋轉表格資料遊戲）寫一程式，將下列表格資料以順時針方向或逆時針方向或上下翻轉或左右翻轉輸出。.

1	2	3
4	5	6
7	8	9

順時針方向

7	4	1
8	5	2
8	6	3

逆時針方向

3	6	9
2	5	8
1	2	3

上下翻轉

7	8	9
4	5	6
1	2	3

左右翻轉

5	2	1
6	5	4
9	8	7

```c
1   #include <stdio.h>
2   #include <stdlib.h>
3   int main(void)
4   {
5     char data[3][3]={1,2,3,4,5,6,7,8,9};
6     int i,j;
7     int roll;
8     for(i=0;i<=2;i++)
9     {
10      for(j=0;j<=2;j++)
11         printf("%d",data[i][j]);
12      printf("\n");
13    }
14   printf("旋轉表格資料遊戲(1:順時針方向,");
15   printf("2:逆時針方向,3:上下翻轉,4:左右翻轉)\n");
16   printf("輸入旋轉方式代號:");
17   scanf("%d",&roll);
18   switch(roll)
19    {
20     case 1:
21         for(i=0;i<=2;i++)
22          {
23           for(j=2;j>=0;j--)   //高列以低行的方式列印
24             printf("%d",data[j][i]);
25           printf("\n");
26          }
27         break;
28     case 2:
29         for(j=2;j>=0;j--)   //從高行以低列的方式列印
30          {
31           for(i=0;i<=2;i++)
32             printf("%d",data[i][j]);
33           printf("\n");
```

```
34              }
35          break;
36      case 3:
37          for(i=2;i>=0;i--)    //從高列往低列,列印
38          {
39            for(j=0;j<=2;j++)
40              printf("%d",data[i][j]);
41            printf("\n");
42          }
43          break;
44      case 4:
45          for(i=0;i<=2;i++)
46          {
47            for(j=2;j>=0;j--)    //從高行往低行,列印
48              printf("%d",data[i][j]);
49            printf("\n");
50          }
51          break;
52      }
53   system("pause");
54   return 0;
55 }
```

執行結果

旋轉表格資料遊戲-1:順時針方向,逆時針方向,3:上下翻轉,4:左右翻轉:
輸入旋轉方式代號:2

3	6	9
2	5	8
1	2	3

≡ 範例 37

(身分證辨識)寫一程式,輸入身分證統一編號,判斷是否正確。

提示:身分證統一編號檢核原則如下:(參考全民健康保險醫事服務機構門診醫療費用點數申報格式及填表說明」(XML 檔案格式))。

一.欄位內容說明

第 1 碼:區域碼(A~Z)

第 2 碼:性別

證件名稱	男	女
國民身分證	1	2
臺灣地區居留證	A	B
外僑居留證	C	D
遊民	Y	X

第 3~9 碼：流水號

第 10 碼：檢查碼

二.區域碼轉成對應之二碼數字

A	B	C	D	E	F	G	H	I	J	K	L	M
10	11	12	13	14	15	16	17	34	18	19	20	21
N	O	P	Q	R	S	T	U	V	W	X	Y	Z
22	35	23	24	25	26	27	28	29	32	30	31	33

三.檢查號碼計算規則：

(1) 第 1 碼依據上表轉換成二碼數字，第 2 碼若爲英文字母（外籍或遊民）則依據上表轉換成二碼數字後取尾數。

(2) 轉換後之數字，每一位數分別乘以特定數 1987654321，並取其相乘後之個位數相加。

(3) 若相加後之尾數 =0，則檢查碼 =0；否則檢查碼 =10- 尾數。

四.範例說明

(1) 本國人 A123456789（9 爲正確之檢查碼）

```
    A  1  2  3  4  5  6  7  8

    1  0  1  2  3  4  5  6  7  8
*   1  9  8  7  6  5  4  3  2  1      (特定數)
----------------------------------------------------
    1  0  8  4  8  0  0  8  4  8
(取個位數，不進位)

            1+0+8+4+8+0+0+8+4+8=41
            檢查碼=10-1=9
```

(2) 外國人或遊民 FA12345689（9 爲正確之檢查碼）

```
    F  A  1  2  3  4  5  6  8
             ↓
    1  5  0  1  2  3  4  5  6  8
*   1  9  8  7  6  5  4  3  2  1      (特定數)
----------------------------------------------------
    1  5  0  7  2  5  6  5  2  8
(取個位數，不進位)

            1+5+0+7+2+5+6+5+2+8=41
            檢查碼=10-1=9
```

```
1   #include <stdio.h>
2   #include <stdlib.h>
3   int main(void)
4   {
5     char id[11];
6     int i,value;
7     printf("輸入身分證統一編號:");
8     scanf("%s",id);
9
10    //判斷第1碼
11    if (id[0]>='A' && id[0]<='H')
12       value=id[0]-55;
13    else if (id[0]=='I')
14       value=34;
15    else if (id[0]>='J' && id[0]<='N')
16       value=id[0]-56;
17    else if (id[0]=='O')
18      value=35;
19    else if (id[0]>='P' && id[0]<='V')
20       value=id[0]-57;
21    else if (id[0]=='W')
22      value=32;
23    else if (id[0]>='X' && id[0]<='Y')
24      value=id[0]-58;
25    else
26      value=33;
27
28    //累計第1碼的轉換值
29    value=value/10+(value%10)*9;
30
31    //判斷第2碼,並累計第2碼的轉換值
32    switch(id[1])
33     {
34       case '1':              //1:男 國民身分證
35       case '2':       //2:女 國民身分證
36         value=value+(id[1]-48)*8;
37         break;
38       case 'A':              //A:男 臺灣地區居留證
39         value=value+0*8;   //A=10
40         break;
41       case 'B':              //B:女 臺灣地區居留證
42         value=value+1*8;          //B=11
43         break;
44       case 'C':              //C:男 外僑居留證
45         value=value+2*8;    //C=12
46         break;
47       case 'D':              //D:女 外僑居留證
48         value=value+3*8;    //D=13
49         break;
50       case 'Y':              //Y:男 遊民
51         value=value+1*8;    //Y=31
```

```
52          break;
53       case 'X':              //X:女 遊民
54          value=value+0*8;         //X=30
55          break;
56     }
57
58    //累計第3碼~第9碼的轉換值
59    for(i=2;i<=8;i++)
60      value=value+(id[i]-48)*(9-i);
61
62    if ((10-value%10)==(id[9]-48))
63       printf("身份證輸入正確\n");
64    else
65       printf("身份證輸入錯誤\n");
66
67    system("pause");
68    return 0;
69 }
```

執行結果1

輸入身分證統一編號:B123456789
身份證輸入錯誤

執行結果2

輸入身分證統一編號:A123456789
身份證輸入正確

≡範例 38

寫一程式，模擬井字 (O X) 遊戲。

```
1  #include <stdio.h>
2  #include <stdlib.h>
3  int main(void)
4   {
5   char pic[2]={'O','X'};
6
7    // #號圖形的資料內容
8    char pos[5][5]={{' ', '|', ' ', '|', ' '},
9                    {'-', '+', '-', '+', '-'},
10                   {' ', '|', ' ', '|', ' '},
11                   {'-', '+', '-', '+', '-'},
12                   {' ', '|', ' ', '|', ' '}};
13
14   int row,col; // 輸入座標
15   int num=1;   // 輸入次數
16   int i,j,k;
17   int over=0;
```

```
18
19    // 輸出5*5的#號圖形
20    printf("OX遊戲\n");
21    for (i=0;i<5;i++)
22     {
23      for (j=0 ; j<5 ; j++)
24           printf("%c", pos[i][j]);
25      printf("\n");
26     }
27
28    int people=0;
29    while (1)
30     {
31      printf("第1個人以O為記號，第2個人以X為記號\n");
32      printf("第%d個人填選的",people+1);
33      printf("位置row,col(row=0,2或4 col=0,2,或4):");
34
35      if (scanf("%d,%d", &row, &col)!=2)   // 2:表示輸入兩個符合格式的資料
36       {
37        printf("位置格式輸入錯誤,重新輸入!\n");
38        fflush(stdin);//清除殘留在鍵盤緩衝區內之資料
39        continue;
40       }
41
42      if (!(row>=0 && row<=4 && col>=0 && col<=4))
43       {
44        printf("無(%d,%d)位置,重新輸入!\n",row,col);
45        continue;
46       }
47
48      if (pos[row][col] != ' ')
49       {
50        printf("位置(%d,%d)已經有O或X了,重新輸入!\n",row,col);
51        continue;
52       }
53      pos[row][col]=pic[people];
54
55      system("cls");
56
57      //輸出5*5的#號圖形
58      printf("OX遊戲\n");
59      for (i=0;i<5;i++)
60       {
61        for (j=0 ; j<5 ; j++)
62          printf("%c", pos[i][j]);
63        printf("\n");
64       }
65
66      //判斷row列的O,X 資料是否都相同
67      if (pos[row][0] == pos[row][2] && pos[row][2] == pos[row][4])
68       {
```

```
69      printf("第%d個人贏了\n", people+1);
70      over=1;
71      break;
72      }
73    if (over == 1)
74      break;
75
76    // 判斷col行的O,X 資料是否都相同
77    if (pos[0][col] == pos[2][col] && pos[2][col] == pos[4][col])
78      {
79      printf("第%d個人贏了\n", people+1);
80      over=1;
81      break;
82      }
83    if (over == 1)
84      break;
85
86    //判斷左對角線的O,X 資料是否相同
87    if (row == col)
88      if (pos[0][0] == pos[2][2] && pos[2][2] == pos[4][4])
89        {
90        printf("第%d個人贏了\n", people+1);
91        over=1;
92        break;
93        }
94    if (over == 1)
95      break;
96
97    //判斷右對角線的O,X 資料是否相同
98    if (row + col == 4)
99      if (pos[0][4] == pos[2][2] && pos[2][2]== pos[4][0])
100       {
101       printf("第%d個人贏了\n", people+1);
102       over=1;
103       break;
104       }
105   if (over == 1)
106     break;
107
108   num++;
109
110   //判斷是否已輸入9次
111   if (num == 10)
112     {
113     printf("平手\n");
114     over=1;
115     break;
116     }
117
118   people++;
```

```
119    people=people % 2;
120  }
121
122  return 0;
123 }
```

執行結果

(1)

```
OX遊戲
 | |
-+-+-
 | |
-+-+-
 | |
第1個人以O為記號，第2個人以X為記號
第1個人填選的位置row,col(row=0,2或4 col=0,2,或4):0,0
```

(2)

```
OX遊戲
O| |
-+-+-
 | |
-+-+-
 | |
第1個人以O為記號，第2個人以X為記號
第2個人填選的位置row,col(row=0,2或4 col=0,2,或4):0,2
```

(3)~(4) 省略

(5)

```
OX遊戲
O|X|
-+-+-
 |O|
-+-+-
 |X|
第1個人以O為記號，第2個人以X為記號
第1個人填選的位置row,col(row=0,2或4 col=0,2,或4):4,4
```

最後結果

```
OX遊戲
O|X|
-+-+-
 |O|
-+-+-
 |X|O
第1個人贏了
```

三程式解說

每次所選擇的位置 (row,col)，若符合下列 4 種狀況之一，則 OX 遊戲結束。

- 位置 (row,col) 所在的列，O 或 X 連成一線。
- 位置 (row,col) 所在的行，O 或 X 連成一線。
- 若位置 (row,col) 在的左對角線上，且 O 或 X 連成一線。
- 若位置 (row,col) 在的右對角線上，且 O 或 X 連成一線。

三範例 39

(ISBN 碼辨識)

寫一程式，輸入 ISBN 碼，判斷是否正確。

提示：任何一本在世界上發行的書籍，皆有一組唯一的國際標準書號，國際標準書號（International Standard Book Number，簡稱 ISBN），為國際通用的書籍編碼方法。每一個 ISBN 碼皆由 13 個數字組成，其中第 13 個數字為識別碼。

ISBN 識別碼檢核原則如下：

1. 將 ISBN 碼一個一個分開，成為 13 個數字。
2. 計算 ISBN 碼之識別碼：

   識別碼 = 將第奇個數字分別 *1(除了第 13 個數字外) 及將第偶個數字分別 *3，然後加總。
3. 識別碼 = 識別碼 %10。
4. 若 10- 識別碼 =10, 則識別碼 =0；否則識別碼 =10- 識別碼。

例，判斷 ISBN 碼 1234123412345，是否為正確的 ISBN 碼。
則其計算過程如下所示：

1. ISBN 碼　　　1 2 3 4 1 2 3 4 1 2 3 4 5
　　　　　　　　1 3 1 3 1 3 1 3 1 3 1 3

2. 識別碼 =66
   (=1*1+2*3+3*1+4*3+1*1+2*3+3*1+4*3+1*1+2*3+3*1+4*3)
3. 識別碼 =66%10=6
4. 因 10-6=4 <> 0，識別碼 =4

所以 ISBN 碼 1234123412345 為不正確之 ISBN 碼，因為 4<>5。

```
1   #include <stdio.h>
2   #include <stdlib.h>
3   int main(void)
4   {
5     char isbn[14];
6     int i,value=0;
7     printf("輸入ISBN碼:");
8     scanf("%s",isbn);
9
10    //檢核原則1:將ISBN碼一個一個分開,成為13個數字。
11    //檢核原則2:計算ISBN 碼之識別碼=
12    //將第奇個數字分別*1//(除了第13個數字外)及
13    //將第偶個數字分別*3,//然後加總
14    for (i=0;i<=10;i=i+2)
15      value=value+(isbn[i]-48)*1+(isbn[i+1]-48)*3;
16
17    //檢核原則3:
18    value=value%10;
19
20    //檢核原則4:
21    value=10-value;
22    if (10-value==10)
23        value=0;
24    if (value==isbn[12]-48)
25        printf("ISBN碼:%s是正確的\n",isbn);
26    else
27        printf("ISBN碼:%s是不正確的\n",isbn);
28
29    system("pause");
30    return 0;
31  }
```

執行結果1

輸入ISBN碼:1234123412345
ISBN碼: 1234123412344是不正確的

執行結果2

輸入ISBN碼:123412341234
ISBN碼: 1234123412345是正確的

≡ 範例 *40*

請寫一個程式，輸入出生月日，輸出對應中文星座名稱。(strcmp() 函式練習)

出生日期	星座	出生日期	星座	出生日期	星座
01.21~02.18	水瓶	02.19~03.20	雙魚	03.21~04.20	牡羊
04.21~05.20	金牛	05.21~06.21	雙子	06.22~07.22	巨蟹
07.23~08.22	獅子	08.23~09.22	處女	09.23~10.23	天秤
10.24~11.22	天蠍	11.23~12.21	射手	12.22~01.20	魔羯

```
1   #include <stdio.h>
2   #include <stdlib.h>
3   #include <string.h>
4   int main(void)
5    {
6    char birthdate[6];
7    char asterism_data[36][7]={"01.21","02.18","水瓶座",
8                               "02.19","03.20","雙魚座",
9                               "03.21","04.20","牡羊座",
10                              "04.21","05.20","金牛座",
11                              "05.21","06.21","雙子座",
12                              "06.22","07.22","巨蟹座",
13                              "07.23","08.22","獅子座",
14                              "08.23","09.22","處女座",
15                              "09.23","10.23","天秤座",
16                              "10.24","11.22","天蠍座",
17                              "11.23","12.21","射手座",
18                              "12.22","01.20","魔羯座"};
19   int i;
20   printf("輸入出生日期(格式:99.99):");
21   gets(birthdate);
22   for (i=0;i<36;i=i+3)
23    {
24     if (strcmp(birthdate,asterism_data[i])>=0)
25       if (strcmp(birthdate,asterism_data[i+1])<=0)
26        {
27         printf("星座為:%s\n",asterism_data[i+2]);
28         break;
29        }
30    }
31   if (i==36)
32     printf("星座為:魔羯座\n");
33   system("PAUSE");
34   return 0;
35  }
```

執行結果

```
輸入出生日期(格式:99.99):01.22
星座為:水瓶座
輸入出生日期(格式:99.99):12.23
星座為:魔羯座
```

三範例 41

寫一程式，輸入兩個字串，其中一個字串爲要被分割的字串；另外一個字串作爲
分界點字串，印出字串被分割後的結果。(請使用 strncpy() 函式)

```
1   #include <stdio.h>
2   #include <stdlib.h>
3   #include <string.h>
4   int main(void)
5   {
6     char sentence[81],delimiters[81],word[81];
7     int len,begin,end,i,j;
8     printf("輸入要被分割的字串:");
9     gets(sentence);
10    printf("輸入分界點字串:");
11    gets(delimiters);
12    len=strlen(sentence);
13    printf("分割後的結果:\n");
14    begin=0;
15    for (i=0;i<len;i++)
16      {
17       if (strchr(delimiters,sentence[i])!=NULL)
18        {
19         end=i-1;
20         strncpy(word,sentence+begin,end-begin+1);
21         //將sentence字串中的第begin個byte的字元到
22         //第end個byte的字元，儲入word字串中
23
24         word[end-begin+1]='\0'; //將結束字元加到字串尾巴
25         printf("%s\n",word);
26         begin=i+1;
27        }
28      }
29   if (strchr(delimiters,sentence[len-1])==NULL)
30     {
31      end=len-1;
32      strncpy(word,sentence+begin,end-begin+1);
33      word[end-begin+1]='\0';
34      printf("%s\n",word);
35     }
36   system("PAUSE");
37   return 0;
38 }
```

執行結果

輸入要被分割的字串:How Are You? I Am Fine.
輸入分界點字串:? .
How
Are
You
I
Am
Fine

≡**範例 42**

寫一程式，輸出下列對稱圖形。

```
  *
 ***
******
 ***
  *
```

(提示：

第 1 列印 1(=0+1+2)　　個 *

第 2 列印 3(=0+1+2)　　個 *

第 3 列印 6(=0+1+2+3)　個 *

第 4 列印 3(=0+1+2)　　個 *

第 5 列印 1(=0+1)　　　個 *)

```
1   #include <stdio.h>
2   #include <stdlib.h>
3   int main(void)
4    {
5      int i,j,num[5],start_num=0;
6      for (i=1;i<=3;i++) //設定每一列有多少個*
7       {
8         start_num=start_num+i;
9         num[i]=start_num;
10        num[6-i]=num[i];  // *個數相同及對稱的關係
11      }
12
13     for (i=1;i<=5;i++)
14      {
15       for (j=1;j<= num[i];j++)
16         printf("*");
17
18       printf("\n");
19      }
20   system("pause");
21   return 0;
22 }
```

≡範例 43

寫一程式，模擬樂透彩簽注與兌獎。(提示：使用者自己輸入6個號碼，然後由電腦亂數產生一組6個號碼)

```
1    #include <stdio.h>
2    #include <stdlib.h>
3    #include <time.h>
4    int main(void)
5    {
6     int i,j;
7     int computer[7]; //電腦亂數產生7個樂透彩號碼
8     int user[6];        //使用者自行輸入6個樂透彩號碼
9     int special=0;    //0:表示沒中特別號  1:表示有中特別號
10    int count=0;      //表示中幾個號碼,不含特別號
11    srand((unsigned)time(NULL));
12
13    printf("使用者自行輸入6個樂透彩號碼:\n");
14    for (i=0;i<6;i++)
15     {
16      printf("輸入第%d個樂透彩號碼:",i+1);
17      scanf("%d",&user[i]);
18     }
19
20    //電腦亂數產生7個樂透彩號碼
21    for (i=0;i<7;i++)
22     {
23      computer[i]=rand()%49+1;
24      for (j=0;j<i;j++)
25        if (computer[i]==computer[j])
26          break;   //亂數產生的號碼重複,不算
27      if (j<i)
28        i--;
29     }
30
31    for (i = 0; i < 6; i++)
32     for (j = 0; j < 7; j++)
33       if (user[i] == computer[j]) {
34         if (j <= 5)
35             count++; //中了6個號碼之一時,中獎號碼數+1
36         else
37             special = 1; // 中了特別號computer[6]
38         break;
39       }
40
41    printf("電腦亂數產生7個樂透彩號碼:");
42    for (i=0;i<6;i++)
43      printf("%d ",computer[i]);
44    printf("特別號:%d\n",computer[6]);
45
```

```
46    if (count==6)
47        printf("頭獎\n");
48    else if (count==5 && special==1)
49        printf("貳獎\n");
50    else if (count==5)
51        printf("三獎\n");
52    else if (count==4 && special==1)
53        printf("肆獎\n");
54    else if (count==4)
55        printf("伍獎\n");
56    else if (count==3 && special==1)
57        printf("陸獎\n");
58    else if (count==3)
59        printf("普獎\n");
60    else
61        printf("沒中獎\n");
62    system("pause");
63    return 0;
64  }
```

範例44

寫一程式，模擬紅綠燈小綠人在一分鐘內，從慢走(第0~30秒)，快走(第30~45秒)，到跑走(第45~60秒)的過程。

```
1   #include <stdio.h>
2   #include <stdlib.h>
3   #include <string.h>
4   #include <time.h>
5   int main(void)
6   {
7     int i,j;
8     int bmp;
9     clock_t start_clock,end_clock;
10    float spend;   //小綠人已行走的時間(秒)
11
12    //使用3維字元陣列記錄10個圖案
13    char green_walker[10][16][17]={
14
15    //bmp:0 第1張靜止紅綠燈之小綠人
16    { "      111        ",
17      "      111        ",
18      "      111        ",
19      "      1 1        ",
20      "     11111       ",
21      "    1111111      ",
22      "    1111111      ",
23      "    1 111 1      ",
24      "    1 111 1      ",
```

```
25          "     1 111 1       ",
26          "      1111111      ",
27          "       11111       ",
28          "        11 11      ",
29          "        11 11      ",
30          "        11 11      ",
31          "      111 111      "},
32
33     //bmp:1  第2張紅綠燈之小綠人
34     {  "                   ",
35        "         11        ",
36        "        1111       ",
37        "         11        ",
38        "          11       ",
39        "          1111     ",
40        "          111 1    ",
41        "         1 11   1  ",
42        "       1   11   1  ",
43        "            111    ",
44        "           1 1     ",
45        "          1    111 ",
46        "          1       1",
47        "          1      1 ",
48        "         11        ",
49        "                   "},
50
51     //bmp:2  第3張紅綠燈之小綠人
52     {  "                   ",
53        "         11        ",
54        "        1111       ",
55        "         11        ",
56        "          11       ",
57        "          111      ",
58        "          11 1     ",
59        "        1111 1     ",
60        "       1   11 1    ",
61        "           111     ",
62        "          1 1      ",
63        "          1    11  ",
64        "        1       1  ",
65        "          11   11  ",
66        "           1       ",
67        "          111      "},
68
69     //bmp:3  第4張紅綠燈之小綠人
70     {  "                   ",
71        "         11        ",
72        "        1111       ",
73        "         11        ",
74        "          11       ",
```

```
75        "        111        ",
76        "        1111       ",
77        "        111 1      ",
78        "         11 1      ",
79        "          111      ",
80        "          1 1      ",
81        "         1   1     ",
82        "         1     1   ",
83        "         1      1  ",
84        "      111       1  ",
85        "                1  "},
86
87    //bmp:4  第5張紅綠燈之小綠人
88    { "                  ",
89      "        11        ",
90      "       1111       ",
91      "        11        ",
92        "        11        ",
93      "        1111      ",
94      "        111 1     ",
95      "       1 11 1     ",
96      "     1   11       ",
97      "          111     ",
98      "          1 1     ",
99      "         1    11  ",
100     "         1      11",
101     "         1       1",
102     "       11        1",
103     "                  "},
104
105   //bmp:5  第6張紅綠燈之小綠人
106   { "                  ",
107     "        11        ",
108     "       1111       ",
109     "        11        ",
110     "         11       ",
111     "         111      ",
112     "         111      ",
113     "         111      ",
114     "          11      ",
115     "          11      ",
116     "          11      ",
117     "          11      ",
118     "          1       ",
119     "          1       ",
120     "          1       ",
121     "         111      "},
122
123   //bmp:6  第7張紅綠燈之小綠人
124   { "                  ",
```

```
125        "       11              ",
126        "     1111             ",
127        "       11             ",
128        "        11            ",
129        "         1111         ",
130        "         111 1        ",
131        "         111   1      ",
132        "       1 11           ",
133        "          111         ",
134        "          1 1         ",
135        "          1    111    ",
136        "          1       1   ",
137        "        111           ",
138        "                      ",
139        "                      "},
140
141    //bmp:7  第8張紅綠燈之小綠人
142    { "                       ",
143        "       11             ",
144        "      1111            ",
145        "       11             ",
146        "        11            ",
147        "        111           ",
148        "        11 1          ",
149        "        1111          ",
150        "          111         ",
151        "          11          ",
152        "           11         ",
153        "          111         ",
154        "          1 1         ",
155        "           1  1       ",
156        "        111    1      ",
157        "                      "},
158
159    //bmp:8  第9張紅綠燈之小綠人
160    { "                       ",
161        "       11             ",
162        "      1111            ",
163        "       11             ",
164        "        11            ",
165        "         1111         ",
166        "         111 1        ",
167        "       1 11   1       ",
168        "       1  11   1      ",
169        "          11          ",
170        "          111         ",
171        "          1 1         ",
172        "          1    11     ",
173        "          1       11  ",
174        "          1       1   ",
```

```
175        "    11       1        "},
176
177   //bmp:9 第10 張紅綠燈之小綠人
178   { "                      ",
179     "          11          ",
180     "        1111          ",
181     "          11          ",
182     "           11         ",
183     "           111        ",
184     "           11 1       ",
185     "         1111 1       ",
186     "       1   11 1       ",
187     "            111       ",
188     "            1 1       ",
189     "           1   1      ",
190     "          1      1    ",
191     "          11     1    ",
192     "           1    11    ",
193     "           11         "}
194   };
195
196   //顯示第0張圖
197   for (i=0;i<16;i++)
198     {
199      for (j=0;j<16;j++)
200        printf("%c",green_walker[0][i][j]);
201      printf("\n");
202     }
203
204   _sleep(1000); //暫停或延遲1(=1000/1000) 秒鐘
205
206   start_clock=clock();
207   //取得程式執行到此函數所經過的滴答數(ticks)
208
209   while (1)
210     {
211      for (bmp=1;bmp<=9;bmp++)
212        {
213         system("CLS");
214         //顯示第bmp張圖
215         for (i=0;i<16;i++)
216           {
217            for (j=0;j<16;j++)
218              printf("%c",green_walker[bmp][i][j]);
219            printf("\n");
220           }
221
222         end_clock=clock();
223         //取得程式從開始執行到此函數
224         //所經過的滴答數(ticks)
225
```

```
226        spend =(double) (end_clock-start_clock)/CLK_TCK;
227        //從小綠人開始執行到目前所經過的時間(秒)
228
229        if (spend<=30)      //慢走(第0~30秒),每0.65秒播一張圖案
230            _sleep(650);
231        else if (spend<=45) //快走(第30~45秒),每0.325秒播一張圖案
232            _sleep(325);
233        else if (spend<=60) //跑走(第45~60秒),每0.125秒播一張圖案
234            _sleep(125);
235        else
236          break;
237      }
238    if (spend>=60)    //一分鐘後
239      break;
240  }
241
242  system("CLS");
243  //顯示第0張圖
244  for (i=0;i<16;i++)
245   {
246
247    for (j=0;j<16;j++)
248      printf("%c",green_walker[0][i][j]);
249    printf("\n");
250   }
251  //顯示第0張圖
252
253  system("PAUSE");
254  return 0;
255 }
256
```

執行結果

請自行娛樂一下。

☰ 程式解說

本程式僅以 10 張圖案不停地播放,模擬臺灣一般道路上所裝設的紅綠燈中之小綠人的動作。以每 0.65 秒播放一張圖案的速度呈現慢走狀態,以每 0.325 秒播放一張圖案的速度呈現快走狀態,以每 0.125 秒播放一張圖案的速度呈現跑走狀態。圖案一張一張連續快速播放,使眼睛形成視覺暫留的現象,造成圖案彷彿真的在動一樣。若讀者想讓程式執行的效果,愈接近實際的情形,則必須在每一張圖之間多畫幾張連續圖。

≡ 範例45

寫一程式，使用亂數，模擬將 52 張撲克牌發給 4 位玩家，每位玩家 13 張牌，發牌順序爲玩家 1 → 2 → 3 → 4 → 1 →…..→4，最後輸出 4 位玩家手中的 13 張。

提示：

1. 撲克牌的花色分別爲「黑桃」、「紅心」、「磚塊」及「梅花」。

2. 撲克牌點數中的「1」、「11」、「12」及「13」，分別以「A」、「J」、「Q」及「K」表示。

3. 輸出每位玩家 13 張牌時，點數輸出的順序爲 (A → 2 → 3 → 4...→ 10 → J → Q → K)，若點數相同則按照花色「黑桃」、「紅心」、「磚塊」及「梅花」的順序輸出。

4. 輸出結果，類似以下樣式：

第 1 位玩家手牌：

梅花 A 磚塊 2 梅花 2 磚塊 3　黑桃 4 磚塊 4 紅心 6

磚塊 8 梅花 8 梅花 9 黑桃 10 黑桃 J 紅心 K

第 2 位玩家手牌：

黑桃 A 黑桃 2 黑桃 3 梅花 5 梅花 6　黑桃 7 黑桃 8

紅心 8 紅心 9 紅心 J 紅心 Q 磚塊 K 梅花 K

第 3 位玩家手牌：

紅心 A 紅心 3　紅心 5 磚塊 5　紅心 7　磚塊 7 梅花 7

黑桃 9 磚塊 10 梅花 J 黑桃 Q 梅花 Q 黑桃 K

第 4 位玩家手牌：

磚塊 A 紅心 2 梅花 3　紅心 4　梅花 4 黑桃 5 黑桃 6

磚塊 6 磚塊 9 紅心 10 梅花 10 磚塊 J 磚塊 Q

```
1   #include <stdio.h>
2   #include <stdlib.h>
3   int main(void)
4   {
5     //將目前時間轉成無號數整數
6     srand((unsigned) time(NULL));
7
8     int card[4][13]; //4個人每人13張牌
9     int card_order[52]; //將52張牌，從小排到大編號成0到51
10    char color[4][5] = {"黑桃","紅心","磚塊","梅花"}; // 撲克牌的花色
11    // 撲克牌的點數
12    char point[13][3]={"A","2","3","4","5","6","7","8","9","10","J","Q","K"};
13    int card_num = 52; //目前尚未發出的撲克牌之張數
14    int play_card; //代表每次所發的牌，是位於所有撲克牌中的第play_card張牌
15    int i,j,k;
16    int temp;
```

```
17      /*設定撲克牌的排列順序如下：
18      黑桃A 紅心A 磚塊A 梅花A的排列順序 :   0       1       2       3
19      黑桃2 紅心2 磚塊2 梅花2的排列順序 :   4       5       6       7
20   …
21      黑桃K 紅心K 磚塊K 梅花K的排列順序 : 48      49      50      51*/
22
23      for(i = 0;i < 52;i++)
24         card_order[i] = i;
25
26      //1人1張牌輪流發，1輪4張共發13輪
27      for(j = 0;j < 13;j++) {
28         for(i = 0;i < 4;i++) {
29            //用亂數模擬發牌，取得"排列順序為play_card"的撲克牌
30            play_card = rand() % card_num;
31
32            //將排列順序為play_card的的撲克牌(card_order[play_card])，
33            //指定給第i個人的第j張的撲克牌
34            card[i][j] = card_order[play_card];
35
36            //將最後的一張牌的排列順序(card_order[card_num - 1])，
37            //指定給原先排列順序為play_card的牌(card_order[play_card])
38            card_order[play_card] = card_order[card_num - 1];
39
40            //發牌之後，將"尚未發出的撲克牌之張數" - 1
41            card_num--;
42            }
43      }
44      for(i = 0;i < 4;i++) {
45         printf("第%d位玩家手牌：\n",i + 1);
46         //將第i位玩家手中的牌，從小排到大
47         for(k = 1;k <=12;k++) //13張牌，執行12(=13-1)個步驟
48         for (j=0;j<13-k;j++) //第j步驟，執行13-k次比較
49            if (card[i][j]>card[i][j+1]) //左邊的資料>右邊的資料
50               {
51               temp=card[i][j];
52               card[i][j]=card[i][j+1]; //將card[i][j]與card[i][j+1]的內容互
換
53               card[i][j+1]=temp;
54               }
55
56         for(j = 0;j < 13;j++) {
57            //將第i個人的第j張牌的排列順序(card[i][j])，
58            //轉成對應的花色(color[card[i][j] % 4])
59            printf("%s",color[card[i][j] % 4]);
60
61            //將第i個人的第j張牌的排列順序(card[i][j])，
62            //轉成對應的點數(point[card[i][j] / 4])
63            printf("%-3s",point[card[i][j] / 4]);
64
65            if(j == 5) // 第6張牌之後，換列
66               printf("\n");
67         }
68      printf("\n");
69      }
70   system("PAUSE");
```

```
71    return 0;
72  }
```

範例46

寫一程式，使用巢狀迴圈，輸出下列資料。

```
7 6 5
8 1 4
9 2 3
```

```
1   #include <stdio.h>
2   #include <stdlib.h>
3   int main(void)
4   {
5       // matrix陣列的每一個元素初始值都是0
6       int matrix[3][3]={0};
7
8       int row = 1, col = 1, k = 1;
9
10      // 數字依順時針方向排列
11      // 0:表示往下 1:表示往右 2:表示往上 3:表示往左
12      int direction = 0;
13
14      while (k <= 3 * 3)
15      {
16      matrix[row][col] = k;
17      switch (direction)
18      {
19          // 往下繼續設定數字
20          case 0:
21              // 判斷是否可往下繼續設定數字
22              if (row + 1 <= 3 - 1 && matrix[row + 1][col] == 0)
23                  row++;
24              else
25              {
26                  direction = 1;
27                  col++;
28              }
29              break;
30
31          // 往右繼續設定數字
32          case 1:
33              // 判斷是否可往右繼續設定數字
34              if (col + 1 <= 3 - 1 && matrix[row][col + 1] == 0)
35                  col++;
36              else
37              {
38                  direction = 2;
39                  row--;
40              }
41              break;
```

```
42
43              // 往上繼續設定數字
44              case 2:
45                  // 判斷是否可往上繼續設定數字
46                  if (row - 1 >= 0 && matrix[row - 1][col] == 0)
47                      row--;
48                  else
49                  {
50                      direction = 3;
51                      col--;
52                  }
53                  break;
54
55              // 往左繼續設定數字
56              case 3:
57                  // 判斷是否可往左繼續設定數字
58                  if (col - 1 >= 0 && matrix[row][col - 1] == 0)
59                      col--;
60                  else
61                  {
62                      direction = 0;
63                      row++;
64                  }
65          }
66          k++;
67      }
68
69      for (row = 0; row < 3; row++)
70      {
71          for (col = 0; col < 3; col++)
72              printf("%2d", matrix[row][col]);
73          printf("\n");
74      }
75      system("PAUSE");
76      return 0;
77  }
```

≡ 範例 47

寫一程式,在九宮格中填入 1~9,使得每一行,每一列,及兩條主對角線的數字和都相等。

6	1	8
7	5	3
2	9	4

```
1  #include <stdio.h>
2  #include <stdlib.h>
3
```

```
4   int data[3][3];         // 3x3九宮格陣列
5   int main(void)
6   {
7       int nextnum=1;
8       int currentrow, currentcolumn, nextrow, nextcolumn;
9       int i;
10      for (i=1; i<=9; i++)
11      {
12          if (i == 1)
13          {
14              data[0][1] = 1;   // 將1放在位置(0, 1)上
15              currentrow=0;
16              currentcolumn=1;
17          }
18          else
19          {
20              nextrow = currentrow - 1;
21              nextcolumn = currentcolumn - 1 ;
22              if (nextrow >= 0 && nextcolumn >= 0)
23                  if (data[nextrow][nextcolumn] == 0)
24                    {
25                      data[nextrow][nextcolumn] = nextnum;
26                      currentrow = nextrow;
27                      currentcolumn = nextcolumn;
28                    }
29                  else
30                    {
31                      data[currentrow+1][currentcolumn] = nextnum;
32                      currentrow=currentrow+1;
33                    }
34          else if (nextrow < 0 && nextcolumn < 0)
35              {
36                  data[currentrow+1][currentcolumn] = nextnum;
37                  currentrow++;
38              }
39          else if (nextcolumn < 0)
40              {
41                  data[currentrow-1][2] = nextnum;
42                  currentrow=currentrow-1;
43                  currentcolumn = 2;
44              }
45          else if (nextrow < 0)
46              {
47                  data[2][currentcolumn-1] = nextnum;
48                  currentrow = 2;
49                  currentcolumn=currentcolumn-1;
50              }
51          }
52          nextnum++;
53      }
54      int row,col;
```

```
55      for (row=0; row<3; row++)
56      {
57          for (col=0; col<3; col++)
58              printf("%2d",data[row][col]);
59          printf("\n");
60      }
61
62  system("PAUSE");
63  return 0;
64  }
```

≡ [程式說明]

1. 第 22~33 列：判斷 nextrow>=0 且 nextcolumn>=0 是否成立？若成立，接著判斷位置 (nextrow, nextcolumn) == 0 是否成立？若成立，則左上方位置 (nextrow, nextcolumn) 填入 nextnum ，否則在這個數字的下方位置 (currentrow+1, currentcolumn) 填入 nextnum。

2. 第 34~38 列：判斷 nextrow<0 且 nextcolumn<0 是否成立？若成立，則在這個數字的下方位置 (currentrow+1, currentcolumn) 填入 nextnum。

3. 第 39~44 列：判斷 nextcolumn<0 是否成立？若成立，則在位置 (currentrow, 2) 填入 nextnum。

4. 第 45~50 列：判斷 nextrow <0 是否成立？若成立，則在位置 (2, currentcolumn-1) 填入 nextnum。

≡ **範例48**

寫一程式，輸入今日日期 (格式：三位 / 兩位 / 兩位)，輸出該年已過了幾天。

```
1  #include <stdio.h>
2  #include <stdlib.h>
3  #include <string.h>
4  int main(void)
5  {
6      //輸入日期(yyy/mm/dd)，輸出一年過了幾天
7      printf("輸入日期(yyy/mm/dd):");
8      char date[10];
9      scanf("%s",date);
10
11     char tempyear[4],tempmonth[3],tempday[3];
12     strncpy(tempyear, date, 3);   // 取出年份
13     int year;
14     year = atoi(tempyear)+1911;
15     char dayseries[25];
16     if (year % 400 ==0 || (year % 4 == 0 && year % 100 != 0)) // 閏年
```

```
17          strcpy(dayseries, "31293130313031313130313031");
18      else
19          strcpy(dayseries, "31283130313031313130313031");
20
21      strncpy(tempmonth, date+4, 2);   // 取出月份
22      int days = 0;
23      int month;
24      month = atoi(tempmonth);
25
26      // 計算month月之前已過的天數
27      int i;
28      for (i=1; i< month; i++){
29          // 取出month月之前每月的天數
30          strncpy(tempmonth, dayseries+2*(i-1), 2);
31          days += atoi(tempmonth);
32      }
33
34      atoi(strncpy(tempday, date+7, 2));  // 加上本月的天數
35      days += atoi(tempday);;
36
37      printf("今年已過了%d天\n", days);
38      system("PAUSE");
39      return 0;
40  }
```

7-9 自我練習

1. 寫一程式，使用亂數方法產生 -5、-1、3、…、95 中的任一數。

2. 寫一程式，使用亂數方法來模擬擲兩個骰子的動作，擲 100 次後，分別輸出點數和為 2,3,…,12 的次數。

3. 寫一程式，輸入兩個 2×2 矩陣，輸出兩個矩陣相乘之結果。

4. 寫一程式，輸入一列文字 (不含中文字或不顯示的字元，即 ASCII 值為 >= 32 且 ASCII 值為 <= 127 的字元)，輸出各字元出現的次數。

5. 寫一程式，輸入 5 個朋友的姓名及電話，然後輸入要查詢的朋友之姓名，輸出朋友的電話。

6. rand() 函式所產生的亂數之範圍為何？

7. int data[5]; 敘述中的 data 陣列變數，共占用多少之記憶體空間？

8. double number[4][5]; 敘述中的 number 陣列變數，共宣告多少個陣列元素？

9. int x[3][2]={{1,2},{3,4},{5,6}}; 敘述中，x[2][0] 的值為何？

10. 寫一程式，輸入一句英文，然後將每個字 (word) 的第一個字母改成大寫輸出。

11. 寫一程式，輸入一個 6 位數正整數，判斷是否為回文數（一個數字，若反向書寫與原數字一樣，則稱其為回文數。例：4321234 是回文數）。

12. 寫一程式，輸入一正整數，輸出其 16 進位的表示結果（使用 while 迴圈）。

13. 寫一程式，輸入一字串，輸出有幾個英文字及幾個數字。

14. 寫一程式，輸入一大寫英文單字，輸出此單字所得到的分數。（字母 A ~ Z 分別代表 1 ~ 26 分)

    提示： KNOWLEDGE（知識），HARDWORK（努力），ATTITUDE（態度）。
    感想： ？

15. 寫一程式，模擬撲克牌發牌，依順時鐘方向（左、前、右及本家）發牌，輸出左、前、右及本家四家各自拿到的 13 張牌子。（提示：以 1 代表黑桃 A,2~10,J,Q,K；2 代表紅桃 A,2~10,J,Q,K；3 代表紅鑽 A,2~10,J,Q,K；4 代表梅花 A,2~10,J,Q,K）

16. 寫一程式，使用巢狀迴圈，輸出下列資料。

    ```
    1 2 3
    8 9 4
    7 6 5
    ```

17. 寫一程式，使用氣泡排序法，將資料 12，6，26，1 及 58，依小到大排序。輸出排序後的結果，並輸出在第幾個步驟時就已完成排序。

    (提示：在排序過程中，若執行某個步驟時，完全沒有任何位置的資料被互換，則表示資料在上個步驟時，就已經完成排序了。因此，可結束排序的流程。)

18. 寫一程式，在 5X5 矩陣中填入 1~25，使得每一行，每一列，及兩條主對角線的數字和都相等。

08

指標

教學目標

8-1　一重指標變數
8-2　多重指標變數
8-3　指標的初值設定
8-4　進階範例
8-5　自我練習

　　生活中經常使用一些關於家庭或帳號的資料。例：學生基本資料、員工基本資料、各種會員基本資料、銀行存款、銀行保管箱等等。在這些資料中，都會提到住址或帳號。住址或帳號就相當於一個位置，可以利用它找到相對應的內容。例：利用住址，可以知道住址所在的位置中住了多少人；利用銀行帳號或保管箱號碼，可以知道存款簿中有多少存款，或保管箱內存放些什麼貴重的物品。

　　C語言所提到的指標就相當於生活中的位置，差異在於指標是電腦記憶體中的一個虛擬位置；而生活中的位置是一個實體位置。所謂的「指標」，就是指向某一記憶體位址的識別名稱，即用來儲存某一記憶體位址的變數。在 64 位元作業系統中，無論是哪一種型態的指標變數，系統都會配置 8Bytes 記憶體空間給它；若在 32 位元作業系統中，系統就只會配置 4Bytes 記憶體空間。由於指標可以存取它所指向的記憶體位址之內容，因此要特別小心，若指標所設定的記憶體位址為系統資料儲存的記憶體位址，則可能使系統出現不正常狀況。對於 C 語言的初學者而言，學習指標變數是程式語言中比較困難的部分，因此應多加反覆閱讀及練習，必能領悟其中的奧妙。

8-1　一重指標變數

　　不管是何種指標變數，它都與一般變數一樣，在使用之前，必須先經過宣告。一重指標變數為指向另外一個一般變數的變數，一重指標變數簡稱指標。

　　常用的一重指標變數有下列 4 種宣告語法：

1. 指標變數的宣告語法如下：

資料型態 *指標名稱;

說明

(1) 資料型態：資料型態可以是整數，浮點數或字元。

(2) 指標名稱：指標名稱的命名，請參照識別字的命名規則。

例：char *ptr1;

　　　宣告 ptr1 是一個一重指標變數，ptr1 的內容是一個記憶體位址，且它所指向的記憶體位址只允許存放字元資料。

例：int *ptr2;

宣告 ptr2 是一個一重指標變數，ptr2 的內容是一個記憶體位址，且它所指向的記憶體位址只允許存放整數資料。

例：float *ptr3;

宣告 ptr3 是一個一重指標變數，ptr3 的內容是一個記憶體位址，且它所指向的記憶體位址只允許存放單精度浮點數資料。

例：double *ptr4;

宣告 ptr4 是一個一重指標變數，ptr4 的內容是一個記憶體位址，且它所指向的記憶體位址只允許存放倍精度浮點數資料。

指標變數與一般變數兩者間最大的差異，在於所儲存的資料不同。一般變數所儲存的資料是普通資料；而指標變數所儲存的資料是記憶體位址（是另外一個一般變數所在的記憶體位址）。要取得一個變數所在的記憶體位址，必須使用 &（取址運算子）來完成。

&（取址運算子）語法如下：

& 變數名稱

注意　&（取址運算子）只能作用在變數名稱前。

2. **一維指標陣列變數的宣告語法如下：**

資料型態 *指標陣列名稱[n];

例：char *ptr5[2];

宣告 2 個指標陣列變數 ptr5[0] 及 ptr5[1]，它們的內容都是記憶體位址，且它們所指向的記憶體位址只允許存放字元資料。

3. **二維指標陣列變數的宣告語法如下：**

資料型態 *指標陣列名稱[m][n];

例：int *ptr6[2][2];

宣告 4 個指標陣列變數 ptr6[0][0]、ptr6[0][1]、ptr6[1][0] 及 ptr6[1][1]，它們的內容都是記憶體位址，且它們所指向的記憶體位址只允許存放整數資料。

4. 三維指標陣列變數的宣告語法如下：

資料型態 *指標陣列名稱[l][m][n];

例：float *ptr7[2][3][2];

宣告 12 個指標陣列變數 ptr7[0][0][0]、ptr7[0][0][1]、ptr7[0][1][0]、ptr7[0][1][1]、ptr7[0][2][0]、ptr7[0][2][1]、ptr7[1][0][0]、ptr7[1][0][1]、ptr7[1][1][0]、ptr7[1][1][1]、ptr7[1][2][0]、及 ptr7[1][2][1]，它們的內容都是記憶體位址，且它們所指向的記憶體位址只允許存放單精度浮點數資料。

一個一重指標變數要可以正常使用，必須經過下列設定：

步驟 1：宣告兩個資料型態相同的變數（一個為一般變數；一個為一重指標變數）。

步驟 2：將一般變數的記憶體位址，指定給一重指標變數。

例：以下為片段程式碼，

int var,*ptr;

ptr=&var; // 設定指標變數 ptr 的初始值

以上片段程式碼，表示一重指標變數 ptr 所指向的記憶體位址為變數 var 的記憶體位址。下表為執行程式後，變數名稱、記憶體位址及記憶體位址中的內容三者的相關資訊。

變數名稱	記憶體位址	記憶體位址中的內容
…	…	…
ptr	0022ff70~0022ff73	0022ff74
var	0022ff74~0022ff77	尚未設定
…	…	…

> **注意** 記憶體位址的數據，是當時執行程式所分配的結果。

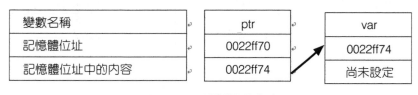

圖8-1 一重指標示意圖

一重指標變數 ptr 指向一般變數 var 的記憶體位址，那麼，如何利用指標變數 ptr 來間接存取一般變數 var 的內容呢？那就要借助於 *（間接運算子）來完成這個任務。

*（間接運算子）語法如下：

> * 指標變數名稱

表示要取得指標變數名稱所指向的記憶體位址的內容。

> **注意** *（間接運算子）只能作用在指標變數名稱前。

例：承上例，再加入以下程式碼，

　　var=1;

　　*ptr=*ptr+2;

下表為執行 var=1; 後，變數名稱、記憶體位址及記憶體位址中的內容三者相關資訊。

變數名稱	記憶體位址	記憶體位址中的內容
…	…	…
ptr	0022ff70~0022ff73	0022ff74
var	0022ff74~0022ff77	1
…	…	…

下表為執行 *ptr=*ptr+2; 後，變數名稱、記憶體位址及記憶體位址中的內容三者相關資訊。

變數名稱	記憶體位址	記憶體位址中的內容
...	...	...
ptr	0022ff70~0022ff73	0022ff74
var	0022ff74~0022ff77	3
...	...	...

注意　*ptr 相當於 *(0022ff74)，*(0022ff74) 相當於 1。

　　從上表可以發現：雖然程式沒有直接改變 var 變數的內容（即：有出現變數 var 字樣的指令），但變數 var 的內容還是變了。主要原因是利用 *ptr 間接存取變數 var 的內容，所以 *ptr 其實就是 var。

≡範例 1

一重指標變數練習。

```
1   #include <stdio.h>
2   #include <stdlib.h>
3   int main(void)
4   {
5       int var,*ptr;
6       ptr=&var;   //設定指標變數ptr的初始值
7       var=1;
8       *ptr=*ptr+2;
9
10      printf("var=%d\n",var);
11      printf("*ptr=%d\n",*ptr);
12      system("PAUSE");
13      return 0;
14  }
```

執行結果

```
var=3
*ptr=3
```

8-1-1　一重指標和一維陣列

陣列名稱在 C 語言中，代表一個常數值的記憶體位址，存放陣列元素內容的起始位址。

例：一維陣列

int num[5]={1,3,-1,6,4};

陣列名稱 num 的值，等於 num 陣列第一個元素（num[0]）的記憶體位址（&num[0]）。

例：二維陣列

int num[2][3]={1,3,-1,6,4,7};

陣列名稱 num 的值，等於 num 陣列第一個元素（num[0][0]）的記憶體位址（&num[0][0]）。

例：三維陣列

int num[2][3][2]={1,3,-1,6,4,7,0,1,2,-5,9,11};

陣列名稱 num 的值，等於 num 陣列第一個元素 (num[0][0][0]) 的記憶體位址 (&num[0][0][0])。

... 以此類推。

+（加法運算子）或 -（減法運算子）對一般變數的運算與指標變數的運算有很大差異。對一般變數，只會將變數內容做增或減的改變；但對指標變數，其產生的結果則與指標變數所宣告的資料型態有密切的關係，其運算規則並不是一般的加減法。因此，讀者在處理與指標變數有關的運算時，必須謹慎小心。

指標變數的內容為記憶體的位址，不管它的資料類型為何，系統都會配置 4 bytes 記憶體空間給它。指標變數做加減運算的意義是為了移動記憶體位址。指標做加減法時，只能與一般的整數值或整數變數做運算，才符合指標變數做加減運算的意義。指標變數 +1，表示將該指標往後 n 個 bytes。而指標變數 -1，表示將該指標往前 n 個 bytes。至於 n 為何，是與指標變數的資料型態有關。例：若指標變數的資料型態為 char，則 n=1；若指標變數的資料型態為 int，則 n=4；若指標變數的資料型態為 float，則 n=4；若指標變數的資料型態為 double，則 n=8。

≡範例 2

寫一程式，使用一重指標變數，將一有 5 個元素的一維整數陣列印出。

```
1   #include <stdio.h>
2   #include <stdlib.h>
3   int main(void)
4   {
5       int i,num[5]={1,3,-1,6,4};
6       int *ptr;
7
8       ptr= num;  //陣列名稱就是記憶體位址
9       //或ptr=&num[0];
10      //ptr指向num陣列的第一個元素的位址
11
12      for (i=0;i<5;i++)
13       {
14        printf("%d\t",*ptr);
15
16        ptr++;
17         //表示將ptr指向num陣列的下一個元素的位址
18       }
19   printf("\n");
20   system("pause");
21   return 0;
22  }
```

執行結果

```
1   3   -1   6   4
```

▋8-1-2 一重指標和二維陣列

≡範例 3

寫一程式，使用一重指標變數，將一有 6 個元素的二維整數陣列印出。

```
1   #include <stdio.h>
2   #include <stdlib.h>
3   int main(void)
4   {
5       int i,j,num[2][3]={1,3,-1,6,4,7};
6       int *ptr;
7
8       ptr=num[0];  //或ptr=&num[0][0];
9       //ptr指向num陣列的第一個元素的位址
10
11      for (i=0;i<6;i++)
12       {
```

```
13        printf("%d\t",*ptr);
14        ptr++;
15        //表示將ptr指向num陣列的下一個元素的位址
16     }
17   printf("\n");
18   system("pause");
19   return 0;
20 }
```

執行結果

```
1   3   -1   6   4   7
```

三 程式解說

程式第 11 列 ~16 列

```
for (i=0;i<6;i++)
 {
   printf("%d\t",*ptr);
   ptr++;
   //表示將ptr指向num陣列的下一個元素的位址
 }
```

可以改成

```
for (i=0;i<2;i++)
  for (j=0;j<3;j++)
   {
     printf("%d\t", *ptr);
     ptr++;
   }
```

或改成

```
for (i=0;i<2;i++)
  for (j=0;j<3;j++)
     printf("%d\t",*(ptr+i*3+j));
     //表示將ptr指向num陣列的第[i][j]元素的位址
```

或改成

```
for (i=0;i<2;i++)
  for (j=0;j<3;j++)
    printf("%d\t", *(*(num+i)+j));  //表示num陣列的第[i][j]元素
```

8-1-3 一重指標和三維陣列

≡範例 4

寫一程式，使用一重指標變數，將一有 12 個元素的三維整數陣列印出。

```
1   #include <stdio.h>
2   #include <stdlib.h>
3   int main(void)
4   {
5       int i,j,k,num[2][3][2]={1,3,-1,6,4,7,0,1,2,-5,9,11};
6       int *ptr;
7
8       ptr=num[0][0];
9       //或ptr=&num[0][0][0];
10      //ptr指向num陣列的第一個元素的位址
11
12      for (i=0;i<12;i++)
13       {
14        printf("%d\t",*ptr);
15        ptr++;
16        //表示將ptr指向num陣列的下一個元素的位址
17       }
18      printf("\n");
19      system("pause");
20      return 0;
21  }
```

執行結果

```
1   3   -1   6   4   7   0   1   2   -5   9   11
```

≡ 程式解說

程式第 12 列 ~17 列

```
for (i=0;i<12;i++)
  {
   printf("%d\t",*ptr);
   ptr++;
   //表示將ptr指向num陣列的下一個元素的位址
  }
```

可以改成

```
for (i=0;i<2;i++)
  for (j=0;j<3;j++)
    for (k=0;j<2;k++)
      {
        printf("%d\t", *ptr);
        ptr++;
      }
```

或改成

```
for (i=0;i<2;i++)
  for (j=0;j<3;j++)
    for (k=0;k<2;k++)
      printf("%d\t",*(ptr+i*6+j*2+k));
      //表示將ptr指向num陣列的第[i][j][k]元素的位址
```

或改成

```
for (i=0;i<2;i++)
  for (j=0;j<3;j++)
    for (k=0;k<2;k++)
      printf("%d\t", *(*(*(num+i)+j)+k));
      //表示num陣列的第[i][j][k]元素
```

8-2 多重指標變數

指向一重指標變數的變數，稱之爲二重指標變數。指向二重指標變數的變數，稱之爲三重指標變數。其他多重指標變數，以此類推。二 (含) 重以上的指標變數，稱爲多重指標變數。

8-2-1 二重指標變數

二重指標變數有下列 4 種宣告語法：

1. **一般二重指標變數的宣告語法如下：**

   資料型態 **指標名稱;

   說明

   (1) 資料型態：資料型態可以是整數，浮點數或字元。

   (2) 指標名稱：指標名稱的命名，請參照識別字的命名規則。

例：char **ptr1;

宣告 ptr1 是一個二重指標變數，ptr1 的內容是某一個一重指標變數所在的記憶體位址，且經由它最後所指向的記憶體位址只允許存放字元資料。

〔註〕總共經過 2 次指向。

例：int **ptr2;

宣告 ptr2 是一個二重指標變數，ptr2 的內容是某一個一重指標所在的記憶體位址，且經由它最後所指向的記憶體位址只允許存放整數資料。

〔註〕總共經過 2 次指向。

例：float **ptr3;

宣告 ptr3 是一個二重指標變數，ptr3 的內容是某一個一重指標所在的記憶體位址，且經由它最後所指向的記憶體位址只允許存放單精度浮點數資料。

〔註〕總共經過 2 次指向。

例：double **ptr4;

宣告 ptr4 是一個二重指標變數，ptr4 的內容是某一個一重指標變數所在的記憶體位址，且經由它最後所指向的記憶體位址只允許存放倍精度浮點數資料。

〔註〕總共經過 2 次指向。

2. **一維二重指標陣列變數的宣告語法如下：**

資料型態 **指標陣列名稱[n];

例：char **ptr5[2];

宣告 2 個一維二重指標陣列變數 ptr5[0] 及 ptr5[1]，它們的內容都是某一個一重指標變數所在的記憶體位址，且經由它們最後所指向的記憶體位址只允許存放字元資料。

〔註〕總共經過 2 次指向。

3. **二維二重指標陣列變數的宣告語法如下：**

資料型態 **指標陣列名稱[m][n];

例： int **ptr6[2][2];

宣告 4 個二維二重指標陣列變數 ptr6[0][0]、ptr6[0][1]、ptr6[1][0] 及 ptr6[1][1]，它們的內容都是某一個一重指標變數所在的記憶體位址，且它們最後所指向的記憶體位址只允許存放整數資料。

〔註〕總共經過 2 次指向。

4. 三維二重指標陣列變數的宣告語法如下：

資料型態 **指標陣列名稱[l][m][n];

例： float **ptr7[2][3][2];

宣告 12 個三維二重指標陣列變數 ptr7[0][0][0]、ptr7[0][0][1]、ptr7[0][1][0]、ptr7[0][1][1]、ptr7[0][2][0]、ptr7[0][2][1]、ptr7[1][0][0]、ptr7[1][0][1]、ptr7[1][1][0]、ptr7[1][1][1]、ptr7[1][2][0]、 及 ptr7[1][2][1]，它們的內容都是某一個一重指標變數所在的記憶體位址，且經由它們最後所指向的記憶體位址只允許存放單精度浮點數資料。

〔註〕總共經過 2 次指向。

一個二重指標變數要可以正常使用，必須經過下列設定：

步驟 1： 宣告三個資料型態相同的變數（一個為一般變數，一個為一重指標變數，一個為二重指標變數）。

步驟 2： 將一般變數的記憶體位址，指定給一重指標變數。

步驟 3： 將一重指標變數的記憶體位址，指定給二重指標變數。

例： 以下為片段程式碼，

int var,*ptr1,**ptr2;

ptr1=&var;　　　　// 設定一重指標變數 ptr1 的初始值

ptr2=&ptr1;　　　　// 設定二重指標變數 ptr2 的初始值

以上片段程式碼，表示二重指標變數 ptr2 所指向的記憶體位址為一重指標變數 ptr1 的記憶體位址；且一重指標變數 ptr1 所指向的記憶體位置為變數 var 的記憶體位址。因此，不管是一重指標變數 ptr1 或二重指標變數 ptr2，最後都指向變數 var 的記憶體位址。

下表為執行程式後，變數名稱、記憶體位址及記憶體位址中的內容三者相關資訊。

變數名稱	記憶體位址	記憶體位址中的內容
…	…	…
ptr2	0022ff6c~0022ff6f	0022ff70
ptr1	0022ff70~0022ff73	0022ff74
var	0022ff74~0022ff77	尚未設定
…	…	…

注意 記憶體位址的數據，是當時執行程式所分配的結果。

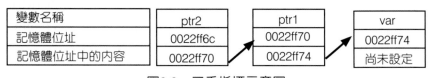

圖8-2　二重指標示意圖

二重指標變數 ptr2 指向一重指標變數 ptr1 的記憶體位址；一重指標變數 ptr1 指向一般變數 var 的記憶體位址，則 *ptr2 相當於 ptr1，**ptr2 及 *ptr1 相當於 var。

例：承上例，再加入以下程式碼，

```
var=1;
*ptr1=*ptr1+2;
**ptr2=**ptr2+3;
```

下表為執行 var=1; 後，變數名稱、記憶體位址及記憶體位址中的內容三者相關資訊。

變數名稱	記憶體位址	記憶體位址中的內容
…	…	…
ptr2	0022ff6c~0022ff6f	0022ff70
ptr1	0022ff70~0022ff73	0022ff74
var	0022ff74~0022ff77	1
…	…	…

　　下表為執行 *ptr1=*ptr1+2; 後，變數名稱、記憶體位址及記憶體位址中的內容三者相關資訊。

變數名稱	記憶體位址	記憶體位址中的內容
…	…	…
ptr2	0022ff6c~0022ff6f	0022ff70
ptr1	0022ff70~0022ff73	0022ff74
var	0022ff74~0022ff77	3
…	…	…

注意 *ptr1 相當於 *(0022ff74)，*(0022ff74) 相當於 1。

　　下表為執行 **ptr2=**ptr2+3; 後，變數名稱、記憶體位址及記憶體位址中的內容三者相關資訊。

變數名稱	記憶體位址	記憶體位址中的內容
…	…	…
ptr2	0022ff6c~0022ff6f	0022ff70
ptr1	0022ff70~0022ff73	0022ff74
var	0022ff74~0022ff77	6
…	…	…

注意 **ptr2 相當於 *(*(ptr2))，相當於 *(*(0022ff70))，相當於 *(0022ff74)，相當於 3。

　　從上表可以發現，雖然程式沒有直接改變 var 變數的內容（即：有出現變數 var 字樣的指令），但變數 var 的內容還是變了。主要原因是利用 *ptr1 及 **ptr2 間接存取變數 var 的內容，所以 *ptr1 及 **ptr2 兩者其實就是 var。

≡**範例 5**

二重指標變數練習。

```
1   #include <stdio.h>
2   #include <stdlib.h>
3   int main(void)
4   {
```

```
5       int var,*ptr1,**ptr2;
6       ptr1=&var;    //設定一重指標變數ptr1的初始值
7       ptr2=&ptr1;   //設定二重指標變數ptr2的初始值
8       var=1;
9       *ptr1=*ptr1+2;
10      **ptr2=**ptr2+3;
11
12      printf("var=%d\n",var);
13      printf("*ptr1=%d\n",*ptr1);
14      printf("**ptr2=%d\n",**ptr2);
15
16      system("PAUSE");
17      return 0;
18  }
```

執行結果

```
var=6
*ptr1=6
**ptr2=6
```

8-2-2   三重指標變數

三重指標變數有下列 4 種宣告語法：

1. 一般三重指標變數的宣告語法如下：

資料型態 ***指標名稱;

說明

(1) 資料型態：資料型態可以是整數，浮點數或字元。

(2) 指標名稱：指標名稱的命名，請參照識別字的命名規則。

例：char ***ptr1;

宣告 ptr1 是一個三重指標變數，ptr1 的內容是某一個二重指標變數所在的記憶體位址，且經由它最後所指向的記憶體位址只允許存放字元資料。〔註〕總共經過 3 次指向。

例：int ***ptr2;

宣告 ptr2 是一個三重指標變數，ptr2 的內容是某一個二重指標變數所在的記憶體位址，且經由它最後所指向的記憶體位址只允許存放整數資料。〔註〕總共經過 3 次指向。

例：float ***ptr3;

宣告 ptr3 是一個三重指標變數，ptr3 的內容是某一個二重指標變數所在的記憶體位址，且經由它最後所指向的記憶體位址只允許存放單精度浮點數資料。

〔註〕總共經過 3 次指向。

例：double ***ptr4;

宣告 ptr4 是一個三重指標變數，ptr4 的內容是某一個二重指標變數所在的記憶體位址，且經由它最後所指向的記憶體位址只允許存放倍精度浮點數資料。

〔註〕總共經過 3 次指向。

2. **一維三重指標陣列變數的宣告語法如下：**

資料型態 ***指標陣列名稱[m];

例：char ***ptr5[2];

宣告 2 個一維三重指標陣列變數 ptr5[0] 及 ptr5[1]，它們的內容都是某一個二重指標變數所在的記憶體位址，且經由它們最後所指向的記憶體位址只允許存放字元資料。

〔註〕總共經過 3 次指向。

3. **二維三重指標陣列變數的宣告語法如下：**

資料型態 ***指標陣列名稱[m][n];

例：int ***ptr6[2][2];

宣告 4 個二維三重指標陣列變數 ptr6[0][0]、ptr6[0][1]、ptr6[1][0] 及 ptr6[1][1]，它們的內容都是某一個二重指標變數所在的記憶體位址，且經由它們最後所指向的記憶體位址只允許存放整數資料。

〔註〕總共經過 3 次指向。

4. 三維三重指標陣列變數的宣告語法如下：

> 資料型態 ***指標陣列名稱[l][m][n];

例：float ***ptr7[2][3][2];

宣告 12 個三維三重指標陣列變數 ptr7[0][0][0]、ptr7[0][0][1]、ptr7[0][1][0]、ptr7[0][1][1]、ptr7[0][2][0]、ptr7[0][2][1]、ptr7[1][0][0]、ptr7[1][0][1]、ptr7[1][1][0]、ptr7[1][1][1]、ptr7[1][2][0]、 及 ptr7[1][2][1]，它們的內容都是某一個二重指標變數所在的記憶體位址，且經由它們最後所指向的記憶體位址只允許存放單精度浮點數資料。

〔註〕總共經過 3 次指向。

一個三重指標變數要可以正常使用，必須經過下列設定：

步驟 1：宣告四個資料型態相同的變數（一個為一般變數，一個為一重指標變數，一個為二重指標變數，一個為三重指標變數）。

步驟 2：將一般變數的記憶體位址，指定給一重指標變數。

步驟 3：將一重指標變數的記憶體位址，指定給二重指標變數。

步驟 4：將二重指標變數的記憶體位址，指定給三重指標變數。

例：以下為片段程式碼，

```
int var,*ptr1,**ptr2,***ptr3;
ptr1=&var;        // 設定一重指標變數 ptr1 的初始值
ptr2=&ptr1;       // 設定二重指標變數 ptr2 的初始值
ptr3=&ptr2;       // 設定三重指標變數 ptr3 的初始值
```

以上片段程式碼，表示三重指標變數 ptr3 所指向的記憶體位址為二重指標變數 ptr2 的記憶體位址；二重指標變數 ptr2 所指向的記憶體位址為一重指標變數 ptr1 的記憶體位址；一重指標變數 ptr1 所指向的記憶體位址為變數 var 的記憶體位址。因此，不管是一重指標變數 ptr1，或二重指標變數 ptr2，或三重指標變數 ptr3，最後都指向變數 var 的記憶體位址。

下表為執行程式後，變數名稱、記憶體位址及記憶體位址中的內容三者相關資訊。

變數名稱	記憶體位址	記憶體位址中的內容
…	…	…
ptr3	0022ff68~0022ff6b	0022ff6c
ptr2	0022ff6c~0022ff6f	0022ff70
ptr1	0022ff70~0022ff73	0022ff74
var	0022ff74~0022ff77	尚未設定
…	…	…

> **注意**　記憶體位址的數據，是當時執行程式所分配的結果。

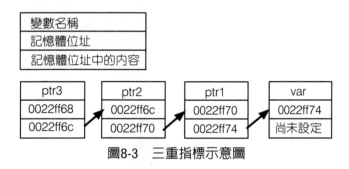

圖8-3　三重指標示意圖

　　三重指標變數 ptr3 指向二重指標變數 ptr2 的記憶體位置；二重指標變數 ptr2 指向一重指標變數 ptr1 的記憶體位址；一重指標變數 ptr1 指向一般變數 var 的記憶體位址，則 *ptr3 相當於 ptr2；*ptr2 相當於 ptr1；*ptr1 相當於 var；***ptr3、**ptr2 及 *ptr1 相當於 var。

　　例：承上例，再加入以下程式碼，

```
var=1;
*ptr1=*ptr1+2;
**ptr2=**ptr2+3;
**ptr3=**ptr3+4;
```

　　下表為執行 var=1; 後，變數名稱、記憶體位址及記憶體位址中的內容三者相關資訊。

變數名稱	記憶體位址	記憶體位址中的內容
…	…	…
ptr3	0022ff68~0022ff6b	0022ff6c
ptr2	0022ff6c~0022ff6f	0022ff70
ptr1	0022ff70~0022ff73	0022ff74
var	0022ff74~0022ff77	1
…	…	…

下表為執行 *ptr1=*ptr1+2; 後，變數名稱、記憶體位址及記憶體位址中的內容三者相關資訊。

變數名稱	記憶體位址	記憶體位址中的內容
…	…	…
ptr3	0022ff68~0022ff6b	0022ff6c
ptr2	0022ff6c~0022ff6f	0022ff70
ptr1	0022ff70~0022ff73	0022ff74
var	0022ff74~0022ff77	3
…	…	…

注意 *ptr1 相當於 *(0022ff74) 相當於 1。

下表為執行 **ptr2=**ptr2+3; 後，變數名稱、記憶體位址及記憶體位址中的內容三者相關資訊。

變數名稱	記憶體位址	記憶體位址中的內容
…	…	…
ptr3	0022ff68~0022ff6b	0022ff6c
ptr2	0022ff6c~0022ff6f	0022ff70
ptr1	0022ff70~0022ff73	0022ff74
var	0022ff74~0022ff77	6
…	…	…

注意 **ptr2 相當於 (*(*(ptr2)))，相當於 (*(*(0022ff70)))，相當於 *(0022ff74)，相當於 3。

下表為執行 ***ptr3=***ptr3+4; 後，變數名稱、記憶體位址及記憶體位址中的內容三者相關資訊。

變數名稱	記憶體位址	記憶體位址中的內容
…	…	…
ptr3	0022ff68~0022ff6b	0022ff6c
ptr2	0022ff6c~0022ff6f	0022ff70
ptr1	0022ff70~0022ff73	0022ff74
var	0022ff74~0022ff77	10
…	…	…

注意 ***ptr3 相當於 *(*(*(ptr3)))，相當於 *(*(*(0022ff6c)))，相當於 *(*(0022ff70))，相當於 *(0022ff74)，相當於 6。

從上表可以發現，雖然程式沒有直接改變 var 變數的內容（即：有出現變數 var 字樣的指令），但變數 var 的內容還是變了。主要原因是利用 *ptr1、**ptr2 及 ***ptr3 間接存取變數 var 的內容，所以 *ptr1、**ptr2 及 ***ptr3 三者其實就是 var。

≡範例 6

三重指標變數練習。

```
1    #include <stdio.h>
2    #include <stdlib.h>
3    int main(void)
4    {
5        int var,*ptr1,**ptr2,***ptr3;
6        ptr1=&var;     //設定一重指標變數ptr1的初始值
7        ptr2=&ptr1;    //設定二重指標變數ptr2的初始值
8        ptr3=&ptr2;    //設定三重指標變數ptr3的初始值
9
10       var=1;
11       *ptr1=*ptr1+2;
12       **ptr2=**ptr2+3;
13       ***ptr3=***ptr3+4;
14
15       printf("var=%d\n",var);
16       printf("*ptr1=%d\n",*ptr1);
17       printf("**ptr2=%d\n",**ptr2);
18       printf("***ptr3=%d\n",***ptr3);
19
```

```
20      system("PAUSE");
21      return 0;
22  }
```

執行結果

```
var=10
*ptr1=10
**ptr2=10
***ptr3=10
```

▇ 8-2-3　指標與字串

在「7-5-2 字串陣列」中提過，使用二維字元陣列儲存多個字串資料，可能會浪費一些不必要的記憶體空間。若使用字元指標陣列儲存多個字串資料，則沒有浪費記憶體空間的問題，主要的原因是：字元指標所指向的字串並沒有指定多長。

例：char *season[4]={"Spring","Summer","Fall","Winter"};

　　　表示宣告一個字元指標陣列，其中：
　　　season[0] 指標指向 "Spring"，season[1] 指標指向 "Summer"，
　　　season[2] 指標指向 "Fall" ，season[3] 指標指向 "Winter"

下表是以字元指標陣列方式，指向 4 個字串資料的情形，其中第一欄代表每一個字串所在的記憶體位址。

00403000	S	p	r	i	n	g	\0
00403007	S	u	m	m	e	r	\0
0040300e	F	a	l	l	\0		
00403013	W	i	n	t	e	r	\0

上表中，字串與字串之間並沒有多餘的記憶體空間被閒置。

8-3 指標的初值設定

當指標變數或指標陣列變數在宣告時，所設定指向之初值為常數時，數值指標之初值只能設定為「0」或「NULL」，字元指標之初值只能設定為「'\0'」或「NULL」或字串常數。當指標名稱或指標陣列設定初值指向字串資料時，則指標名稱或指標陣列元素本身是記憶體位址，同時也是它所指向的字串資料。

例：(語法錯誤)
```
int *num=1;
//編譯時，會出現[警告]訊息，
//[Warning] initialization makes pointer from integer without a cast
//這是因為指標變數的內容為記憶體位址，
//但您將整數值設定給指標變數這是錯誤的語法。
```

例：(語法錯誤)
```
char *ch='A';
//編譯時，會出現[警告]訊息，
//[Warning] initialization makes pointer from integer without a cast
//這是因為指標變數的內容為記憶體位址，
//但您將字元值設定給指標變數這是錯誤的語法。
```

例：
```
char *season[4]={"Spring","Summer","Fall","Winter"};
printf("%s\n", season[0]);
//結果為season[0]所指向的字串資料Spring

printf("%x\n", season[0]);
//結果為season[0]的內容,即字串資料"Spring"的記憶體位址
//其他的season元素，以此類推。
```

例：
```
char *who="Mike";
printf("%s\n", who); //結果為who所指向的字串資料"Mike"
printf("%x\n", who); //結果為who的內容，即"Mike"的記憶體位址
```

例：
```
char *who;
char name[5]="Mike";
who=name;
printf("%s\n", who); //結果為who所指向的字串資料"Mike"
printf("%x\n", who); //結果為who的內容，即name的記憶體位址
```

≡ 範例 7

寫一程式，將 "張三"、"李四"、"王五"、"小六"，從小排到大。

```
1    #include <stdio.h>
2    #include <stdlib.h>
3    #include <string.h>
4    int main(void)
5    {
6        char *name[4]={"張三","王五","李四","小六"};
7        int i,j;
8        char *temp;
9        printf("排序前的資料:");
10       for (i=0;i<4;i++)
11         printf("%s ", name[i]);
12       printf("\n");
13
14       for (i=1;i<=3;i++)           //執行3(=4-1)個步驟
15         for (j=0;j<4-i;j++)        //第i步驟,執行4-i次比較
16
17           if (strcmp(name[j],name[j+1])>0) //左邊的資料比較大
18            {
19             temp=name[j];          //將name[j]與name[j+1]
20             name[j]= name[j+1];    //所指向的字串互換
21             name[j+1]=temp;
22            }
23
24       printf("排序後的資料:");
25       for (i=0;i<4;i++)
26         printf("%s ", name[i]);
27       printf("\n");
28
29       system("pause");
30       return 0;
31   }
```

執行結果

```
排序前的資料:張三 王五 李四 小六
排序後的資料:小六 王五 李四 張三
```

≡ 程式解說

字串間的先後順序關係，是從兩個字串的第一個字元開始比較，較小者，其順序在前，較大者，其順序在後。若兩個字串的第一個字元一樣，則繼續比較第二個字元，直到兩個字串的同一位置的字元不同時，才結束比較。

若字串爲英文字，則以英文字典順序爲依據。例，"able"、"cable" 及 "abnormal"，三個字串的先後順序關係爲 "able"<"abnormal"<"cable"。

若字串爲中文字，則以中文筆畫多寡爲依據。例，" 謝遜 "、" 張無忌 " 及 " 張三丰 "，三個字串的先後順序關係爲 " 張三丰 "<" 張無忌 "<" 謝遜 "。

8-4 進階範例

≡範例 8

寫一程式，模擬人與電腦玩剪刀石頭布遊戲。(利用一重指標變數)

```
1   #include <stdio.h>
2   #include <stdlib.h>
3   #include <conio.h>
4   int main(void)
5    {
6      char *name[3];
7      char scissor[5]="剪刀";
8      char stone[5]="石頭";
9      char cloth[3]="布";
10     char input; //人出什麼
11     int people; //將input轉成整數,存入people
12     int computer; //電腦出什麼
13     name[0]=scissor; //陣列名稱就是記憶體位址
14   //name[0]指向scissor
15
16     name[1]=stone; //陣列名稱就是記憶體位址
17   //name[1]指向stone
18
19     name[2]=cloth; //陣列名稱就是記憶體位址
20   //name[2]指向cloth
21
22   srand((unsigned)time(NULL));
23   printf("這是人與電腦一起玩的剪刀石頭布遊戲.\n");
24   while (1)
25    {
26     printf("\n您出什麼?(0:剪刀1:石頭2:布Enter:結束)");
27     input=getche();
28     if (input=='\r') //或if (input==13)
29      {
30       printf("\n遊戲結束.\n");
31       break;
32      }
33   if (input<'0' || input>'2')
34      {
```

```
35        printf("\n您選的資料不是0,1,2,重新選一次.\n");
36        continue;
37      }
38    people=input-48; //'0'-48=0 ; '1'-48=1 ;...;'9'-48=9
39    computer=rand()%3;
40    printf("\n您出:%s\n",name[people]);
41    printf("電腦出:%s\n",name[computer]);
42    if (people == computer)
43      printf("平手!\n");
44    else if (people-computer == 1 || people-computer == -2)
45      printf("您贏了!\n");
46    else
47      printf("您輸了!\n");
48    }
49  system("pause");
50  return 0;
51  }
```

執行結果

您出什麼?(0:剪刀1:石頭2:布Enter:結束)0
您出:剪刀
電腦出:剪刀
平手
您出什麼?(0:剪刀1:石頭2:布Enter:結束)1
您出:石頭
電腦出:布
您輸了
您出什麼?(0:剪刀1:石頭2:布Enter:結束)2
您出:布
電腦出:石頭
您贏了
您出什麼?(0:剪刀1:石頭2:布Enter:結束)(按Enter)
遊戲結束

範例 9

寫一程式,模擬撲克牌翻牌配對遊戲。(利用一重指標變數)

```
1   #include <stdio.h>
2   #include <stdlib.h>
3   #include <string.h>
4   int main(void)
5   {
6     char *poker_context="A 2 3 4 5 6 7 8 9 10 J Q K";
7     //或 poker_context[27]="A 2 3 4 5 6 7 8 9 10 J Q K";
8
9     int poker[4][13];
10    //poker[row][col],表示位置(row,col)被設定的撲克牌代碼
```

```
11
12    int all_four[13]={0};
13    //all_four[i]=0,表示撲克牌號碼i的張數為0
14
15    int match[4][13]={0};
16    //match[row][col]=0,表示位置(row,col)還沒被配對成功
17
18    int row[2],col[2];   //輸入兩個位座標位置(row,col)
19
20    int number; //記錄亂數產生的撲克牌號碼0~12
21    //撲克牌號碼0~12,分別?代表12345678910JQKA
22
23    char temp[3];   //記錄位置(row,col)的內容
24    int num=1;      //輸入次數
25    int bingo=0;
26    //撲克牌翻牌配對成功1次,bingo值+1;bingo=26,則遊戲結束
27    int i,j,k;
28    srand((unsigned) time(NULL));
29    for (i=0;i<4;i++)
30      for (j=0;j<13;j++)
31       {
32        number=rand()%13;
33        //all_four[number]<4,表示撲克牌號碼number的張數最多4
34        if (all_four[number]<4)
35           {
36            all_four[number]++;
37            poker[i][j]=number;
38           }
39        else
40           j--;
41       }
42    printf("\t撲克牌翻牌配對遊戲\n");
43
44    //畫出4*13的撲克牌翻牌配對圖形
45    printf("  ");
46    for (i=0;i<13;i++)
47      printf("%-2d",i);
48    printf("\n");
49
50    k=0;
51    for (i=0;i<4;i++)
52     {
53      printf("%-2d",k++);
54      for (j=0;j<13;j++)
55        printf("■");
56      printf("\n");
57     }
58    //畫出4*13的撲克牌翻牌配對圖形
59
60    printf("撲克牌翻牌配對需要選擇兩個位置:\n");
```

```
61    while(1)
62     {
63       //每次選取兩個位置前,先將兩個位置設成位選取狀態歸零(以-1表示)
64       row[0]=-1;
65       col[0]=-1;
66       row[1]=-1;
67       col[1]=-1;
68       //每次選取兩個位置前,先將兩個位置設成位選取狀態歸零(以-1表示)
69
70       for (num=0;num<2;num++)
71        {
72         printf("第%d次選擇的位置",num+1);
73         printf("row,col(row=0~3 , col=0~12):");
74         //2:表示輸入兩個符合格式的資料
75         if (scanf("%d,%d",&row[num],&col[num])!=2)
76          {
77           printf("位置格式輸入錯誤,重新輸入!\a\n");
78           fflush(stdin);//清除殘留在鍵盤緩衝區內之資料
79           num--;
80           continue;
81          }
82
83         if (!(row[num]>=0 && row[num]<=3 && col[num]>=0 && col[num]<=12))
84          {
85           printf("無(%d,%d)位置,重新輸入!\a\n",row[num],col[num]);
86           num--;
87           continue;
88          }
89
90         if (match[row[num]][col[num]]!=0 || (row[0]==row[1] && col[0]==col[1]))
91          {
92           printf("位置(%d,%d)",row[num],col[num]);
93           printf("已經輸入了或配對成功,重新輸入!\a\n");
94           num--;
95           continue;
96          }
97
98       system("cls");
99       //畫出4*13的撲克牌翻牌配對圖形
100      printf("\t模擬撲克牌翻牌配對遊戲\n");
101      printf("  ");
102      for (i=0;i<13;i++)
103        printf("%-2d",i);
104      printf("\n");
105
106      k=0;
107      for (i=0;i<4;i++)
108       {
109        printf("%-2d",k++);
110        for (j=0;j<13;j++)
```

```
111              if (match[i][j]==0)
112                if (i==row[num] && j==col[num] || i==row[0] && j==col[0]))
113                  {
114                    strncpy(temp,poker_context+2*poker[i][j],2);
115                    temp[3]='\0';
116                    printf("%s",temp);
117                  }
118                else
119                    printf("■");
120              else
121                  {
122                    strncpy(temp,poker_context+2*poker[i][j],2);
123                    temp[2]='\0';//設定字串temp的第2個byte為\0字元
124                    printf("%s",temp);
125                  }
126          printf("\n");
127        }
128    }
129    sleep(1000);   //暫停1秒
130
131    //位置(row[0],col[0])與位置(row[1],col[1])內容相同時
132    if (poker[row[0]][col[0]]==poker[row[1]][col[1]])
133      {
134        match[row[0]][col[0]]=1;   /*設定位置(row[0],col[0])已配對成功*/
135        match[row[1]][col[1]]=1;   /*設定位置(row[1],col[1])已配對成功*/
136        bingo++;
137      }
138
139    system("cls");
140
141    //畫出4*13的撲克牌翻牌配對圖形
142    printf("\t撲克牌翻牌配對遊戲\n");
143    printf("  ");
144    for (i=0;i<13;i++)
145      printf("%-2d",i);
146    printf("\n");
147
148    k=0;
149    for (i=0;i<4;i++)
150      {
151        printf("%-2d",k++);
152        for (j=0;j<13;j++)
153          if (match[i][j]==0)
154            printf("■");
155          else
156            {
157              strncpy(temp,poker_context+2*poker[i][j],2);
158              temp[3]='\0';
159              printf("%s",temp);
160            }
```

```
161        printf("\n");
162      }
163
164    printf("撲克牌翻牌配對需要選擇兩個位置:\n");
165    //畫出4*13的撲克牌翻牌配對圖形
166    if (bingo==26)
167       break;
168
169   }
170  printf("撲克牌翻牌配對遊戲結束.\n");
171  system("PAUSE");
172  return 0;
173 }
```

執行結果

請自行娛樂一下

8-5　自我練習

1. 說明一般變數和指標變數的差異。

2. 寫一程式,宣告一個二維陣列 int data[3][2]={1,2,3,4,5,6};利用指標的方式,輸出 data 的每一個元素之內容及所在之位址。

3. 寫一程式,輸入 10 個整數存入一維整數陣列中,然後再輸入一個整數,利用指標的方式,查詢所輸入之整數是否在陣列中。

4. 寫一程式,輸入 5 個姓名存入字元指標陣列中,然後再輸入一個姓名,判斷此姓名是否在這 5 個姓名中。
   提示:

```
char name[5][11];
char *ptr[5];
for (i=0;i<5;i++)
  {
    scanf("%s",name[i]);
    ptr[i]=name[i];
  }
```

注意　若指標變數指向字串,要知道指標變數所指向的資料,則只要使用指標變數以 %s 印出即可,而不是以 * 指標變數。

5. 假設程式中宣告一指標變數 ptr,
   char *ptr="Welcome to C language.";
   寫一程式,
   (1) 輸出 ptr 所指向的字串中有多少個 bytes（不含 '\0'）。
   (2) 輸出 ptr 所指向的字串中多少個大寫字母。

6. 寫一程式,輸入一個阿拉伯數字,並輸出其所對應的羅馬數字。(利用一重二維指標陣列變數)

7. 寫一程式,輸入一個羅馬數字,並輸出其所對應的阿拉伯數字。(利用一重指標變數)

09

前置處理程式

教學目標

9-1 #include前置處理指令
9-2 #define前置處理指令
9-3 使用自訂標頭檔(或含括檔)
9-4 自我練習

C語言的原始程式碼開始處，以「#」開頭的指令敘述，被稱為前置處理指令。原始程式碼在進行編譯之前，前置處理指令會先被前置處理器解讀，即被置換成相對應的程式碼。例：#include <…> 或 #define …等等，都是屬於前置處理指令的一種。注意：前置處理指令尾部不需加「;」（分號）。

9-1 #include前置處理指令

為了讓程式設計者能快速撰寫程式，C語言提供了一組俱備多種功能的標準函式庫 (standard library)，例如，根號函式 (sqrt())。當要計算某數的平方根時，就可直接使用標準函式庫中的根號函式來計算，不必自行設計根號函式，因此省下不少撰寫程式的時間。函式 (function) 就是俱備某種特定功能的程式。函式必須宣告過後，才能被使用。C語言所提供的函式之宣告，都放在已定義好的各種以「.h」為副檔名的標頭檔 (或含括檔) 中，只要使用「#include」指令，將需要的「.h」標頭檔含括（或引入）到程式中，就能使用該標頭檔中所宣告的任何函式。

依使用的函式是否為 C語言所提供的庫存函式，含括標頭檔到原始程式碼的語法有下列兩種：

1. **含括（或引入）C語言所提供的「.h」標頭檔：**

   使用時機為呼叫 C語言所提供的庫存函式時。例：原始程式碼中經常出現的 printf( ) 及 scanf( ) 函式，它們是宣告在 C語言所提供的 stdio.h 標頭檔中，要使用它們則必須先將 stdio.h 的標頭檔含括（或引入）到原始程式碼中。含括（或引入）「.h」標頭檔的語法如下：

   #include < 標頭檔名稱 >

   說明

   (1) 指示前置處理器，到系統預設的「include」資料夾，將 < > 中的「.h」標頭檔含括到程式中。若找不到，則會出現下列錯誤訊息：

   標頭檔名稱 : No such file or directory.

   (2) 檔案名稱的副檔名必須為「.h」。

   (3) 使用角括弧 < >。

   (4) 例：#include <stdio.h>

2. 含括（或引入）設計者自行撰寫的「.h」標頭檔：

設計者可以將一些個人經常使用的使用者自訂函式分類，並儲存在以「.h」為副檔名的標頭檔中，以後要呼叫這些使用者自訂函式時，只要在原始程式碼中引入相對應的標頭檔即可。

含括（或引入）自行撰寫的「.h」標頭檔之語法如下：

```
#include " 路徑 \\ 檔案名稱 "
```

說明

(1) 指示前置處理器，先到指定的路徑或目前的資料夾，將「" "」中的「.h」標頭檔含括到程式中；若找不到，再到系統預設的「include」資料夾，將「" "」中的「.h」標頭檔含括到程式中；若仍然找不到，則會出現下列錯誤訊息：

標頭檔名稱 : No such file or directory.

(2) 路徑可以不寫，否則必須為絕對路徑，檔案名稱的副檔名必須為「.h」。

(3) 使用雙引號「" "」。

(4) 例：假設 C 硬碟的根目錄下有一個「mis」目錄（或資料夾），「mis」目錄下有一個「myhead.h」檔案，則要引入「myhead.h」，其語法為

#include "c:\\mis\\myhead.h"

（請參考「範例 3」）

9-2 #define前置處理指令

若一程式中使用很多相同常數，一旦常數的內容需修正時，將造成程式修改的麻煩，此時，最適合的撰寫方式就是使用巨集指令。所謂的巨集指令，是用一個識別名稱去替換某常數的敘述，因此巨集指令又被稱為替換指令。另外，巨集指令也可用於簡單的函式替換。巨集指令是以「#define」為開頭的指令敘述。若原始程式碼中，有以「#define」為開頭的指令敘述，則原始程式碼在進行編譯之前，前置處理器會將程式中所有的巨集名稱，以它所定義的常數或指令或函式替換。

■ 9-2-1 巨集指令

巨集指令的定義語法有下列三種：

1. 巨集名稱代替數字常數或字元常數或字串常數之定義語法：

> #define 巨集名稱 常數

說明

(1) 巨集名稱命名規則與變數相同，且習慣以英文大寫表示。

(2) 代替數字常數或字元常數或字串常數之巨集名稱，不可寫在「=」（指定運算子）的左邊。

例：#define HOUR 24

　　表示以 HOUR 來代替 24（可想成 HOUR 代表一天有 24 小時）。在程式編譯之前，程式中所有的 HOUR 巨集名稱會被換成 24。

例：#define CHINESE " 中文 "

　　表示以 CHINESE 來代替 " 中文 "。在程式編譯之前，程式中所有的 CHINESE 巨集名稱會被換成 " 中文 "。

2. 巨集名稱代替簡易指令之定義語法（一）：

> #define 巨集名稱 簡易指令

例：#define MYWAIT printf(" 請稍後…\n")

　　表示以 MYWAIT 來代替 printf(" 請稍後…\n") 指令。在程式編譯之前，程式中所有的 MYWAIT 巨集名稱，編譯時會被換成 printf(" 請稍後…\n")。

例：#define PRINTSTAR for(i=1;i<=3;i++)\
　　　　　　　　{\
　　　　　　　　for (j=1;j<=i;j++)\
　　　　　　　　　printf("*");\
　　　　　　　　printf("\n");\
　　　　　　　　}

表示以 PRINTSTAR 來代替

```
for (i=1;i<=3;i++)
    {
      for (j=1;j<=i;j++)
          printf("*");
      printf("\n");
    }
```

編譯時，程式中所有的 PRINTSTAR 巨集名稱會被換成

```
for (i=1;i<=3;i++)
    {
      for (j=1;j<=i;j++)
          printf("*");
      printf("\n");
    }
```

> **注意** 當代替指令超過一列以上，則除了最後一列外，必須在每列後加上「\」。

3. 巨集名稱代替簡易指令之定義語法（二）：

> #define 巨集名稱(虛擬參數串列) 與參數串列有關的簡易指令

說明：與虛擬參數串列有關的簡易指令，就是參數串列的函式。

例：#define MYNAME (name) printf("my name is %s\n",name)

表示以 MYNAME(name) 來代替 printf("my name is %s\n",name) 指令。
在程式編譯之前，程式中所有的 MYNAME("mike") 巨集名稱，則編譯
時會被換成

printf("my name is %s\n","mike")。

例：#define LEAP (y) if ((y) % 400 == 0 ||\
  ((y) % 100 != 0 && (y) % 4==0))\
    printf(" 西元 %d 年是閏年 .\n", y);\
  else\
    printf(" 西元 %d 年不是閏年 .\n", y);

表示以 LEAP (y) 來代替

if ((y) % 400 == 0 || ((y) % 100 != 0 && (y) % 4==0))

    printf(" 西元 %d 年是閏年 .\n", y);

else

    printf(" 西元 %d 年不是閏年 .\n", y);

在程式編譯之前，程式中所有的 LEAP (2012) 巨集名稱，編譯時則會被換成

if ((2012) % 400 == 0 || ((2012) % 100 != 0 && (2012) % 4==0))

    printf(" 西元 %d 年是閏年 .\n", 2012);

else

    printf(" 西元 %d 年不是閏年 .\n", 2012);

> **注意**　雖然巨集名稱可以代替超過一列以上的指令，但不建議這樣用法，請改用使用者自訂函式的方式來撰寫。

4. **呼叫巨集名稱的語法有下列四種方式：**

(1) 巨集名稱 ;

(2) 巨集名稱與其他指令放在一起

(3) 巨集名稱（實際參數串列）;

(4) 巨集名稱（實際參數串列）與其他指令放在一起

≡ 範例 *1*

巨集的應用範例。

```
1   #include <stdio.h>
2   #include <stdlib.h>
3   #define HOUR 24
4   #define CHINESE "中文"
5   #define MYWAIT printf("請稍後…\n")
6   #define PRINTSTAR for(i=1;i<=3;i++)\
7                     {\
8                      for (j=1;j<=i;j++)\
9                        printf("*");\
10                     printf("\n");\
11                     }
12  #define LEAP(y)  if ((y) % 400 == 0 ||\
13                       ((y) % 100 != 0 && (y) % 4==0))\
```

```
14                    printf("西元%d年是閏年.\n", y);\
15              else\
16                    printf("西元%d年不是閏年.\n", y);
17 #define F(X)2*X
18 #define MYNAME(name) printf("my name is %s ",name)
19 int main(void)
20 {
21    int i,j;
22    printf("一天有%d小時.\n",HOUR);
23    printf("使用的語言為% s.\n",CHINESE);
24    MYNAME("Mike");
25    printf("\n");
26    PRINTSTAR;
27    LEAP (2012) ;
28    MYWAIT;
29    printf("F(2)=%d\n",F(2));
30    system("pause");
31    return 0;
32 }
```

執行結果

```
一天有24小時.
使用的語言為中文.
my name is Mike
*
**
***
西元2012年是閏年.
請稍後…
F(2)=4
```

▋9-2-2　巨集指令與函式的差別

　　從 9-2-1 節的例子中可以發現，巨集指令也可以做到簡易型的使用者自訂函式功能。雖然如此，巨集指令與使用者自訂函式仍有以下四點差異：

1. 巨集指令在程式編譯階段前被處理；而使用者自訂函式則是在編譯階段被處理。

2. 呼叫使用者自訂函式有程式控制權轉移的現象；而使用巨集指令則沒有。

3. 呼叫使用者自訂函式時，需將資料壓入（push）記憶體堆疊區，結束使用者自訂函式返回呼叫的地方時，會從記憶體堆疊區取出（pop）資料，這些過程會多花一些時間；而使用巨集指令則沒有這些過程，因此，巨集指令執行速度比呼叫使用者自訂函式快。

4. 使用者自訂函式在編譯時，會被配置一塊記憶體空間，除了呼叫使用者
   自訂函式時所需要的堆疊記憶體外，不管使用者自訂函式被呼叫幾次，
   所使用的記憶體空間並不會再增加。而使用巨集指令時，程式中巨集名
   稱使用越多次，產生的執行檔空間就越大，且執行時所需的記憶體也越
   多。

9-2-3 參數型巨集指令

呼叫參數型巨集指令時，虛擬參數不會將實際參數傳給它的資料先做處
理，而是直接代入巨集名稱所定義的內容中。因此，在巨集名稱所定義的內容
中，有用於運算的虛擬參數的前後務必加上 ( )，否則呼叫參數型巨集指令所得
到結果，可能不完全與您預期的相同。

≡ **範例 2**

參數型巨集的應用範例。

```
1   #include <stdio.h>
2   #include <stdlib.h>
3   #define MULTIPLY(x,y) x*y
4
5   int main(void)
6   {
7       printf("MULTIPLY(1+2,3+4)=");
8       printf("%d\n", MULTIPLY(1+2,3+4));
9       system("pause");
10      return 0;
11  }
```

執行結果

```
MULTIPLY(1+2,3+4)=11
```

≡ 程式解說

1. MULTIPLY(1+2,3+4)=1+2*3+4=11，而不是 (1+2)*(3+4)=21，因為虛擬參
   數是直接將實際參數傳給它的資料，代入巨集名稱所定義的內容中。

2. 若將 #define MULTIPLY(x,y) x*y 改成
   #define MULTIPLY(x,y) (x)*(y)
   則 MULTIPLY(1+2, 3+4) 結果為 21。

9-3 使用自訂標頭檔

設計者可以將一些個人經常使用的使用者自訂函式分類，並儲存在以 .h 為副檔名的標頭檔中，以後要呼叫這些使用者自訂函式時，只要在原始程式碼中引入相對應的標頭檔即可。

≡範例 3

假設設計者將自己常用的一些使用者自訂函式及巨集，撰寫在 myhead.h 的標頭檔中。myhead.h 檔案的內容如下：

```
#define PRINTSTAR for(i=1;i<=3;i++)\
                       {\
                        for (j=1;j<=i;j++)\
                          printf("*");\
                        printf("\n");\
                       }
#define LEAP(y)  if ((y) % 400 == 0 ||\
                     ((y) % 100 != 0 && (y) % 4==0))\
                     printf("西元%d年是閏年.\n", y);\
                   else\
                     printf("西元%d年不是閏年.\n", y);

#define MYNAME(name) printf("my name is %s ",name)
#define HOUR 24
#define CHINESE "中文"
#define MYWAIT printf("請稍後…\n")

void printwhat(int digit)
 {
    int m,n;
    for (m=1;m<=3;m++)
     {
      for (n=1;n<=m;n++)
        printf("%d", digit);
      printf("\n");
     }
 }
```

寫一個程式，將 myhead.h 檔應用在這個程式中。

```
1   #include <stdio.h>
2   #include <stdlib.h>
3
4   //引入myhead.h檔案的內容
5   #include "myhead.h"
6   int main(void)
7   {
8     int i,j;
9     printf("%d小時制.\n",HOUR);
10    printf("我愛% s.\n",CHINESE);
11    MYNAME("David");
```

```
12    printf("\n");
13    PRINTSTAR;
14    LEAP(100) ;
15    printwhat(1);
16    MYWAIT;
17    system("pause");
18    return 0;
19  }
```

執行結果

```
24小時制.
我愛中文.
my name is David
*
**
***
西元100年不是閏年.
1
11
111
請稍後…
```

9-4　自我練習

1. 寫一程式，使用#define定義巨集函式$f(x)=2x^2+3x+1$，輸出$f(1)$、$f(2)$、…及$f(10)$的值。

2. 寫一程式，使用#define定義巨集函式max(x,y)，輸入x、y，輸出x與y的最大值。

3. 寫一程式，使用#define定義巨集函式avg(x,y,z)，輸入x、y、z，輸出x、y、z的平均值。

10

使用者自訂函式

教學目標

10-1 使用者自訂函式

10-2 函式的參數傳遞方式

10-3 遞迴

10-4 進階範例

10-5 自我練習

重複特定的事物，在日常生活中是很常見的。例：每天設定鬧鐘時間，以提醒起床；每天打掃房子，以維持清潔等等。要重複執行這些特定功能，在程式設計上可以將這些特定功能寫成函式，以方便隨時呼叫執行。「第六章 庫存函式」是 C 語言提供的函式，本章主要專注在使用者自訂函式的介紹。

10-1 使用者自訂函式

所謂使用者自訂函式，是指使用者自行設計且俱備某種特定功能的程式。為了方便起見，我們將使用者自訂函式簡稱為函式。使用者何時需要自行撰寫函式呢？若問題具有以下特徵時，則可以函式的方式來撰寫，既可精簡程式，同時縮短偵錯時間。

1. 在程式中，某一段指令（完全一樣或指令一樣但資料不同）重複出現。
2. 某種功能經常被使用。
3. 大型程式模組化。

10-1-1 定義使用者自訂函式

所謂定義使用者自訂函式，是指定義函式的功能，也就是定義函式的內容（程式碼）。函式的定義有舊式與新式 ANSI 格式兩種寫法，如下所示：

舊式的函式定義：

函式型態 函式名稱(虛擬參數1,虛擬參數2,…)

參數型態 虛擬參數1;

參數型態 虛擬參數2;

…

{

    指令敘述;

    …

    [return 敘述]   //[ ] 表示 return 敘述，可有可無，視情況而定

}

在 UNIX 系統中，大多數的系統程式皆以舊式的函式定義為主。

新式 ANSI 格式的函式定義：

函式型態 函式名稱(參數型態 虛擬參數1,參數型態 虛擬參數2,…)
{
    指令敘述;
    …
    [return 敘述]   //[ ] 表示 return 敘述，可有可無，視情況而定
}

說明

1. 函式型態是指呼叫函式後，所回傳資料的型態，可以是 C 語言中任一種資料型態。若呼叫函式後，無回傳任何資料，則函式型態設成「void」型態。

2. 當一個函式的函式型態不是「void」時，在函式定義的程式中，一定要有「return」敘述。而函式型態為「void」時，則在函式定義的程式中，不能有「return」敘述。「return」敘述主要有兩個作用：一為結束呼叫函式；另一為將資料傳回原先呼叫函式的位置。

3. return 語法如下：

   return 常數 (或變數或函式或運算式);

4. 函式名稱及虛擬參數的命名規則與變數一樣。

5. 參數型態是指呼叫函式時，所傳入的資料型態，可以是 C 語言中任一種資料型態。若呼叫函式時，不傳入任何資料，則定義的函式名稱 ( ) 中，要設成「void」型態。

在個人電腦中，無論舊式的函式定義或新式 ANSI 格式的函式定義方式皆可使用。為了統一用法，本書在程式中所使用的函式定義，皆以新式 ANSI 格式為主。

使用者自訂函式的內部結構由上往下包括以下三個部份：

1. 區域變數或區域函式之宣告區：只要使用者自訂函式內有使用的區域變數或區域函式都必須在此區宣告，否則編譯時會產生錯誤。

2. 問題的程序處理區：將所要處理問題之程序轉換成程式的語法，並撰寫在此區。

3. 結束區：以「return」將此函式的結果傳回給呼叫此函式的地方或以「}」作爲使用者自訂函式的結束。

██ 10-1-2 宣告函式

通常在設計 C 語言程式時，習慣先撰寫主程式（函式），然後再撰寫函式。之前介紹過，不管是變數或函式，都必須經過宣告後，才可使用；否則編譯時，會產生錯誤。因此，函式宣告的位置可以放在主程式「main( )」之前，或主程式「main( )」的「{ }」內，差別在於使用範圍的大小而已。函式宣告在主程式「main( )」之前，則在整個程式的任何位置都可以被使用；函式宣告在主程式「main( )」的「{ }」內，則只有在主程式「main( )」的「{ }」內可以被使用。

使用者自訂函式宣告語法如下：

> 函式型態 函式名稱(參數型態,參數型態,…);

██ 10-1-3 呼叫函式

函式要能正常運作，必須具備以下三個部分：

1. 定義函式。
2. 宣告函式。
3. 呼叫函式。

所謂呼叫函式，即寫出函式的名稱及所需的參數資料。

在 C 語言中，依函式是否傳回資料，呼叫函式的語法有下列兩種類型：

(1)呼叫無回傳值函式的語法如下：

> 函式名稱(實際參數串列);
> 或 函式名稱();

說明

1. 定義函式時，若有定義虛擬參數，則呼叫時所傳入之實際參數的順序、個數及資料型態，都必須與虛擬參數相互配合，否則編譯時會出現錯誤。

2. 實際參數與虛擬參數兩者的名稱可以不同。

(2) 呼叫有回傳值函式的語法如下：

> 變數= 函式名稱(實際參數串列);
>
> 或　　變數= 函式名稱();
>
> 或將 函式名稱(實際參數串列) 與其他敘述放在一起
>
> 或將 函式名稱()與其他敘述放在一起

說明

1. 定義函式時，若有定義虛擬參數，則呼叫時所傳入之實際參數的順序、個數及資料型態，都必須與虛擬參數相互配合；否則編譯時會出現錯誤。

2. 實際參數與虛擬參數兩者的名稱可以不同。

3. 變數的資料型態，必須與函式所傳回的值之資料型態相同。

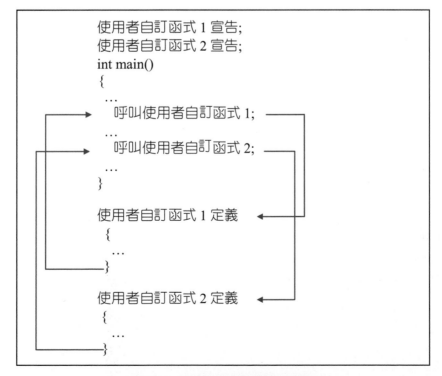

圖10-1　程式控制權轉移示意圖

在程式中，呼叫函式的過程是如何進行的呢？當函式被呼叫時，C語言會將程式的控制權轉移到被呼叫的函式，待被呼叫的函式內之程式執行完畢，C語言再將程式的控制權轉移到原先呼叫函式的位置，繼續進行下一個指令。呼叫函式時，程式控制權之轉移如圖 10-1 所示。

≡ 範例 *1*

寫一程式，計算：

(1) $1 + 2 + 3 + \ldots + 10$。

(2) $1 + 3 + 5 + \ldots + 99$。

(3) $4 + 7 + 10 + \ldots + 97$。

```c
1   #include <stdio.h>
2   #include <stdlib.h>
3   int main(void)
4   {
5       int i,sum;
6       sum=0;
7       for(i=1;i<=10;i=i+1)
8         sum=sum+i;
9       printf("1+2+3+…+10=%d\n",sum);
10
11      sum=0;
12      for(i=1;i<=99;i=i+2)
13        sum=sum+i;
14      printf("1+3+5+…+99=%d\n",sum);
15
16      sum=0;
17      for(i=4;i<=97;i=i+3)
18        sum=sum+i;
19      printf("97+94+…+4=%d\n",sum);
20
21      system("pause");
22      return 0;
23  }
```

執行結果

```
1+2+…+10=55
1+3+…+99=2500
4+7+10+ ... +97=1616
```

≡ 程式解說

1. 發現第 6 列到 9 列、第 11 列到 14 列及第 16 列到 19 列的指令完全一樣，只有資料不同，所以這三段程式碼是重複使用的。因此，可將重複的程式碼寫成函式，請參考範例 2。

≡ **範例 2**

寫一程式，定義一無回傳值的函式，計算：

(1) $1 + 2 + 3 + ... + 10$。

(2) $1 + 3 + 5 + ... + 99$。

(3) $4 + 7 + 10 + ... + 97$。

```
1   #include <stdio.h>
2   #include <stdlib.h>
3   void sum(int,int,int); //宣告函式
4   int main(void)
5   {
6       sum(1,10,1);   //呼叫函式
7       sum(1,99,2);   //呼叫函式
8       sum(4,97,3);   //呼叫函式
9       system("pause");
10      return 0;
11  }
12
13  void sum(int m,int n,int add) //定義函式
14  {
15      int i,total=0;
16      for(i=m;i<=n;i=i+add)
17          total = total +i;
18      printf("%d+%d+%d+…+",m,m+add,m+2*add);
19      printf("%d=%d\n",n,total);
20  }
```

執行結果

```
1+2+…+10=55
1+3+…+99=2500
4+7+10+ ... +97=1616
```

≡ 程式解說

1. 主函式 main( ) 的函式型態為 int，所以在主函式 main( ) 定義的程式中，有 return 敘述。return 執行時，會結束主函式，並將整數 0（與函式型態 int 一致）傳回作業系統。

2. 函式 sum( ) 的函式型態為 void，所以在函式 sum( ) 定義的程式中，沒有 return 敘述。

3. 函式 sum 定義時，有 3 個虛擬參數 m、n 及 add，呼叫 sum( ) 函式時，傳入 3 個實際參數 1、10 及 1（或 1、99 及 2，或 4、97 及 3），且實際參數的資料型態所對應之虛擬參數的資料型態都是 int。

≡ 範例 3

寫一程式，定義一有回傳值的函式，計算：

(1) 1 + 2 + 3 + ... +10。

(2) 1 + 3 + 5 + ... +99。

(3) 4+7 + 10 + ... +97。

```
1   #include <stdio.h>
2   #include <stdlib.h>
3   int sum(int,int,int); //宣告函式
4   int main(void)
5   {
6       printf("1+2+3+…+10=%d\n", sum(1,10,1));
7       //呼叫函式sum( )後，再執行printf( )函式
8
9       printf("1+3+5+…+99=%d\n",sum(1,99,2));
10      //呼叫函式sum( )後，再執行printf( )函式
11
12      printf("4+7+10+…+97=%d\n",sum(4,97,3));
13      //呼叫函式sum( )後，再執行printf( )函式
14
15      system("pause");
16      return 0;
17  }
18
19  int sum(int m,int n,int add) //定義函式
20  {
21      int i,total=0;
22      for(i=m;i<=n;i=i+add)
23         total = total +i;
24      return total;
25  }
```

執行結果

```
1+2+…+10=55
1+3+…+99=2500
4+7+10+ ... +97=1616
```

三 程式解說

1. 主函式 main( ) 的函式型態為 int，所以在主函式 main( ) 定義的程式中，有 return 敘述。return 執行時，會結束主函式，並將整數 0（與函式型態 int 一致）傳回作業系統。

2. 函式 sum( ) 的函式型態為 int，所以在函式 sum( ) 定義的程式中，有 return 敘述。return 執行時，會結束函式，並將整數 total 的值（與函式型態 int 一致）傳回原先呼叫函式的位置。

3. 函式 sum 定義時，有 3 個虛擬參數 m、n 及 add，呼叫 sum( ) 函式時，傳入 3 個實際參數 1、10 及 1（或 1、99 及 2，或 4、97 及 3），且實際參數的資料型態所對應之虛擬參數的資料型態都是 int。

　　從範例 2 及範例 3 中可以發現，不管是利用無回傳值的函式，或傳回值的函式，都可以用來替代重複的指令敘述，只是寫法上要稍做調整。

三 範例 4

寫一程式，定義一個有回傳值的傳值呼叫函式，輸入攝氏溫度，輸出華氏溫度。

```
1   #include <stdio.h>
2   #include <stdlib.h>
3   float transform(float); //宣告函式
4   int main(void)
5    {
6       float c;
7       printf("輸入攝氏溫度:");
8       scanf("%f",&c);
9       printf("攝氏%.1f度=華氏%.1f度\n",c,transform(c));
10      //呼叫transform( )函式後,再執行printf( )函式
11
12      system("pause");
13      return 0;
14   }
15
16  float transform(float c)  //定義函式
17   {
18      c=c*9/5+32;
19      return c;
20   }
```

執行結果

```
輸入攝氏溫度:10
攝氏10.0度=華氏50.0度
```

程式解說

1. 執行程式時，所輸入的變數 c（攝氏溫度）的值 10，在 transform( ) 函式中被設定為 c*9/5+32，感覺 c 的值已經變成 50，其實並沒有。因為呼叫 transform( ) 時，實際參數是以傳值呼叫的方式將 c 的值複製一份傳遞給虛擬參數 c，雖然虛擬參數 c 變成 50，但實際參數 c 的值還是 10。

10-2 函式的參數傳遞方式

依據傳遞的資料在函式中是否被改變，可將函式分成下列兩種類型：

1. 傳值呼叫 (Call by value)：將實際參數的值傳遞給虛擬參數，不管虛擬參數在函式中是否被改變，都不影響實際參數的值，這種運作模式被稱為傳值呼叫。主要的原因是：實際參數與虛擬參數被分配到不同的記憶體位址，互不影響。可以將傳值呼叫的模式想成在文件的副本上做修改，並不會影響文件原稿的資料之概念。傳值呼叫模式適用於呼叫函式後不想改變實際參數的值之問題。傳值呼叫的函式定義、宣告及呼叫，請分別參考「範例 2」、「範例 3」及「範例 4」。

2. 傳址呼叫 (Call by address)：將實際參數的值傳遞給虛擬參數，若虛擬參數在函式中被改變，使得實際參數的值也因而改變，這種運作模式被稱為傳址呼叫。主要的原因是實際參數與虛擬參數被分配到相同的記憶體位址，互相影響。您可以將傳址呼叫的模式想成在 ATM 機器上做提款的動作，就相當於親自到銀行提款之概念。傳址呼叫模式適用於呼叫函式後想改變實際參數的值之問題。

10-2-1 傳址呼叫的函式定義

什麼樣的問題需使用傳址呼叫的函式來撰寫呢？若呼叫函式時需將大量的實際參數資料傳遞給虛擬參數；或呼叫函式後需傳回一個以上的資料，則此時利用傳址呼叫的方式來撰寫函式是最適當的。以下為傳址呼叫的函式定義語法：

傳址呼叫的函式定義語法如下：
函式型態 函式名稱(參數型態 *虛擬參數1,參數型態 *虛擬參數2,…)
{
　　指令敘述；
　　…
　　[return 敘述]　//[ ] 表示 return 敘述，可有可無，視情況而定
}

說明

1. 函式型態是指呼叫函式後，所回傳資料的型態，可以是 C 語言中任一種資料型態。若呼叫函式後，無回傳任何資料，則函式型態設成「void」型態。

2. 當一個函式的函式型態不是「void」時，在函式定義的程式中，一定要有「return」敘述。而函式型態為「void」時，則在函式定義的程式中，不能有「return」敘述。「return」敘述主要有兩個作用：一為結束呼叫函式；另一為將資料傳回原先呼叫函式的位置。

3. return 語法如下：

   return 常數 (或變數或函式或運算式);

4. 函式名稱及虛擬參數的命名規則與變數一樣。

5. 「* 虛擬參數 1」，「* 虛擬參數 2」,... 等，表示「虛擬參數 1」，「虛擬參數 2」,... 等必須是指標類型。呼叫函式時，會將實際參數所在的記憶體位址傳遞給虛擬參數，使得虛擬參數與實際參數共用同一個記憶體位址，因而互相影響。

6. 參數型態是指呼叫函式時，所傳入的資料型態，可以是 C 語言中任一種資料型態。若呼叫函式時不傳入任何資料，則定義的函式名稱「( )」中，要設成「void」型態。

7. 並不是每個虛擬參數前都要有「*」，只要有一個虛擬參數前有「*」，則這樣的函式就是傳址呼叫的函式。

■ 10-2-2　傳址呼叫的函式宣告

傳址呼叫的函式宣告語法如下：

> 函式型態 函式名稱(參數型態 *,參數型態 *,…);

注意　並不是每個參數型態後都要有「*」，要看傳址呼叫的函式是如何定義的。

■ 10-2-3　傳址呼叫的函式之呼叫方式

在 C 語言中，傳址呼叫的函式，依是否傳回資料，其呼叫方式也有下列兩種語法：

1. 呼叫無回傳值的傳址呼叫函式之語法如下：

> 函式名稱(&實際參數1,&實際參數2,…);

注意　定義函式時，若有定義虛擬參數，則呼叫時所傳入之實際參數的順序、個數及資料型態，都必須與虛擬參數相互配合；否則編譯時會出現錯誤。實際參數與虛擬參數兩者的名稱可以不同。並不是所有實際參數前都要加「&」（取址運算子），要看傳址呼叫的函式是如何定義的。

2. 呼叫有回傳值的傳址呼叫函式之語法如下：

> 變數=函式名稱(&實際參數1,&實際參數2,…);
> 或將 函式名稱(&實際參數1,&實際參數2,…)與其他敘述放在一起

注意 1　定義函式時，若有定義虛擬參數，則呼叫時所傳入之實際參數的順序、個數及資料型態，都必須與虛擬參數相互配合；否則編譯時會出現錯誤。實際參數與虛擬參數兩者的名稱可以不同。並不是所有實際參數前都要加「&」（取址運算子），要看傳址呼叫的函式是如何定義的。

注意 2　變數的資料型態必須與函式回傳值的資料型態相同。

☰範例 5

寫一程式，定義一個無回傳值的傳址呼叫函式，將攝氏溫度轉換成華氏溫度並輸出。

```
1   #include <stdio.h>
2   #include <stdlib.h>
3   void transform(float *); //宣告函式
4   int main(void)
5   {
6       float c;
7       printf("輸入攝氏溫度:");
8       scanf("%f",&c);
9       printf("攝氏%.1f度=",c);
10      transform(&c);
11      printf("華氏%.1f度\n",c);
12      //呼叫transform( )函式後，再執行printf( )函式
13
14      system("pause");
15      return 0;
16  }
17
18  void transform(float *f) //定義函式
19  {
20      *f=*f * 9 / 5 + 32;
21  }
```

執行結果

輸入攝氏溫度:10
攝氏10.0度=華氏50.0度

☰程式解說

1. 執行程式時，所輸入的變數 c（攝氏溫度）的值 10，執行第 9 列 printf(" 攝氏 %.1f 度 =",c); 顯示攝氏 10.0 度，接著呼叫 transform( ) 函式後，再度輸出 c 的值，結果 c 的值已經變成 50.0。因為呼叫 transform( ) 時，實際參數是以傳址呼叫的方式將 c 的記憶體位址傳遞給虛擬參數 f(指標)，且利用 *f（其實 *f 就是 c）改變 c 的值。

■ 10-2-4 傳遞陣列

若呼叫函式需傳入大量相同資料型態的資料（即陣列），則使用傳址呼叫的函式方式來撰寫最適合。因為若知道陣列名稱及陣列大小，就等於知道陣列儲存的記憶體起始位址（即陣列名稱）及終止位址。當實際參數將陣列名稱及陣列大小傳遞給虛擬參數時，其實是將整個陣列的資料傳遞給虛擬參數，既方便又快速。注意：實際參數為陣列名稱時，虛擬參數必須為陣列或指標。

若實際參數傳遞的資料為一維陣列，則傳址呼叫的函式定義與宣告語法有下列兩種方式：

1. 參數為一維陣列的傳址呼叫函式之定義語法如下：

```
函式型態 函式名稱(參數型態 陣列名稱[] , int n)
{
    指令敘述;
    …
    [return 敘述 ]    //[ ] 表示 return 敘述，可有可無，視情況而定
}
```

說明

其中，「n」用來儲存陣列的元素個數。傳遞陣列名稱，其實只是傳遞陣列第1個元素的起始位址，並沒有說明要傳遞幾個陣列的元素個數，所以還需要額外傳遞陣列的元素個數，才能完整說明陣列的資訊。

傳遞一維陣列，則傳址呼叫的函式宣告語法：

```
函式型態 函式名稱(參數型態 [] , int);
```

≡範例 6

寫一程式，定義一個有回傳值的傳址呼叫函式，找出5個整數中的最大者並輸出。

```
1   #include <stdio.h>
2   #include <stdlib.h>
3   int biggest(int [],int); //宣告函式
4   int main(void)
5   {
6       int num[5],i;
```

```
7        for (i=0;i<5;i++)
8         {
9          printf("輸入第%d個整數:",i+1);
10         scanf("%d",&num[i]);
11        }
12       printf("最大者=%d\n", biggest(num,5));
13       //呼叫biggest( )函式後，再執行printf( )函式
14
15       system("pause");
16       return 0;
17      }
18
19   int biggest(int d[],int n) //定義函式
20    {
21       int i,big;
22       big= d[0];
23       for (i=1;i<n;i++)
24         if (big<d[i])
25            big= d[i];
26
27       return big;
28    }
```

執行結果

```
輸入第1個整數:-1
輸入第2個整數:2
輸入第3個整數:5
輸入第4個整數:-20
輸入第5個整數:6
最大者=6
```

2. 參數為一維陣列的傳址呼叫函式之定義語法如下：

> 函式型態 函式名稱(參數型態 *指標名稱 , int n)
>
> {
>
> 　　指令敘述 ;
>
> 　　…
>
> 　　[return 敘述]　//[ ] 表示 return 敘述，可有可無，視情況而定
>
> }

說明

指標名稱用來接收陣列第 1 個元素的起始位址，而容量變數「n」用來儲存
陣列的元素個數，這樣才能完整說明陣列的資訊。

傳遞一維陣列，則傳址呼叫的函式宣告語法：

函式型態 函式名稱(參數型態 *, int);

≡ 範例 7

定義一個有回傳值的傳址呼叫函式，找出 5 個整數中的最大者並輸出。

```c
1   #include <stdio.h>
2   #include <stdlib.h>
3   int biggest(int *,int); //宣告函式
4   int main(void)
5    {
6       int num[5],i;
7       for (i=0;i<5;i++)
8       {
9         printf("輸入第%d個整數:",i+1);
10        scanf("%d",&num[i]);
11      }
12      printf("最大者=%d\n", biggest(&num[0],5));
13      //呼叫biggest( )函式後，再執行printf( )函式
14
15      system("pause");
16      return 0;
17    }
18   int biggest(int *d,int n) //定義函式
19    {
20       int i,big;
21       big=*d;
22       for (i=1;i<n;i++)
23          if (big<*(d+i))
24             big=*(d+i);
25
26       return big;
27    }
```

執行結果

輸入第1個整數:-1
輸入第2個整數:2
輸入第3個整數:5
輸入第4個整數:-20
輸入第5個整數:6
最大者=6

三 程式解說

第 21 列～第 24 列

```
big=*d;
for (i=1;i<n;i++)
    if (big<*(d+i))
        big=*(d+i);
```

可以改成

```
big=d[i];
for (i=1;i<n;i++)
    if (big<d[i])
        big=d[i];
```

　　若實際參數傳遞的資料為二維陣列，則傳址呼叫的函式定義與宣告語法有下列兩種方式：

1. 參數為二維陣列的傳址呼叫函式之定義語法如下：

函式型態 函式名稱(參數型態 陣列名稱[][n],int m)
{
　　指令敘述;
　　…
　　[return 敘述]　//[ ] 表示 return 敘述，可有可無，視情況而定
}

說明

「m」用來儲存陣列的第一維元素個數，表示陣列有多少列；而「n」用來儲存陣列的第二維元素個數，表示陣列中每列有多少行，這樣才能完整說明陣列的資訊。

參數為二維陣列的傳址呼叫函式之宣告語法如下：

函式型態 函式名稱(參數型態[][n] , int);

≡ **範例 8**

寫一程式，定義一個無回傳值的傳址呼叫函式，將一個 2×3 矩陣資料，轉置成 3×2 矩陣資料並輸出。

```c
1    #include <stdio.h>
2    #include <stdlib.h>
3    void transpose(int [][3],int); //宣告函式
4    int main(void)
5     {
6      int num[2][3],i,j;
7      for (i=0;i<2;i++)
8       for (j=0;j<3;j++)
9         {
10         printf("輸入num[%d][%d]:",i,j);
11         scanf("%d",&num[i][j]);
12         }
13      printf("原始的2x3矩陣:\n");
14      for (i=0;i<2;i++)
15        {
16        for (j=0;j<3;j++)
17          printf("%d",num[i][j]);
18        printf("\n");
19        }
20
21      transpose(num,2);
22
23      system("pause");
24      return 0;
25     }
26
27   void transpose(int d[][3],int m)  //定義函式
28    {
29      int i,j;
30      printf("轉置後的3x2矩陣:\n");
31      for (j=0;j<3;j++)
32        {
33        for (i=0;i<m;i++)
34          printf("%d",d[i][j]);
35        printf("\n");
36        }
37     }
```

執行結果

```
輸入num[0][0]:1
輸入num[0][1]:2
輸入num[0][2]:3
輸入num[1][0]:4
輸入num[1][1]:5
輸入num[1][2]:6
原始的2x3矩陣:
```

```
123
456
轉置後的3x2矩陣
14
25
36
```

2. 參數為二維陣列的傳址呼叫函式之定義語法如下：

> 函式型態 函式名稱(參數型態 *指標名稱 , int m , int n)
> {
> 　　指令敘述;
> 　　…
> 　　[return 敘述]　//[ ] 表示 return 敘述，可有可無 , 視情況而定
> }

說明

「指標名稱」用來接收陣列第 1 個元素的起始位址，「m」用來儲存陣列的第一維元素個數，「n」用來儲存陣列的第二維元素個數，這樣才能完整說明陣列的資訊。

參數為二維陣列的傳址呼叫函式之宣告語法如下：

> 函式型態 函式名稱(參數型態 * , int , int);

≡ 範例 9

寫一程式，定義一個無回傳值的傳址呼叫函式，將一個 2×3 矩陣資料，轉置成 3×2 矩陣資料並輸出。

```
1   #include <stdio.h>
2   #include <stdlib.h>
3   void transpose(int *,int,int); //宣告函式
4   int main(void)
5   {
6    int num[2][3],i,j;
7    for (i=0;i<2;i++)
8     for (j=0;j<3;j++)
9      {
10      printf("輸入num[%d][%d]:",i,j);
11      scanf("%d",&num[i][j]);
12     }
```

```
13    printf("原始的2x3矩陣:\n");
14    for (i=0;i<2;i++)
15     {
16      for (j=0;j<3;j++)
17        printf("%d",num[i][j]);
18      printf("\n");
19     }
20
21    transpose(&num[0][0],2,3);
22    system("pause");
23    return 0;
24   }
25
26 void transpose(int *d,int m,int n)  //定義函式
27   {
28    int i,j;
29    printf("轉置後的3x2矩陣:\n");
30    for (j=0;j<n;j++)
31     {
32      for (i=0;i<m;i++)
33        printf("%d",*(d+i*n+j)); //*(d+i*n+j) 代表 num[i][j]
34      printf("\n");
35     }
36   }
```

執行結果

```
輸入num[0][0]:1
輸入num[0][1]:2
輸入num[0][2]:3
輸入num[1][0]:4
輸入num[1][1]:5
輸入num[1][2]:6
原始的2x3矩陣:
123
456
轉置後的3x2矩陣
14
25
36
```

若實際參數傳遞的資料為三維陣列,則傳址呼叫的函式定義與宣告語法有下列兩種方式:

1. 參數為三維陣列的傳址呼叫函式之定義語法如下:

函式型態 函式名稱(參數型態 陣列名稱[][m][n] , int l)

    {
        指令敘述;
        ...

```
    [return 敘述]   //[ ] 表示 return 敘述，可有可無，視情況而定
}
```

說明

「l」用來儲存陣列的第一維元素個數，表示陣列中有多少層層數；「m」為陣列的第二維元素個數，表示陣列中每層有多少列；「n」為陣列的第三維元素個數，表示陣列中每列有多少行，這樣才能完整說明陣列的資訊。

參數為三維陣列的傳址呼叫函式之宣告語法如下：

函式型態 函式名稱(參數型態[][m][n] , int);

≡ 範例 10

寫一程式，定義一個無回傳值的傳址呼叫函式，計算一家企業有 2 家分公司最近 3 年共 12 期的半年營業額之總和，並輸出。

```
1   #include <stdio.h>
2   #include <stdlib.h>
3   void totalmoney(int [][3][2],int); //宣告函式
4   int main(void)
5   {
6    int money[2][3][2],i,j,k;
7    for (i=0;i<2;i++)
8     for (j=0;j<3;j++)
9      for (k=0;k<2;k++)
10      {
11       printf("輸入第%d家分公司第%d年",i+1,j+1);
12       printf("第%d個半年的營業額:",k+1);
13       scanf("%d",&money[i][j][k]);
14      }
15    totalmoney(money,2);
16    system("pause");
17    return 0;
18   }
19
20  void totalmoney(int d[][3][2],int l) //定義函式
21   {
22    int i,j,k,sum=0;
23    for (i=0;i<l;i++)
24     for (j=0;j<3;j++)
25      for (k=0;k<2;k++)
26       sum=sum+d[i][j][k];
27
28    printf("總營業額:%d\n",sum);
29   }
```

執行結果

```
輸入第1家分公司第1年第1個半年的營業額:1
輸入第1家分公司第1年第2個半年的營業額:2
輸入第1家分公司第2年第1個半年的營業額:3
輸入第1家分公司第2年第2個半年的營業額:4
輸入第1家分公司第3年第1個半年的營業額:5
輸入第1家分公司第3年第2個半年的營業額:6
輸入第2家分公司第1年第1個半年的營業額:7
輸入第2家分公司第1年第2個半年的營業額:8
輸入第2家分公司第2年第1個半年的營業額:9
輸入第2家分公司第2年第2個半年的營業額:10
輸入第2家分公司第3年第1個半年的營業額:11
輸入第2家分公司第3年第2個半年的營業額:12
總營業額:78
```

2. **參數為三維陣列的傳址呼叫函式之定義語法如下：**

> 函式型態 函式名稱(參數型態 *指標名稱,int 1, int m, int n)
>
> {
>
>   指令敘述;
>
>   …
>
>   [return 敘述]　//[ ] 表示 return 敘述，可有可無，視情況而定
>
> }

說明

「指標名稱」用來接收陣列第 1 個元素的起始位址，「1」用來儲存陣列的第一維元素個數；「m」用來儲存陣列的第二維元素個數；「n」用來儲存陣列的第三維元素個數，這樣才能完整說明陣列的資訊。

參數為三維陣列的傳址呼叫函式之宣告語法如下：

> 函式型態 函式名稱(參數型態 * , int , int , int);

≡**範例 11**

寫一程式，定義一個無回傳值的傳址呼叫函式，計算一家企業有 2 家分公司最近 3 年共 12 期的半年營業額之總和，並輸出。

```c
1   #include <stdio.h>
2   #include <stdlib.h>
3   void totalmoney(int *,int,int,int); //宣告函式
4   int main(void)
5    {
6     int money[2][3][2],i,j,k;
7     for (i=0;i<2;i++)
8      for (j=0;j<3;j++)
9       for (k=0;k<2;k++)
10      {
11       printf("輸入第%d家分公司第%d年",i+1,j+1);
12       printf("第%d個半年的營業額:",k+1);
13       scanf("%d",&money[i][j][k]);
14      }
15     totalmoney(&money[0][0][0],2,3,2);
16     system("pause");
17     return 0;
18    }
19
20  //定義函式
21  void totalmoney(int *d , int l , int m , int n)
22   {
23     int i,j,k,sum=0;
24     for (i=0;i<l;i++)
25      for (j=0;j<m;j++)
26       for (k=0;k<n;k++)
27         sum=sum+*(d+i*m*n+j*n+k);
28         // *(d+i*m*n+j*n+k) 代表 money[i][j][k]
29     printf("總營業額:%d\n",sum);
30   }
```

執行結果

```
輸入第1家分公司第1年第1個半年的營業額:1
輸入第1家分公司第1年第2個半年的營業額:2
輸入第1家分公司第2年第1個半年的營業額:3
輸入第1家分公司第2年第2個半年的營業額:4
輸入第1家分公司第3年第1個半年的營業額:5
輸入第1家分公司第3年第2個半年的營業額:6
輸入第2家分公司第1年第1個半年的營業額:7
輸入第2家分公司第1年第2個半年的營業額:8
輸入第2家分公司第2年第1個半年的營業額:9
輸入第2家分公司第2年第2個半年的營業額:10
輸入第2家分公司第3年第1個半年的營業額:11
輸入第2家分公司第3年第2個半年的營業額:12
總營業額:78
```

10-3 遞迴

當一個函式不斷地直接呼叫函式本身（即，在函式的定義中出現函式名稱）或間接呼叫函式本身，則此現象被稱爲遞迴，而此函式被稱爲遞迴函式。遞迴的概念是將原始問題分解成同樣模式且較簡化的子問題，直到每一個子問題不用再分解就能得到結果，才停止分解。最後一個子問題的結果或這些子問題的結果之組合結果，就是原始問題的結果。由於遞迴會不斷地呼叫函式本身，爲了防止程式無窮盡的遞迴下去，因此必須設定一個條件，來終止遞迴現象。

什麼樣的問題，可以使用遞迴方式來撰寫呢？當問題中具備前後關係的現象（即，後者的結果是利用之前的結果所得來的）；或問題能切割成性質相同的較小問題，此時就可以使用遞迴方式來撰寫。使用遞迴方式撰寫程式時，每呼叫遞迴函式一次，問題的複雜度就降低一點或範圍就縮小一些。至於較簡易的遞迴問題，可以直接使用一般的迴圈結構來完成。

當函式進行遞迴呼叫時，在「呼叫的函式」中所使用的變數，會被堆放在記憶體堆疊區，直到「被呼叫的函式」結束，「呼叫的函式」中所使用的變數就會從堆疊中依照後進先出方式被取回，接著執行「呼叫的函式」中待執行的敘述。這個過程，好比將盤子擺放櫃子中，後放的盤子，最先被取出來使用。

≡範例 12

寫一程式，運用遞迴觀念，定義一個有回傳值的遞迴函式，輸入一正整數n，輸出 1 + 2 + 3 + ... + n。

```
1   #include <stdio.h>
2   #include <stdlib.h>
3   int sum(int);
4   int main(void)
5   {
6     int n;
7     printf("輸入正整數:");
8     scanf("%d",&n);
9     printf("1+2+…+%d=%d\n",n,sum(n));
10    system("pause");
11    return 0;
12  }
13
14  int sum(int n)
15  {
16    if (n == 1)
```

```
17        return 1;
18    else
19        return n + sum(n - 1);
20  }
```

執行結果

輸入正整數：4
1+2+…+4=10

三 程式解說

1. 計算 1 + 2 + 3 + … + n，可以利用 1 + 2 + 3 + … + (n-1) 的結果，再加上 n。由於問題隱含前後關係的現象（即：後者的結果是利用之前的結果所得來的），故可使用遞迴方法來撰寫。

2. 以 1 + 2 + 3 + 4 為例。呼叫 sum(4) 時，為了得出結果，須計算 sum(3) 的值。而為了得出 sum(3) 的結果，須計算 sum (2) 的值。以此類推，不斷地遞迴下去，直到 n = 1 時才停止。接著將最後的結果傳回所呼叫的遞迴函式中，直到返回第一層的遞迴函式中為止。

實際運作過程如圖 10-2 所示（往下的箭頭代表呼叫遞迴方法，往上的箭頭代表將所得到的結果回傳到上一層的遞迴方法）：

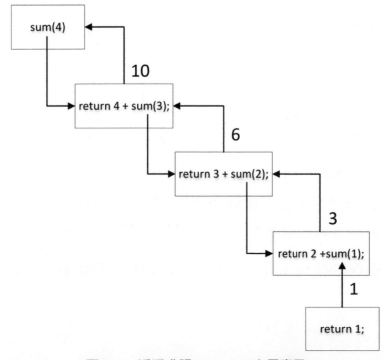

圖10-2　遞迴求解1＋2＋3＋4之示意圖

≡範例 13

寫一程式,運用遞迴觀念,定義一個無回傳值的遞迴函式,求兩個正整數的最大公因數。

```c
1   #include <stdio.h>
2   #include <stdlib.h>
3   void gcd(int,int);
4   int main(void)
5   {
6       int m,n;
7       printf("輸入兩個正整數m,n:");
8       scanf("%d,%d",&m,&n);
9       printf("(%d,%d)=",m,n);
10      gcd(m,n);
11      system("pause");
12      return 0;
13  }
14  void gcd(int m,int n)
15  {
16      if (m%n==0)
17          printf("%d\n",n);
18      else
19          gcd(n,m%n);
20  }
```

執行結果

輸入兩個正整數:84,38
(84,38)=2

≡程式解說

1. 利用輾轉相除法求 gcd(m,n) 與 gcd(n,m%n) 的結果是一樣。因此可用遞迴函式來撰寫,將問題切割成較小問題來解決。

以 gcd(84,38) 為例。呼叫 gcd(84,38) 時,為了得出結果,須計算 gcd(38, 84%38) 的值。而為了得出 gcd(38,8) 的結果,須計算 gcd(8, 38%8) 的值。以此類推,直到 m % n == 0 時,印出 2,並結束遞迴呼叫 gcd 方法。

實際運作過程如圖 10-3 所示(往下的箭頭代表呼叫遞迴方法,而最後的數字代表結果):

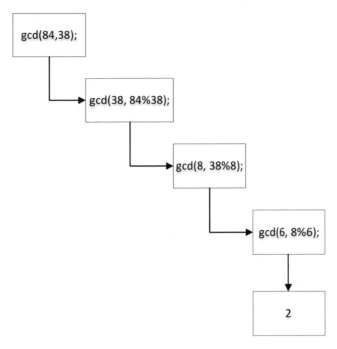

圖10-3　遞迴求解84與38的最大公因數之示意圖

≡範例 14

河內塔遊戲 (Tower of Hanoi)

設有 3 根木釘，編號分別為 1、2、3。木釘 1 有 n 個不同半徑的中空圓盤，由大而小疊放在一起，如圖 10-4 所示。

寫一程式，運用遞迴觀念，定義一個無回傳值的遞迴函式。輸入一整數 n，將木釘 1 的 n 個圓盤搬到木釘 3 的過程輸出。搬運的規則如下：

1. 一次只能搬動一個圓盤。

2. 任何一根木釘都可放圓盤。

3. 半徑小的圓盤要放在半徑大的圓盤上面。

```
1    #include <stdio.h>
2    #include <stdlib.h>
3    void hanoi(int,int,int,int);
4    int main(void)
5     {
6      int n;
7      printf("輸入河內塔遊戲(Tower of Hanoi)的圓盤個數:");
8      scanf("%d",&n);
9
10     //將n個圓盤從木釘1經由木釘2搬到木釘3
11     hanoi(n,1,3,2);
12
13     system("pause");
```

```
14    return 0;
15  }
16
17  // 將numOfCiricle個圓盤，從來源木釘經由過渡木釘搬到目的木釘上
18  void hanoi(int numOfCircle, int source, int target, int temp)
19  {
20    static int numOfMoving = 0; // 記錄第幾次搬運
21    if (numOfCircle <=1)
22     {
23      printf("第%4d次:圓盤%d ", ++numOfMoving, numOfCircle);
24      printf("從 柱子%d 搬到 柱子%d\n",source,target);
25     }
26    else
27    {
28     //將(numOfCircle  -1)個圓盤，從來源木釘經由目的木釘搬到過渡木釘
29     hanoi(numOfCircle - 1, source, temp, target);
30
31     printf("第%4d次:圓盤%d ", ++numOfMoving, numOfCircle);
32     printf("從 柱子%d 搬到 柱子%d\n", source, target);
33
34      //將(numOfCircle-1)個圓盤，從過渡木釘經由來源木釘搬到目的木釘
35      hanoi(numOfCircle-1, temp, target, source);
36     }
37  }
```

執行結果

```
輸入河內塔遊戲(Tower of Hanoi)的圓盤個數:3
第 1次:圓盤1 從 木釘1 搬到 木釘3
第 2次:圓盤2 從 木釘1 搬到 木釘2
第 3次:圓盤1 從 木釘3 搬到 木釘2
第 4次:圓盤3 從 木釘1 搬到 木釘3
第 5次:圓盤1 從 木釘2 搬到 木釘1
第 6次:圓盤2 從 木釘2 搬到 木釘3
第 7次:圓盤1 從 木釘1 搬到 木釘3
```

三 程式解說

1. 河內塔遊戲(Tower of Hanoi)源自古印度。據說有一座位於宇宙中心的神廟中放置了一塊木板，上面釘了三根木釘，其中的一根木釘放置了64片圓盤形金屬片，由下往上依大至小排列。天神指示僧侶們將64片的金屬片移至三根木釘中的其中一根上，一次只能搬運一片金屬片，搬運過程中必須遵守較大金屬片總是在較小金屬片下面的規則，當全部金屬片移動至另一根木釘上時，萬物都將至極樂世界。

2. 將木釘1的 n 個圓盤搬到木釘3的過程，與將木釘1的 (n-1) 個圓盤搬到木釘3的過程是一樣的。因此可用遞迴函式來撰寫，將問題切割成較小問題來解決。

3. 將「numOfCircle」個圓盤從來源木釘搬到目的木釘的程序如下：

(1) 先將「numOfCircle - 1」個圓盤，從來源木釘經由目的木釘搬到過渡木釘上。

```
hanoi(numOfCircle-1,source,temp,target);
```

(2) 將第 numOfCircle 個圓盤從來源木釘搬到目的木釘。

```
printf("第%4d次:圓盤%d ", ++numOfMoving, numOfCircle);
printf("從 木釘%d 搬到 木釘%d\n",source,target);
```

(3) 再將「numOfCircle - 1」個圓盤，從過渡木釘經由來源木釘搬到目的木釘上。

```
hanoi(numOfCircle-1,temp,target,source);
```

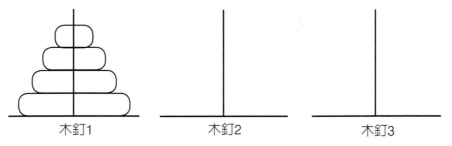

木釘1　　　　　木釘2　　　　　木釘3

圖10-4　河內塔遊戲(Tower of Hanoi)示意圖

10-4 進階範例

≡範例 15

寫一個程式，運用遞迴觀念，定義一個無回傳值的遞迴函式。輸入一正整數，將正整數反向輸出。

```
1   #include <stdlib.h>
2   #include <stdio.h>
3   void reverse(int);
4   int main(void)
5   {
6     int n;
7     printf("輸入一正整數(n>0):");
8     scanf("%d",&n);
9     printf("%d反向輸出為",n);
10    reverse(n);
11    printf("\n");
12    system("PAUSE");
13    return 0;
14  }
```

```
15  void reverse(int a)
16  {
17    if (a!=0)
18     {
19      printf("%d",a%10);
20      reverse(a/10);
21     }
22  }
```

執行結果

```
輸入一正整數(n>0):123
123反向輸出為321
```

≡ 範例 16

寫一個程式，運用遞迴觀念，定義一個無回傳值的遞迴函式，模擬 windows 小遊戲 -8x8 踩地雷 (landmine)。

```
1   #include <stdio.h>
2   #include <stdlib.h>
3   int landmine[8][8]={ 0, 1, 1, 1, 0, 0, 0, 0,
4                        0, 1,-1, 3, 2, 2, 1, 1,
5                        1, 2, 3,-1,-1, 2,-1, 1,
6                       -1, 1, 2,-1, 3, 2, 1, 1,
7                        1, 1, 1, 1, 1, 0, 0, 0,
8                        0, 0, 0, 0, 1, 1, 1, 0,
9                        0, 0, 0, 0, 1,-1, 2, 1,
10                       0, 0, 0, 0, 1, 1, 2,-1};
11  int guess[8][8]={0};
12  //紀錄每個位置是否猜過,0:未猜過  1:猜過
13
14  int check[8][8]={0};
15  //紀錄每個位置是否為第1次檢查. 0:第1次1:第2次
16
17  void display(int,int); //宣告顯示地雷遊戲圖形位置資料之函式
18  int main(void)
19  {
20    int i,j,k;
21    int row,col;//要猜的位置:列,行
22
23    //畫出8*8的地雷遊戲圖形
24    printf("\t踩地雷遊戲:\n");
25    printf("  | 0 1 2 3 4 5 6 7\n");
26    printf("--|----------------\n");
27    k=0;
28    for (i=0;i<8;i++)
29     {
30      printf("%2d|",k++);
```

```
31     for (j=0;j<8;j++)
32        printf("■");
33     printf("\n");
34    }
35   //畫出8*8的地雷遊戲圖形
36
37   while (1)
38    {
39     printf("輸入要踩的位置x,y (0<=x<=7,0<=y<=7):");
40     if (scanf("%d,%d",&row,&col)!=2)
41      {
42       printf("位置格式輸入錯誤,重新輸入!\a\n");
43       fflush(stdin);//清除殘留在鍵盤緩衝區內之資料
44       continue;
45      }
46
47     if (!(row>=0 && row<=7 && col>=0 && col<=7))
48      {
49       printf("位置錯誤,重新輸入!\n");
50       continue;
51      }
52
53     if (check[row][col]!=0)
54      {
55       printf("位置(%d,%d)已經猜過了,重新輸入!\a\n",row,col);
56       fflush(stdin);
57       continue;
58      }
59
60     display(row,col); //遞迴函式
61    }
62   system("pause");
63   return 0;
64 }
65
66 //定義顯示地雷遊戲圖形位置資料之函式(遞迴函式)
67 void display(int row,int col)
68  {
69   int i,j,k;
70   guess[row][col]=1;
71   check[row][col]++;
72   //當點到的位置(row,col)的值是0時,且此位置是第1次檢查時
73   //顯示其周圍的資料
74   if (landmine[row][col]==0 && check[row][col]==1)
75    {
76     //顯示位置(row,col)右邊的位置(row,col+1)的值
77     if ( col+1<=7)
78        display(row,col+1);
79
80     //顯示位置(row,col)左邊的位置(row,col-1)的值
81     if ( col-1>=0)
```

```
82          display(row,col-1);
83
84       //顯示位置(row,col)上面的位置(row-1,col)的值
85       if (row-1>=0)
86          display(row-1,col);
87
88       //顯示位置(row,col)下面的位置(row+1,col)的值
89       if (row+1<=7)
90          display(row+1,col);
91
92       //顯示位置(row,col)右上角的位置(row-1,col+1)的值
93       if (row-1>=0 && col+1<=7)
94          display(row-1,col+1);
95
96       //顯示位置(row,col)右下角的位置(row+1,col+1)的值
97       if (row+1<=7 && col+1<=7)
98          display(row+1,col+1);
99
100      //顯示位置(row,col)左上角的位置(row-1,col-1)的值
101      if (row-1>=0 && col-1>=0)
102          display(row-1,col-1);
103
104      //顯示位置(row,col)左下角的位置(row+1,col-1)的值
105      if (row+1<=7 && col-1>=0)
106          display(row+1,col-1);
107    }
108
109    system("cls");
110    //重畫8*8的地雷遊戲資料圖形
111    printf("\t踩地雷遊戲:\n");
112    printf("  | 0 1 2 3 4 5 6 7\n");
113    printf("--|----------------\n");
114    k=0;
115    for (i=0;i<8;i++)
116     {
117      printf("%2d|",k++);
118      for (j=0;j<8;j++)
119        if (guess[i][j]==1)
120          if (landmine[i][j]==-1)
121            printf("* ");
122          else
123            printf("%2d",landmine[i][j]);
124        else
125          if (landmine[i][j]==-1 && landmine[row][col]==-1)
126            printf("* ");
127          else
128            printf("■ ");
129      printf("\n");
130     }
131    //重畫8*8的地雷遊戲資料圖形
132
```

```
133    //檢查位置(row,col)是否是地雷
134    if (landmine[row][col]==-1)
135     {
136       printf("你踩到(%d,%d)的地雷了!\n",row,col);
137       system("pause");
138       exit(0);
139     }
140    else
141     {
142      //檢查每一個不是地雷的位置,若都已猜過,則表示過關
143      for (i=0;i<8;i++)
144       {
145        for (j=0;j<8;j++)
146           if (landmine[i][j]!=-1 && guess[i][j]!=1)
147             break;
148           if (j<8)
149             break;
150       }
151
152      //i=8,表示每一個不是地雷的位置,若都已猜過
153      if (i==8)
154       {
155        printf("恭喜你過關了!\n");
156        system("pause");
157        exit(0);
158       }
159     }
160 }
```

執行結果

請自行娛樂一下。

三 程式解說

每次所猜的位置 (row,col) 的值若為 0，則最多顯示其周圍的 8 個位置的值。
即顯示 (row,col) 之上方、下方、左方、右方、左上方、右下方、右上方及
左下方的值。

≡範例 *17*

寫一個程式，運用遞迴觀念，定義一個有回傳值的遞迴函式。輸入 5 個整數存入陣列變數 data，輸出最小值。

(提示：minmum(n)=min(minmum(n-1),data[n-1])，for n>0；且 minmum(0)=data[0]；
　　　　minmum 為求最小值的遞迴函式)

```c
1   #include <stdlib.h>
2   #include <stdio.h>
3   int minmum(int [],int);
4   int main(void)
5    {
6     int i,data[5];
7     printf("輸入5個整數:\n");
8     for (i=0;i<5;i++)
9      {
10      printf("第%d個整數:",i+1);
11      scanf("%d",&data[i]);
12      }
13     printf("最小值為%d",minmum(data,5));
14     printf("\n");
15     system("PAUSE");
16     return 0;
17    }
18
19  int minmum(int data[],int n)
20   {
21    if (n==1)
22       return data[n-1];
23    else if (minmum(data,n-1)<data[n-1])
24       return minmum(data,n-1);
25    else
26       return data[n-1];
27  }
```

執行結果

```
輸入5個整數:
第1個整數:10
第2個整數:6
第3個整數:-1
第4個整數:3
第5個整數:19
最小值為-1
```

☰範例 18

寫一個程式，輸入 5 個已排序之整數，然後再輸入要搜尋的整數，輸出此搜尋的整數所在的位置。

(提示：二分搜尋法)

```
1   #include <stdlib.h>
2   #include <stdio.h>
3   int search(int , int , int);
4   int data[5];
5   int main(void)
6    {
7     int i, needle,pos;
8     printf("輸入5個已排序之整數:\n");
9     for (i=0;i<5;i++)
10     {
11      printf("第%d個整數:",i+1);
12      scanf("%d",&data[i]);
13     }
14    printf("輸入搜尋的整數:");
15    scanf("%d",& needle);
16    pos=search(0,4, needle);
17    if (pos==-1)
18       printf("%d不在陣列\n", needle);
19    else
20       printf("%d在陣列的第%d個位置\n", needle,pos+1);
21
22    system("PAUSE");
23    return 0;
24   }
25
26  //二分搜尋法
27  //在位置left與位置right之間尋找needle資料
28  int search(int left, int right, int needle)
29   {
30    int medium;//表示位置left與位置right的中間位置
31    if (left>right)
32       return -1; //表示找不到
33
34    medium=(left+right)/2;
35    if (data[medium]== needle)
36       return medium;
37    if (data[medium]> needle)
38       return search(left,medium-1, needle);
39    if (data[medium]< needle)
40       return search(medium+1,right, needle);
41   }
```

執行結果

```
輸入5個已排序之整數:
第1個整數:-1
第2個整數:6
第3個整數:8
第4個整數:10
第5個整數:15
輸入搜尋的整數:8
8在陣列的第3個位置
```

☰ 範例 19

寫一程式,模擬五子棋遊戲

```c
1   #include <stdio.h>
2   #include <stdlib.h>
3   int gobang[25][25]={0}; //
4   //五子棋. 紀錄每個位置是否下過棋子.
5   //0:尚未下過棋子  1:表示甲下的棋子  2:表示乙下的棋子
6
7   void check_bingo(int,int); //宣告檢查是否三子連線,四子連線或五子連線之函式
8   int who=1; //單數:表示輪到甲下棋   偶數:表示輪到乙下棋
9   int main(void)
10  {
11    int i,j,k;
12    int row,col;//列,行:表示棋子要下的位置
13    while (1)
14    {
15     system("cls"); //清除螢幕畫面
16     printf("\t\t\t兩人五子棋 遊戲:\n");
17
18     //畫出25*25的棋盤
19     printf("   | ");
20     for (i=0;i<=24;i++)
21        printf("%-2d",i);
22     printf("\n");
23     printf("--|-");
24     for (i=0;i<=24;i++)
25        printf("--");
26     printf("\n");
27     k=0;
28     for (i=0;i<=24;i++)
29      {
30        printf("%-2d| ",k++);
31        for (j=0;j<=24;j++)
32           if (gobang[i][j]==0)
33               printf("■");
34             else if (gobang[i][j]==1)
35                 printf("●");
```

```
36              else
37                printf("○");
38            printf("\n");
39          }
40      if (who%2==1)
41        printf("甲:");
42      else
43        printf("乙:");
44
45      printf("輸入棋子的位置row,col(0<=row<=24,0<=col<=24):");
46      //2:表示輸入兩個符合格式的資料
47      if (scanf("%d,%d",&row,&col)!=2)
48        {
49          printf("位置格式輸入錯誤,重新輸入!\a\n");
50          fflush(stdin);//清除殘留在鍵盤緩衝區內之資料
51          continue;
52        }
53
54      if (!(row>=0 && row<=24 && col>=0 && col<=24))
55        {
56          printf("無(%d,%d)位置,重新輸入!\a\n",row,col);
57          continue;
58        }
59      if (gobang[row][col]!=0)
60        {
61          printf("位置(%d,%d)已經有棋子了,重新輸入!\a\n",row,col);
62          continue;
63        }
64
65      check_bingo(row,col);
66      who++;
67    }
68  system("pause");
69  return 0;
70 }
71
72 //定義檢查是否三子連線，四子連線或五子連線之函式
73 void check_bingo(int row,int col)
74 {
75   int i,j,k;
76   int score=0; //累計最多5個位置是否為同一人所下的棋子
77   //score=10 乙:五子連線 , score=5 甲:五子連線
78   //score=8  乙:四子連線 , score=4 甲:四子連線
79   //score=6  乙:三子連線 , score=3 甲:三子連線
80
81   int count=0; //紀錄:已累計多少個相同的棋子(最多5個)
82   int case_message=-1; //訊息提示,-1表示沒有達到預警
83
84   //當第一次點到(row,col)位置時,才判斷是否三子連線，四子連線或五子連線
85   if (gobang[row][col]==0)
```

```
86      {
87      if (who%2==1) //單數:表示甲下棋    偶數:表示乙下棋
88        gobang[row][col]=1; //1:甲的棋
89      else
90        gobang[row][col]=2; //2:乙的棋
91
92      //累計左方及右方連續相同的棋子共有多少個
93        count=0;
94        score=0;
95        //score:往位置(row,col)的左方累計最多5個位置
96        for (i=0;i<=4 && col-i>=0;i++)
97          if (gobang[row][col-i]!=0 && gobang[row][col-i]==gobang[row][col])
98             score=score+gobang[row][col-i];
99           else
100            break;
101
102       //score:往位置(row,col)的右方累計最多4個位置
103       if (count<5)
104         for (i=1;i<=4 && col+i<=24 && count<5;i++)
105           if (gobang[row][col+i]!=0 && gobang[row][col+i]==gobang[row][col]){
106             score=score+gobang[row][col+i];
107             count++;
108            }
109          else
110             break;
111       //累計左方及右方連續相同的棋子共有多少個
112
113       if (score%10==0)
114          case_message=1; //乙:五子連線
115       else if (score%5==0)
116          case_message=2; //甲:五子連線
117       else if (score%8==0)
118          case_message=3; //乙:四子連線
119       else if (score%4==0 && who%2==1)
120          case_message=4; //甲:四子連線
121       else if (score%6==0)
122          case_message=5; //乙:三子連線
123       else if (score%3==0 && who%2==1)
124          case_message=6; //甲:三子連線
125
126       if (!(case_message==1 || case_message==2))
127        {
128          //累計上方及下方連續相同的棋子共有多少個
129          count=0;
130          score=0;
131          //score:往位置(row,col)的上方累計最多5個位置
132          for (i=0;i<=4 && row-i>=0;i++)
133            if (gobang[row-i][col]!=0 && gobang[row-i][col]==gobang[row][col]){
134              score=score+gobang[row-i][col];
135              count++;
```

```
136                }
137          else
138             break;
139
140       //score:往位置(row,col)的下方累計最多4個位置
141       if (count<5)
142         for (i=1;i<=4 && row+i<=24 && count<5;i++)
143          if (gobang[row+i][col]!=0 && gobang[row+i][col]==gobang[row][col]){
144              score=score+gobang[row+i][col];
145              count++;
146            }
147          else
148             break;
149    //累計上方及下方連續相同的棋子共有多少個
150
151       if (score%10==0)
152          case_message=1; //乙:五子連線
153       else if (score%5==0)
154          case_message=2; //甲:五子連線
155       else if (score%8==0)
156          case_message=3; //乙:四子連線
157       else if (score%4==0 && who%2==1)
158          case_message=4; //甲:四子連線
159       else if (score%6==0)
160          case_message=5; //乙:三子連線
161       else if (score%3==0 && who%2==1)
162          case_message=6; //甲:三子連線
163
164       if (!(case_message==1 || case_message==2))
165        {
166          //累計左上方與右下方連續相同的棋子共有多少個
167          count=0;
168          score=0;
169          //score:往位置(row,col)的左上方累計最多5個位置
170          for (i=0;i<=4 && row-i>=0 && col-i>=0;i++)
171           if (gobang[row-i][col-i]!=0 && gobang[row-i][col-i]==gobang[row][col])
172              score=score+gobang[row-i][col-i];
173           else
174              break;
175
176          //score:往位置(row,col)的右下方累計最多4個位置
177          if (count<5)
178           for (i=1;i<=4 && row+i<=24 && col+i<=24 && count<5;i++)
179            if (gobang[row+i][col+i]!=0 && gobang[row+i]
180              [col+i]==gobang[row][col]){
181               score=score+gobang[row+i][col+i];
182               count++;
183              }
184           else
185               break;
```

```
186              //累計左上方與右下方連續相同的棋子共有多少個
187
188              if (score%10==0)
189                 case_message=1; //乙:五子連線
190              else if (score%5==0)
191                 case_message=2; //甲:五子連線
192              else if (score%8==0)
193                 case_message=3; //乙:四子連線
194              else if (score%4==0 && who%2==1)
195                 case_message=4; //甲:四子連線
196              else if (score%6==0)
197                 case_message=5; //乙:三子連線
198              else if (score%3==0 && who%2==1)
199                 case_message=6; //甲:三子連線
200
201          if (!(case_message==1 || case_message==2))
202          {
203             //累計右上方與左下方連續相同的棋子共有多少個
204             count=0;
205             score=0;
206             //score:往位置(row,col)的右上方累計最多5個位置
207             for (i=0;i<=4 && row-i>=0 && col+i<=24;i++)
208              if (gobang[row-i][col+i]!=0 && gobang[row-i][col+i]==gobang[row][col])
209                 score=score+gobang[row-i][col+i];
210              else
211                 break;
212
213             //score:往位置(row,col)的左下方累計最多4個位置
214             if (count<5)
215               for (i=1;i<=4 && row+i<=24 && col-i>=0 && count<5;i++)
216                if (gobang[row+i][col-i]!=0 && gobang[row+i][col-
217                   i]==gobang[row][col]){
218                  score=score+gobang[row+i][col-i];
219                  count++;
220                 }
221               else
222                 break;
223             //累計右上方與左下方連續相同的棋子共有多少個
224
225             if (score%10==0)
226                case_message=1; //乙:五子連線
227             else if (score%5==0)
228                case_message=2; //甲:五子連線
229             else if (score%8==0)
230                case_message=3; //乙:四子連線
231             else if (score%4==0 && who%2==1)
232                case_message=4; //甲:四子連線
233             else if (score%6==0)
234                case_message=5; //乙:三子連線
235             else if (score%3==0 && who%2==1)
236                case_message=6; //甲:三子連線
```

```
237           }
238          }
239        }
240      }
241
242   switch(case_message)
243   {
244    case 1:
245        printf("乙:五子連線,遊戲結束.\a\n"); //嗶嗶嗶提醒
246        getch();
247        exit(0);
248        break;
249    case 2:
250        printf("甲:五子連線,遊戲結束.\a\n"); //嗶嗶嗶提醒
251        system("pasue");
252        exit(0);
253        break;
254    case 3:
255        printf("乙:四子連線\a\n"); //嗶嗶嗶提醒
256        break;
257    case 4:
258        printf("甲:四子連線\a\n"); //嗶嗶嗶提醒
259        break;
260    case 5:
261        printf("乙:三子連線\a\n"); //嗶嗶嗶提醒
262        break;
263    case 6:
264        printf("甲:三子連線\a\n"); //嗶嗶嗶提醒
265   }
266}
```

執行結果

請自行娛樂一下。

三 程式解說

每次所下棋子的位置 (row,col) 是否連成五子，四子連線或三子連線 ，需要考慮下列 4 種狀況：

(1) 考慮 (row,col) 之上方及下方，連續相同的棋子共有多少個。

(2) 考慮 (row,col) 之左方及右方，連續相同的棋子共有多少個。

(3) 考慮 (row,col) 之左上方及右下方，連續相同的棋子共有多少個。

(4) 考慮 (row,col) 之右上方及左下方，連續相同的棋子共有多少個。

≡範例 20

寫一程式，模擬吃角子老虎（或拉霸）遊戲。（圖案自行決定）

```
1   #include <stdio.h>
2   #include <stdlib.h>
3   #include <time.h>
4   void display(char *, int , int , int ); //寫法1
5   //或寫法2: void display(char [][3][3] , int)
6
7   int main(void)
8    {
9     int i,j;
10
11    //拉霸圖案
12    char *picture[9]={"７",":)","■","●"," ＄ ","@","★","◆","◎"};
13
14    //存放電腦亂數產生的9個圖案,每個圖案佔3個bytes
15    char position[3][3][3];
16
17    //拉霸轉動的起始時間點(滴答數)及停止時間點(滴答數)
18    clock_t start_clock,end_clock;
19
20    float spend=0; //拉霸轉動的時間(秒)
21    srand((unsigned)time(NULL));
22
23    //電腦亂數產生的9個圖案存入position,每個圖案佔3個bytes
24    for (i=0;i<3;i++)
25      for (j=0;j<3;j++)
26        strcpy(position[i][j],picture[rand()%9]);
27
28    display(&position[0][0][0] , 3 , 3 ,3); //寫法1
29    //或寫法2: display(position , 3);
30
31    while (1)
32     {
33      printf("\n模擬拉霸遊戲(按Y開始,按N結束):);
34      if (toupper(getche())=='N')
35        break;
36
37      start_clock=clock();
38      //取得程式從目前執行到此函數
39      //所經過的滴答數(ticks)
40
41      spend =(double) (end_clock-start_clock)/CLK_TCK;
42      //從開始執行到目前所經過的時間(秒)
43
44      while (1)
45       {
46        system("cls");
47
```

```
48        //下面指令,讓人感覺第1行轉動最慢
49        //將第1行第2列的資料變成第1行第3列的資料
50        //將第1行第1列的資料變成第1行第2列的資料
51        for (i=2;i>=1;i--)
52          strcpy(position[i][0],position[i-1][0]);
53
54        //產生第1行第1列的資料
55        strcpy(position[0][0],picture[rand()%9]);
56
57
58        //下面指令,讓人感覺第2行轉動比第1行快一點
59        //將第2行第2列的資料變成第2行第3列的資料
60        strcpy(position[2][1],position[1][1]);
61
62        //產生第2行第2,1列的資料
63        for (i=1;i>=0;i--)
64          strcpy(position[i][1],picture[rand()%9]);
65
66
67        //下面指令,讓人感覺第3行轉動最快
68        //重新產生第3行第1,2,3列的資料
69        for (i=0;i<3;i++)
70          strcpy(position[i][2],picture[rand()%9]);
71
72        display(&position[0][0][0] , 3 , 3 ,3); //寫法1
73        //或寫法2: display(position , 3);
74
75        sleep(100);
76        end_clock=clock();
77        //取得程式從開始執行到此函數
78        //所經過的滴答數(ticks)
79
80        spend =(double) (end_clock-start_clock)/CLK_TCK;
81        //從開始執行到目前所經過的時間(秒)
82
83        if (spend>=5) //轉動時間>=5秒,停止轉動
84           break;
85      }
86
87    //判斷第2列是否都一樣,若一樣,則 Bingo
88    for (j=0;j<2;j++)
89      if (strcmp(position[1][j],position[1][j+1])!=0)
90         break;
91    if (j==2)
92      printf("你Bingo了\n");
93
94   }
95
96 system("pause");
97 return 0;
98 }
```

```
99
100//寫法1
101void display(char *position , int k , int m , int n)
102 {
103  int i,j;
104  system("cls");
105  for (i=0;i<k;i++){
106    for (j=0;j<m;j++)
107      printf("%s  ",position+i*m*n+j*n);
108      //position+i*m*n+j*n是記憶體位址
109      //position+i*m*n+j*n相當於position[i][j]
110
111    printf("\n\n");
112    }
113  printf("\n第1行轉動最慢,第2行轉動較快,第3行轉動最快\n");
114 }
115
116 /* 或寫法2
117 void display(char position[][3][3] , int k)
118 {
119  int i,j;
120  system("cls");
121  for (i=0;i<k;i++){
122    for (j=0;j<3;j++)
123      printf("%s  ",position[i][j]);
124    printf("\n");
125    }
126 }
127*/
```

執行結果

請自行娛樂一下。

三 程式解說

1. 拉霸玩法：

   (1) 若拉霸前只放 1 枚硬幣，且第 2 列之三個圖案相同，則中獎。

   (2) 若拉霸前放 2 枚硬幣，且第 1 列或第 2 列之三個圖案相同則中獎。

   (3) 若拉霸前放 3 枚硬幣，且第 1 列或第 2 列或第 3 列之三個圖案相同，
       則中獎。

   (4) 若拉霸前只放 4 枚硬幣，且第 1 列或第 2 列或第 3 列或左斜線之三個
       圖案相同，則中獎。

   (5) 若拉霸前只放 5 枚硬幣，且第 1 列或第 2 列或第 3 列或左斜線或右斜
       線之三個圖案相同，則中獎。

2. 本程式只考慮玩法 (1)，讀者可以自行修改，以符合玩法 (2)、(3)、(4) 及 (5)。

≡範例 21

寫一程式，模擬貪食蛇遊戲

```
1   #include <stdio.h>
2   #include <stdlib.h>
3   #include <conio.h>
4   #include <time.h>
5   //紀錄每個位置(row,col)是否為蛇的一部份,還是食物
6   //0:位置(row,col)是空的    1:位置(row,col)是蛇的一部份
7   //2:位置(row,col)是食物
8   //Θ:蛇頭    ■:蛇身    ●:食物
9   int position[25][25]={0};
10
11  //紀錄蛇的每一部份位置(row,col)
12  //蛇最常625節(=25*25,含頭部份)
13  int snake_body[625][2];
14
15  //宣告重畫25*25資訊圖之函式
16  void print_graphy(void);
17
18  //宣告蛇往上移動之函式
19  void up(int *,int *,int *,int *,int *);
20
21  //宣告蛇往下移動之函式
22  void down(int *,int *,int *,int *,int *);
23
24  //宣告蛇往左移動之函式
25  void left(int *,int *,int *,int *,int *);
26
27  //宣告蛇往右移動之函式
28  void right(int *,int *,int *,int *,int *);
29
30  //宣告產生食物位置之函式
31  void generate_food(int *,int *,int *);
32
33  int main(void)
34  {
35    int i,j,k;
36    int snake_head_row,snake_head_col;//蛇頭位置(列,行)
37
38    //記錄蛇的每一部份的位置
39    //snake_body[i][0];記錄蛇的2第i部份的row位置
40    //snake_body[i][1];記錄蛇的2第i部份的col位置
41
42    //蛇長
```

```
43    int len;
44
45    int food_row,food_col;  //食物位置(列,行)
46    char move_direction;    //蛇移動方向
47
48    //設定每一位置值為-1,表示無蛇的狀態
49    for (i=0;i<625;i++)
50      for (j=0;j<2;j++)
51        snake_body[i][j]=-1;
52
53    srand((unsigned)time(NULL));
54
55    snake_head_row=rand()%25;
56    snake_head_col=rand()%25;
57
58    //蛇的起始位置只有蛇頭
59    position[snake_head_row][snake_head_col]=1;
60    snake_body[0][0]=snake_head_row; //蛇頭的row位置
61    snake_body[0][1]=snake_head_col; //蛇頭的col位置
62    len=1;
63
64    //產生食物位置
65    generate_food(&len,&food_row,&food_col);
66
67    //畫25*25資訊圖
68    print_graphy();
69
70    while (1)
71     {
72      move_direction=getch();
73      if (move_direction!=0)
74       {
75        switch (move_direction)
76         {
77          case 72:  //按 ↑
78             up(&len,&snake_head_row,&snake_head_col,&food_row,&food_col);
79             break;
80          case 80:  //按 ↓
81             down(&len,&snake_head_row,&snake_head_col,&food_row,&food_col);
82             break;
83          case 75:  //按 ←
84             left(&len,&snake_head_row,&snake_head_col,&food_row,&food_col);
85             break;
86          case 77:  //按 →
87             right(&len,&snake_head_row,&snake_head_col,&food_row,&food_col);
88         }
89        print_graphy();
90
91        //判斷是否是否走錯方向
92        //只要蛇頭撞到蛇身,即蛇頭與蛇的某一節身體有相同的位置
93        //代表走錯方向,遊戲結束
```

```
94       for (i=1;i<len;i++)
95         if (snake_body[i][0]==snake_body[0][0] && snake_body[i]
           [1]==snake_body[0][1])
96          {
97            printf("走錯方向,遊戲結束.\n");
98            break;
99          }
100        if (i<len)
101          break;
102     }
103   }
104   system("pause");
105   return 0;
106}
107
108//定義重畫25*25資訊圖之函式
109void print_graphy(void)
110 {
111   int i,j,k;
112   system("cls"); //清除螢幕畫面
113   printf("貪食蛇遊戲(按↑,↓,←,→移動,只要蛇頭撞到蛇身,遊戲結束)\n");
114   k=0;
115   for (i=0;i<=24;i++)
116    {
117     for (j=0;j<=24;j++)
118       if (position[i][j]==1)
119         if (snake_body[0][0]==i && snake_body[0][1]==j)
120           printf("Θ");
121         else
122           printf("■");
123       else if (position[i][j]==2)
124           printf("●");
125       else
126           printf("  ");
127     printf("\n");
128    }
129 }
130
131 //定義蛇往上移動之函式
132 void up(int *len, int *snake_head_row,int *snake_head_col,int *food_
row, int *food_col)
133  {
134   int i;
135   if (snake_body[0][0]>=1)
136    {
137     if (snake_body[0][0]-1==*food_row && snake_body[0][1]==*food_col)
138      {
139       //吃到食物,蛇的長度+1
140       (*len)++;
141
142       //重新設定蛇每一節的位置
```

```
143        for (i=*len-1;i>=1;i--)
144        {
145         snake_body[i][0]=snake_body[i-1][0];
146         snake_body[i][1]=snake_body[i-1][1];
147        }
148
149      //重設新的蛇頭位置
150      *snake_head_row=*food_row;
151      position[*snake_head_row][*snake_head_col]=1;
152
153      //重設蛇頭的row位置,蛇頭的col位置沒變
154      snake_body[0][0]=*snake_head_row;
155
156      //產生新的食物位置
157      generate_food(len,food_row,food_col);
158     }
159    else
160     {
161      //設定蛇尾位置值為-1,表示去掉蛇尾,即蛇的最後一節
162      position[snake_body[*len-1][0]][snake_body[*len-1][1]]=0;
163      //snake_body[*len-1][0]=-1;
164      //snake_body[*len-1][1]=-1;
165      //設定蛇尾位置值為-1,表示去掉蛇尾,即蛇的最後一節
166
167      //將蛇的位置值往上移
168      for (i=*len-1;i>=1;i--)
169       {
170        snake_body[i][0]=snake_body[i-1][0];
171        snake_body[i][1]=snake_body[i-1][1];
172       }
173      //將蛇的位置值往上移
174
175      //重設蛇頭的位置
176      (*snake_head_row)--;
177      snake_body[0][0]=*snake_head_row;
178      snake_body[0][1]=*snake_head_col;
179      position[*snake_head_row][*snake_head_col]=1;
180      //重設蛇頭的位置
181     }
182    }
183 }
184
185 //定義蛇往下移動之函式
186 void down(int *len, int *snake_head_row,int *snake_head_col,int *food_
    row,int *food_col)
187 {
188  int i;
189  if (snake_body[0][0]<=23)
190   {
191    if (snake_body[0][0]+1==*food_row && snake_body[0][1]==*food_col)
192     {
```

```
193        //吃到食物,蛇的長度+1
194        (*len)++;
195
196        //重新設定蛇每一節的位置
197        for (i=*len-1;i>=1;i--)
198          {
199           snake_body[i][0]=snake_body[i-1][0];
200           snake_body[i][1]=snake_body[i-1][1];
201          }
202
203        //重設新的蛇頭位置
204        *snake_head_row=*food_row;
205        position[*snake_head_row][*snake_head_col]=1;
206
207        //重設蛇頭的row位置,蛇頭的col位置沒變
208        snake_body[0][0]=*snake_head_row;
209
210        //產生新的食物位置
211        generate_food(len,food_row,food_col);
212      }
213    else
214      {
215       //設定蛇尾位置值為-1,表示去掉蛇尾,即蛇的最後一節
216       position[snake_body[*len-1][0]][snake_body[*len-1][1]]=0;
217       snake_body[*len-1][0]=-1;
218       snake_body[*len-1][1]=-1;
219       //設定蛇尾位置值為-1,表示去掉蛇尾,即蛇的最後一節
220
221       //將蛇的位置值往下移
222       for (i=*len-1;i>=1;i--)
223         {
224          snake_body[i][0]=snake_body[i-1][0];
225          snake_body[i][1]=snake_body[i-1][1];
226         }
227       //將蛇的位置值往下移
228
229       //重設蛇頭的位置
230       (*snake_head_row)++;
231       snake_body[0][0]=*snake_head_row;
232       snake_body[0][1]=*snake_head_col;
233       position[*snake_head_row][*snake_head_col]=1;
234       //重設蛇頭的位置
235      }
236   }
237 }
238
239 //定義蛇往左移動之函式
240 void left(int *len, int *snake_head_row,int *snake_head_col,int *food_
    row,int *food_col)
241 {
242  int i;
```

```
243    if (snake_body[0][1]>=1)
244     {
245      if (snake_body[0][1]-1==*food_col && snake_body[0][0]==*food_row)
246       {
247         //吃到食物,蛇的長度+1
248         (*len)++;
249
250         //重新設定蛇每一節的位置
251         for (i=*len-1;i>=1;i--)
252          {
253            snake_body[i][0]=snake_body[i-1][0];
254            snake_body[i][1]=snake_body[i-1][1];
255          }
256
257         //重設新的蛇頭位置
258         *snake_head_col=*food_col;
259         position[*snake_head_row][*snake_head_col]=1;
260
261         //重設蛇頭的row位置,蛇頭的col位置沒變
262         snake_body[0][1]=*snake_head_col;
263
264         //產生新的食物位置
265         generate_food(len,food_row,food_col);
266       }
267      else
268       {
269         //設定蛇尾位置值為-1,表示去掉蛇尾,即蛇的最後一節
270         position[snake_body[*len-1][0]][snake_body[*len-1][1]]=0;
271         snake_body[*len-1][0]=-1;
272         snake_body[*len-1][1]=-1;
273         //設定蛇尾位置值為-1,表示去掉蛇尾,即蛇的最後一節
274
275         //將蛇的位置值往左移
276         for (i=*len-1;i>=1;i--)
277          {
278            snake_body[i][0]=snake_body[i-1][0];
279            snake_body[i][1]=snake_body[i-1][1];
280          }
281         //將蛇的位置值往左移
282
283         //重設蛇頭的位置
284         (*snake_head_col)--;
285         snake_body[0][0]=*snake_head_row;
286         snake_body[0][1]=*snake_head_col;
287         position[*snake_head_row][*snake_head_col]=1;
288         //重設蛇頭的位置
289       }
290     }
291   }
292
```

```
293  //定義蛇往右移動之函式
294  void right(int *len,int *snake_head_row,int *snake_head_col,int *food_
     row,int *food_col)
295  {
296   int i;
297   if (snake_body[0][1]<=23)
298    {
299     if (snake_body[0][1]+1==*food_col && snake_body[0][0]==*food_row)
300      {
301       //吃到食物,蛇的長度+1
302       (*len)++;
303
304       //重新設定蛇每一節的位置
305       for (i=*len-1;i>=1;i--)
306        {
307         snake_body[i][0]=snake_body[i-1][0];
308         snake_body[i][1]=snake_body[i-1][1];
309        }
310
311       //重設新的蛇頭位置
312       *snake_head_col=*food_col;
313       position[*snake_head_row][*snake_head_col]=1;
314
315       //重設蛇頭的row位置,蛇頭的col位置沒變
316       snake_body[0][1]=*snake_head_col;
317
318       //產生新的食物位置
319       generate_food(len,food_row,food_col);
320      }
321     else
322      {
323       //設定蛇尾位置值為-1,表示去掉蛇尾,即蛇的最後一節
324       position[snake_body[*len-1][0]][snake_body[*len-1][1]]=0;
325       snake_body[*len-1][0]=-1;
326       snake_body[*len-1][1]=-1;
327       //設定蛇尾位置值為-1,表示去掉蛇尾,即蛇的最後一節
328
329       //將蛇的位置值往右移
330       for (i=*len-1;i>=1;i--)
331        {
332         snake_body[i][0]=snake_body[i-1][0];
333         snake_body[i][1]=snake_body[i-1][1];
334        }
335       //將蛇的位置值往右移
336
337       //重設蛇頭的位置
338       (*snake_head_col)++;
339       snake_body[0][0]=*snake_head_row;
```

```
340        snake_body[0][1]=*snake_head_col;
341        position[*snake_head_row][*snake_head_col]=1;
342        //重設蛇頭的位置
343      }
344    }
345 }
346
347 //定義產生食物位置之函式
348 void generate_food(int *len,int *food_row,int *food_col)
349 {
350  int i;
351  while (1)
352   {
353    *food_row=rand()%25;
354    *food_col=rand()%25;
355
356    //位置(food_row,food_col)若被蛇所佔據,則無法設定成食物的新位置
357    //位置(food_row,food_col)與蛇所佔據的所有位置比較
358    for (i=0;i<*len;i++)
359      if (snake_body[i][0]==*food_row && snake_body[i][1]==*food_col)
360         break;
361    if (i==*len)
362       break;
363    else
364       continue;
365   }
366  position[*food_row][*food_col]=2;
367 }
```

執行結果

請自行娛樂一下。

三 程式解說

1. 由於方向鍵為複合鍵佔 2 個位元組（Byte），因此使用 getch() 函式輸入
   ↑、↓、→及←時，會產生 2 個 Byte 的 ASCII 碼。其中第 1 個 Byte，
   若以整數型態表示都是十進位的 224；若以字元型態表示都是 -32。第 2
   個 Byte 若分別為十進位的 72、80、77 及 75。
   要判斷使用者所按下的鍵是否為↑、↓、→及←四者其中之一，
   可以使用下列片段程式碼求得：

   ```
   char move_direction;
   move_direction=getch();
   move_direction=getch();
   ```

```
switch (move_direction)
 {
  case 72:
    printf("您按了↑鍵.\n");
    break;
  case 80:
    printf("您按了↓鍵.\n");
    break;
  case 77:
    printf("您按了→鍵.\n");
    break;
  case 75:
    printf("您按了←鍵.\n");
 }
```

當執行到第 1 個 move_direction=getch(); 指令時，按下↑鍵，則 move_direction 只讀取↑鍵的第 1 個 Byte 且內容為 -32，↑鍵的第 2 個 Byte 會留在鍵盤緩衝區內且內容為 72。執行到第 2 個 move_direction=getch(); 指令時，由於鍵盤緩衝區內有資料，因此並不會等待使用者輸入資料，而是直接讀取鍵盤緩衝區的資料 72。

最後印出您按了↑鍵。其他↓、→及←情形類似。

以下為一些常用的複合鍵，以整數型態表示所對應的 2 個 Byte 之 ASCII 碼：

複合鍵名稱	F1	F2	F3	F4	F5	F6	F7	F8	F9	F10
第1個 Byte	0	0	0	0	0	0	0	0	0	0
第2個 Byte	59	60	61	62	63	64	65	66	67	68

複合鍵名稱	Shift + F1	Shift + F2	Shift + F3	Shift + F4	Shift + F5	Shift + F6	Shift + F7	Shift + F8	Shift + F9	Shift + F10
第1個 Byte	0	0	0	0	0	0	0	0	0	0
第2個 Byte	84	85	86	87	88	89	90	91	92	93

複合鍵 名稱	Ctrl + F1	Ctrl + F2	Ctrl + F3	Ctrl + F4	Ctrl + F5	Ctrl + F6	Ctrl + F7	Ctrl + F8	Ctrl + F9	Ctrl + F10
第1個 Byte	0	0	0	0	0	0	0	0	0	0
第2個 Byte	94	95	96	97	98	99	100	101	102	103

複合鍵 名稱	Alt + F1	Alt + F2	Alt + F3	Alt + F4	Alt + F5	Alt + F6	Alt + F7	Alt + F8	Alt + F9	Alt + F10
第1個 Byte	0	0	0	0	0	0	0	0	0	0
第2個 Byte	104	105	106	107	108	109	110	111	112	113

複合鍵 名稱	Alt + Home	Alt + End	Alt + PageUp	Alt + PageDown	Alt + ↑	Alt + ↓	Alt + ←	Alt + →
第1個 Byte	0	0	0	0	0	0	0	0
第2個 Byte	151	159	153	161	152	160	155	157

複合鍵 名稱	F11	F12	Shift + F11	Shift + F12	Ctrl + F11	Ctrl + F12	Alt + F11	Alt + F12
第1個 Byte	224	224	224	224	224	224	224	224
第2個 Byte	133	134	135	136	137	138	139	140

複合鍵 名稱	Home	End	Page Up	Page Down
第1個 Byte	224	224	224	224
第2個 Byte	71	79	73	81

複合鍵名稱	Shift + Home	Shift + End	Shift + Page Up	Shift + Page Down	Ctrl + Home	Ctrl + End	Ctrl + Page Up	Ctrl + Page Down
第1個 Byte	224	224	224	224	224	224	224	224
第2個 Byte	71	79	73	81	119	117	134	118

複合鍵名稱	↑	↓	←	→
第1個 Byte	224	224	224	224
第2個 Byte	72	80	75	77

複合鍵名稱	Shift + ↑	Shift + ↓	Shift + ←	Shift + →	Ctrl + ↑	Ctrl + ↓	Ctrl + ←	Ctrl + →
第1個 Byte	224	224	224	224	224	224	224	224
第2個 Byte	72	80	75	77	141	145	115	116

2. 將蛇尾位置值為 -1，表示去掉蛇尾，即蛇的最後一節，且設定新的蛇頭位置，這樣的方式猶如蛇在移動。程式如下：

```
//表示去掉蛇尾位置(snake_body[*len-1][0] , snake_body[*len-1][1])
position[snake_body[*len-1][0]][snake_body[*len-1][1]]=0;
snake_body[*len-1][0]=-1;
snake_body[*len-1][1]=-1;

//以往上移動為例：
//重設蛇頭的位置(snake_body[0][0] , snake_body[0][1])
(*snake_head_row)--;
snake_body[0][0]=*snake_head_row;
snake_body[0][1]=*snake_head_col;
position[*snake_head_row][*snake_head_col]=1;
```

3. 只要蛇頭撞到蛇身，即蛇頭與蛇的某一節身體有相同的位置，代表走錯
方向，遊戲結束。程式如下：

```
for (i=1;i<len;i++)
   if (snake_body[i][0]==snake_body[0][0] &&
       snake_body[i][1]==snake_body[0][1])
      {
       printf("走錯方向,遊戲結束.\n");
       break;
      }
```

範例22

寫一程式，輸入一個正整數，輸出以質因數連乘的方式來表示此正整數。（例：
12 = 2 x 2 x 3）

```
1  #include <stdio.h>
2  #include <stdlib.h>
3  #include <conio.h>
4  #include <math.h>
5
6  int maxprimenumber(int);
7  int primeyesorno(int);
8  int main(void)
9  {
10   int num,p;
11   printf("輸入一個正整數:");
12   scanf("%d",&num);
13
14   // num的最大質因數介於num到2之間
15   int maxprime = maxprimenumber(num);
16   printf("%d=",num);
17   for (p = 2; p <= maxprime; p++)
18     if (primeyesorno(p) == 1)
19        if (num % p == 0)
20        {
21           num /= p;
22           printf("%dx",p);
23           p--;
24        }
25   printf("\b \n");
26
27   system("PAUSE");
28   return 0;
29 }
30
31 int maxprimenumber(int n)
32 {
33  int isprime; // 0:非質數  1: 質數
34  int i, j;
```

```
35   // 正整數n的最大質因數介於n到2之間
36   for (i = n; i >= 2; i--)
37   {
38      isprime = 1;
39
40      // 判斷i是否為質數
41      for (j = 2; j <= floor(sqrt(i)); j++)
42          // 不需判斷大於2的偶數j是否整除i
43          // 因為i(>2)若為偶數，會被2整除，便知n不是質數
44          if (!(j > 2 && j % 2 == 0))
45              if (i % j == 0) // i不是質數
46              {
47                  isprime = 0;
48                  break;
49              }
50
51      if (isprime == 1) // i為質數
52          if (n % i == 0) // i為n的最大質因數
53              break;
54   }
55   return i;
56 }
57
58 int primeyesorno(int n)
59 {
60   int isprime = 1;
61
62   // 若一個整數n(>1)的因數只有n和1，則此整數稱為質數
63   // 古希臘數學家Sieve of Eratosthenes埃拉托斯特尼的質數篩法：
64   // 判斷介於2 ~ floor(sqrt(n))之間的整數i是否整除n，
65   // 若有一個整數i整除n，則n不是質數，否則n為質數
66   int i;
67   for (i = 2; i <= floor(sqrt(n)); i++)
68          // 不需判斷大於2的偶數i是否整除n
69          // 因為n(>2)若為偶數，則會被2整除，便知n不是質數
70      if (!(i > 2 && i % 2 == 0))
71          if (n % i == 0) // n不是質數
72          {
73              isprime = 0;
74              break;
75          }
76
77   return isprime;
78 }
```

執行結果

輸入一個正整數:12
12=2x2x3

☰ 範例23

寫一個程式，輸入 5 個正整數，輸出這 5 個正整數的最大公因數 (gcd) 及最小公倍數 (lcm)。

```
1    #include <stdio.h>
2    #include <stdlib.h>
3    #include <conio.h>
4    #include <math.h>
5
6    void sort(int[], int);
7    int maxprimenumber(int);
8    int primeyesorno(int);
9    int main(void)
10   {
11     int i;
12     int num[5];
13     printf("輸入5個正整數:\n");
14     for (i = 0; i < 5; i++)
15         scanf("%d", &num[i]);
16
17     for (i = 0; i < 4; i++)
18         printf("%d,",num[i]);
19     printf("%d的gcd=",num[4]);
20
21     sort(num,5);    //將陣列num的5個元素，從小到大排列
22
23     // 最大整數num[4]的最大質因數介於num[4]到2之間
24     int maxprime  = maxprimenumber(num[4]);
25
26     // 以短除法求gcd及lcm:
27     int gcd = 1, lcm = 1;
28     int p; // 質因數p
29     int count;  // 被質因數p整除的整數之個數
30
31     for ( p = 2; p <= maxprime; p++)
32      {
33        if (primeyesorno(p))
34        {
35          count = 0;
36          for (i = 0; i < 5; i++)
37              if (num[i] % p == 0)
38              {
39                  num[i] /= p;
40                  count++;
41              }
42
43              // 每一個數都被p整除，才是公因數
44              if (count == 5)
45                  gcd *= p;
```

```
46
47              // 只要有1個數被p整除，下一次要除的質因數仍然是p
48              if (count >= 1) {
49                  lcm *= p;
50                  p--;
51              }
52          }
53      }
54      printf("%d,", gcd);
55      for (i = 0; i < 5; i++)
56          lcm *= num[i];
57          printf("");
58      printf("lcm=%d\n",lcm);
59      system("PAUSE");
60      return 0;
61 }
62
63 void sort(int array[], int size)
64 {
65     int i, j, arr[size], temp;
66     for (i = 0; i < size-1; i++)
67         for (j = 0; j < size-1; j++)
68             if (array[j] > array[j+1])
69             {
70                 temp = array[j];
71                 array[j] = array[j+1];
72                 array[j+1] = temp;
73             }
74 }
75
76 int maxprimenumber(int n)
77 {
78  int isprime; // 1: 質數   0:非質數
79  int i, j;
80  // 正整數n的最大質因數介於n到2之間
81  for (i = n; i >= 2; i--)
82   {
83     isprime = 1;
84
85     // 判斷i是否為質數
86     for (j = 2; j <= floor(sqrt(i)); j++)
87         // 不需判斷大於2的偶數j是否整除i
88         // 因為i(>2)若為偶數，會被2整除，便知n不是質數
89         if (!(j > 2 && j % 2 == 0))
90             if (i % j == 0) // i不是質數
91             {
92              isprime = 0;
93              break;
94             }
95
```

```
96        if (isprime == 1) // i為質數
97            if (n % i == 0) // i為n的最大質因數
98                break;
99      }
100   return i;
101 }
102
103 int primeyesorno(int n)
104 {
105   int isprime = 1;
106
107   // 若一個整數n(>1)的因數只有n和1，則此整數稱為質數
108   // 古希臘數學家Sieve of Eratosthenes埃拉托斯特尼的質數篩法：
109   // 判斷介於2 ~ floor(sqrt(n))之間的整數i是否整除n，
110   // 若有一個整數i整除n，則n不是質數，否則n為質數
111   int i;
112   for (i = 2; i <= floor(sqrt(n)); i++)
113        // 不需判斷大於2的偶數i是否整除n
114        // 因為n(>2)若為偶數，則會被2整除，便知n不是質數
115        if (!(i > 2 && i % 2 == 0))
116            if (n % i == 0) // n不是質數
117              {
118              isprime = 0;
119              break;
120              }
121
122   return isprime;
123 }
```

執行結果1

輸入5個正整數：
2
4
6
8
10
2,4,6,8,10的gcd=2,lcm=120

執行結果2

輸入5個正整數：
3
7
2
4
6
3,7,2,4,6的gcd=1,lcm=84

10-5　自我練習

1. 寫一個程式，輸入兩個正整數，使用自訂函式的傳值呼叫方式，輸出兩個正整數的最小公倍數。

2. 寫一個程式，輸入 5 個整數，使用自訂函式的傳址呼叫方式，將 5 個整數從小到大輸出。

3. 寫一個程式，輸入一個正整數 (<=1024)，使用自訂函式的傳址呼叫方式，輸出其 2 進位的表示結果。

4. 寫一個程式，輸入 6 個整數，使用自訂函式的傳址呼叫方式，輸出最大值所在的位置。

5. 寫一個程式，輸入 7 個整數，使用自訂函式的傳址呼叫方式，輸出 7 個整數之和。

6. 寫一個程式，輸入一字串，使用自訂函式的傳址呼叫方式，輸出 a、e、i、o、u 出現的次數。

7. 寫一程式，輸入一元二次方程式 $ax^2+bx+c=0$ 的係數 a、b 及 c，使用無回傳值自訂函式的呼叫方式，輸出方程式的兩根。

8. 寫一個程式，輸入 2 個整數，使用自訂函式的傳址呼叫方式，將 2 個整數互換。

9. 費氏數列，f(0)=0,f(1)=1,f(n)=f(n-1)+f(n-2)。寫一個程式，運用遞迴觀念，定義一個有回傳值的遞迴函式，求 f(40)。

10. 寫一個程式，運用遞迴觀念，定義一個有回傳值的遞迴函式，求 10!(10 階乘)。

11. 寫一個程式，運用遞迴觀念，定義一個無回傳值的遞迴函式。輸入一字串，將該字串顛倒輸出。

12. 寫一個程式，運用遞迴觀念，定義一個有回傳值的遞迴函式。輸入兩個整數 m(>=0) 及 n(>=0)，輸出

    組合 C(m , n) 之值，求 C(m , n) 的公式如下：

    若 m < n，則 C(m , n)=0

    若 n = 0，則 C(m , n)=1

    若 m = n，則 C(m , n)=1

    若 n = 1，則 C(m , n)=m

    若 m > n，則 C(m , n)=C(m-1 , n) + C(m-1 , n-1)

11

變數類型

教學目標

11-1 內部變數與外部變數
11-2 動態變數、靜態變數及暫存器變數
11-3 自我練習

對每一個人來說，代表其身分的證件（在中華民國是身分證；在美國是社會安全號碼；在韓國是大韓民國住民登錄證；在中華人民共和國是中華人民共和國居民身分證等等）是非常重要的。但這些證件都只能在自己的國家或地區使用，若希望在不同的國家或地區也能使用，則必須申請世界通行的護照。自己的國家或地區使用的證件是屬於區域性的；而護照則是全域性的。

從「第二章 C 語言的基本資料型態」中可以了解，無論是輸入的資料或產生的資料，都可透過變數去存取。宣告變數時，除了確定變數所佔記憶體空間大小外，也限制了變數在程式中的使用範圍。變數與證件一樣，在使用範圍上有區域性與全域性之分。

11-1 內部變數與外部變數

變數依其所宣告的位置來分類，可分為下列兩種：

1. **自動變數 (Automatic Variables)**：宣告在 { } 區塊內的變數，被稱為自動變數（或稱區域變數、內部變數）。其有以下特徵：
   (1) 自動變數只能在其所宣告的 { } 區塊內使用。
   (2) 當 { } 區塊結束時，自動變數所佔記憶體空間會被釋放，同時自動變數就不存在了。主要的原因是程式執行到 { } 區塊時，是以堆疊（是一種先進後出的資料結構）方式配置自動變數所需的記憶體空間，當 { } 區塊結束後，該堆疊記憶體空間同時被系統回收。

   自動變數的宣告語法：

   > [auto] 資料型態 變數名稱；

說明

1. [auto] 表示 auto 可寫可不寫。
2. 自動變數宣告時，有加上 auto，則不可宣告在 { } 區塊外，否則編譯時會出現下列的錯誤訊息：

   > file-scope declaration of ' 變數 ' specifies 'auto'

   （外部變數宣告的地方，卻使用 auto）

≡ **範例 1**

寫一程式，定義一個有回傳值的傳值呼叫函式，輸入攝氏溫度，輸出華氏溫度（參考「第十章 使用者自訂函式」之「範例 4」，並使用自動變數）。

```
1   #include <stdio.h>
2   #include <stdlib.h>
3   float transform(float); //宣告使用者自訂函式
4   int main(void)
5   {
6       //宣告自動變數或區域變數
7       auto float c; //或float c;
8       printf("輸入攝氏溫度:");
9       scanf("%f",&c);
10      printf("攝氏%.1f度=華氏%.1f度\n",c,transform(c));
11      //呼叫transform( )函式後，再執行printf( )函式
12
13      system("pause");
14      return 0;
15  }
16
17  float transform(float c)  //定義使用者自訂函式
18  {
19      c=c*9.0/5+32;
20      return c;
21  }
```

執行結果

輸入攝氏溫度:10
攝氏10.0度=華氏50.0度;

≡ **程式解說**

1. 在 main( ) 主程式中的變數 c 與 transform( ) 函式中的變數 c 都屬於區域變數，兩者分別只能在 main( ) 主程式的 { } 內及 transform( ) 函式的 { } 內使用，且兩者並不會互相影響。

2. 區域變數使用堆疊的示意圖如圖 11-1：

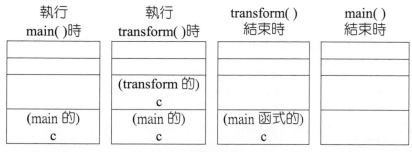

圖11-1

2. **外部變數 (External Variables)**：宣告在所有 { } 區塊外的變數，被稱為外部變數（或稱全域變數、整體變數）。一般是宣告在 main( ) 上面。若要作為程式中全部函式共用或跨檔案使用的變數，則此變數應宣告成外部變數。外部變數有以下特徵：

(1) 外部變數可以在程式的任何位置使用。

(2) 程式編譯時，會配置固定的記憶體位址給外部變數使用。

(3) 若外部變數沒有設定初始值，則其預設值：數值為 0，字元為 '\0'。

(4) 當程式結束時，外部變數的記憶體空間，才會被系統回收。

(5) 若在外部變數前使用 extern，則表示要使用另外一個檔案中的外部變數。

外部變數的宣告語法：

> 資料型態 變數名稱；　// 宣告在所有 { } 區塊外

例：float rate;　// 宣告在所有 { } 區塊外

說明

float rate; 必須宣告在所有的 { } 區塊外。rate 變數為外部單精度浮點數變數。

≡**範例 2**

寫一程式，定義一個有回傳值的傳值呼叫函式，輸入攝氏溫度，輸出華氏溫度（參考「第十章 使用者自訂函式」之「範例 4」，並使用外部變數）。

```c
1   #include <stdio.h>
2   #include <stdlib.h>
3   float transform(float); //宣告使用者自訂函式
4
5   //宣告外部變數
6   float c;
7   int main(void)
8   {
9       printf("輸入攝氏溫度:");
10      scanf("%f",&c);
11      printf("攝氏%.1f度=華氏%.1f度\n",c,transform(c));
12      //呼叫transform( )函式後,再執行printf( )函式
13
14      system("pause");
15      return 0;
16  }
```

```
17
18 float transform(float c)  //定義使用者自訂函式
19 {
20     c=c*9.0/5+32;   //區域變數
21     return c;
22 }
```

執行結果

```
輸入攝氏溫度:10
攝氏10.0度=華氏50.0度;
```

≡ 程式解說

　　主程式第 6 列的變數 c 為外部變數；而 transform( ) 函式中的變數 c 為區域變數。雖然兩者的名稱相同，但兩者並不會互相影響，有如強龍不壓地頭蛇這句俗語。為了避免初學者在使用上的混淆，最好使用不同名稱。

　　當程式寫在多個檔案中，程式從編譯到執行要能正常運作，則必須依照下列步驟來編輯程式：

1. 先建立一個專案檔。
2. 在專案檔底下，分別建立所有的程式檔。
3. 編譯程式並執行程式。

≡ 範例 3

寫一程式，定義一個有回傳值的傳值呼叫函式，輸入攝氏溫度，輸出華氏溫度（參考「第十章 使用者自訂函式」之「範例 4」，並跨檔案使用外部變數）。

```
1  //先建立temperature.dev專案檔，然後在temperature.dev
2  //底下，分別建立temperature.c、transform.c及function.h
3  //程式檔，其內容分別為以下兩段程式。
4  // (temperature.dev、temperature.c、transform.c及
5  //function.h要放在同一資料夾)
6  //以下程式寫在temperature.c
7  #include <stdio.h>
8  #include <stdlib.h>
9  #include "function.h"
10 //宣告外部變數
11 float c;
12 int main(void)
13 {
14     printf("輸入攝氏溫度:");
15     scanf("%f",&c);
```

```
16        printf("攝氏%f度=華氏%f度\n",c,transform());
17        //呼叫transform( )函式後,再執行printf( )函式
18        system("pause");
19        return 0;
20    }
```

```
1    //以下程式寫在transform.c
2    extern float c;//跨檔案宣告外部變數c
3    float transform(void) //定義使用者自訂函式
4    {
5        return c*9.0/5+32;
6    }
```

```
1    //以下程式寫在function.h
2    float transform(void); //宣告使用者自訂函式
```

執行結果

輸入攝氏溫度:10
攝氏10.000000度=華氏50.000000度;

三 程式解說

主程式第 11 列的變數 c 為外部變數,而 function.c 程式中的第 2 列 extern float c; 目的是 function.c 能使用 temperature.c 的外部變數,即兩個程式檔的變數 c 是同一個。所以程式輸入 10,最後變成 50。

11-2　動態變數、靜態變數及暫存器變數

變數依其所配置記憶體的模式來分類,可分為下列三種:

1. **動態變數 (Dynamic Variables)**:程式執行時,才配置記憶體的變數,被稱為動態變數(參考「第十三章 動態配置記憶體」)。

2. **靜態變數 (Static Variables)**:靜態變數依其可使用的範圍來分類,可分為下列兩種:

(1) 內部靜態變數:宣告在 { } 區塊內,且宣告時在資料型態前有 static 字樣的變數,被稱為內部靜態變數。其有以下特徵:

　　a. 內部靜態變數屬於區域變數的一種。

　　b. 程式編譯時,會配置固定的記憶體位址給內部靜態變數使用。

　　c. 內部靜態變數只能在其所宣告的{ }區塊內使用,但{ }區塊結束

時，其所佔記憶體空間及內容並不會被釋放，會保留給下一次進入同一 { } 區塊時使用。

d. 若內部靜態變數沒有設定初始值，則其預設值：數值爲 0，字元爲 '\0'。

e. 內部靜態變數只在第一次進入 { } 區塊時被宣告，第二次以後進入 { } 區塊時，宣告的指令就跳過不執行。

(2) 外部靜態變數：宣告在 { } 區塊外，且宣告時在資料型態前有 static 字樣的變數，被稱爲外部靜態變數。其有以下特徵：

a. 外部靜態變數屬於全域變數的一種。

b. 程式編譯時，會配置固定的記憶體位址給外部靜態變數使用。

c. 外部靜態變數只能在同一程式檔案內使用。除非是主程式結束，否則外部靜態變數所在的程式結束時，其所佔記憶體空間及內容並不會被釋放，會保留給下一次進入同一程式檔案時使用。

d. 若外部靜態變數沒有設定初始值，則其預設值：數值爲 0，字元爲 '\0'。

e. 外部靜態變數只在第一次進入程式時被宣告，第二次以後進入同一程式檔案時，宣告的指令就跳過不執行。

內部 (或外部) 靜態變數的宣告語法：

> static 資料型態 變數名稱；

例：static int number;

說明

若 static int number; 宣告在 { } 區塊內，則 number 爲內部整數靜態變數，否則 number 爲外部整數靜態變數。

≡ **範例 4**

寫一程式，模擬銀行存提款（使用內部靜態變數）。

```
1   #include <stdio.h>
2   #include <stdlib.h>
3   void deposit(int);
4   int main(void)
5   {
6       int money;
7       while (1)
8        {
9         printf("輸入存提款金額(存款>0,提款<0,結束:0):");
10        scanf("%d",&money);
11        deposit(money);
12        if (money==0)
13           break;
14        }
15
16      system("pause");
17      return 0;
18  }
19
20  void deposit(int money) //定義使用者自訂函式
21  {
22      //宣告內部靜態變數
23      static int saving=0; //剛開戶,存款餘額=0
24
25      saving = saving + money;
26      printf("存款餘額:%d\n",saving);
27  }
```

執行結果

```
輸入存提款金額(存款>0,提款<0,結束:0):100
存款餘額:100
輸入存提款金額(存款>0,提款<0,結束:0):-50
存款餘額:50
```

≡ **程式解說**

主程式第 23 列 static int saving=0; 只在第一次進入 deposit() 函式 { } 區塊時被宣告，第二次以後進入 { } 區塊時，宣告的指令就跳過不執行，而是使用上次的 saving 的值。

☰範例 5

寫一程式，模擬不同銀行存提款（使用外部靜態變數）。

```
1    //先建立bank.dev專案檔，然後在bank.dev底下，
2    //分別建立bank.c、bank_a.c、bank_b.c及bank.h程式檔，
3    //其內容分別為以下四段程式。（bank.dev、bank.c、
4    //bank_a.c、bank_b.c及bank.h要放在同一資料夾）
5
6    //以下程式寫在bank.c
7    #include <stdio.h>
8    #include <stdlib.h>
9    #include "bank.h"
10   int main(void)
11   {
12       int bank_code,money;
13       while (1)
14        {
15        printf("選擇銀行(1:A銀行 2:B銀行 3:結束):");
16        scanf("%d",&bank_code);
17        if (bank_code==3)
18           break;
19
20        printf("輸入存提款金額(存款>0,提款<0):");
21        scanf("%d",&money);
22        if (bank_code==1)
23          deposit_a(money);
24        else
25          deposit_b(money);
26
27        }
28
29       system("pause");
30       return 0;
31   }
```

```
1    //以下程式寫在bank.h
2    void deposit_a(int); //定義使用者自訂函式
3    void deposit_b(int);
```

```
1    //以下程式寫在bank_a.c
2    #include <stdio.h>
3    static int saving1=0; //宣告外部靜態變數。剛開戶，A銀行的存款餘額=0
4
5    void deposit_a(int money) //定義使用者自訂函式
6    {
7        saving1 = saving1 + money;
8        printf("A銀行存款餘額:%d\n",saving1);
9    }
```

```
1    //以下程式寫在bank_b.c
2    #include <stdio.h>
3    static int saving2=0; //宣告外部靜態變數。剛開戶，B銀行的存款餘額=0
4    void deposit_b(int money) //定義使用者自訂函式
5    {
```

```
6        saving2 = saving2 + money;
7        printf("B銀行存款餘額:%d\n",saving2);
8    }
```

執行結果

```
選擇銀行(1:A銀行 2:B銀行 3:結束):1
輸入存提款金額(存款>0,提款<0):100
A銀行存款餘額:100
選擇銀行(1:A銀行 2:B銀行 3:結束):2
輸入存提款金額(存款>0,提款<0):200
B銀行存款餘額:200
選擇銀行(1:A銀行 2:B銀行 3:結束):2
輸入存提款金額(存款>0,提款<0):300
B銀行存款餘額:500
選擇銀行(1:A銀行 2:B銀行 3:結束):3
```

三 程式解說

static int saving1=0; 及 static int saving2=0; 只在第一次進入 bank_a.c 及 bank_b.c 被宣告，第二次以後，宣告的指令就跳過，而使用上次的值。

3. **暫存器變數(Register Variables)**：若一變數在程式執行時，變動的頻率十分頻繁，則可利用暫存器記憶體的優勢處理速度，將其宣告成暫存器變數，儲存在CPU的暫存器記憶體中，使程式執行的速度加快。並不是所有的變數都可宣告成暫存器變數，因為電腦硬體CPU內部的記憶體容量比動態存取記憶體(DRAM)少很多，無法提供給很多變數使用。那宣告很多變數為暫存器變數，會發生問題嗎？這一點倒是不用擔心，編譯程式會自動分配暫存器變數與內部變數的數量。暫存器變數有以下特徵：

   (1) 暫存器變數宣告在{}區塊內或函式的虛擬參數，屬於區域變數的一種。

   (2) 暫存器變數只能在 { } 區塊內使用。當 { } 區塊結束時，暫存器變數所佔記憶體空間會被釋放，同時暫存器變數就不存在了。

暫存器變數的宣告語法：

register 資料型態 變數名稱 ;

例：像 for(i=1;i<=100000000;i++) 迴圈結構中的迴圈變數 i，從 1 變化到 100000000，共變動 100000000 次，因此可宣告 i 為暫存器整數變數，加快程式執行的速度。

11-3　自我練習

1. 寫一程式，模擬銀行存提款作業。以跨檔案方式，分別定義存款作業函式及提款作業函式，並使用外部變數連結主程式。
2. 寫一程式，記錄學生大學 4 年所修的學分數。以跨檔案方式，定義記錄每年所修的學分數函式，並使用外部變數連結主程式。

12

使用者自訂資料型態

教學目標

12-1　結構資料型態
12-2　結構資料排序
12-3　結構與函數
12-4　列舉資料型態
12-5　共用資料型態
12-6　進階範例
12-7　自我練習

之前所介紹的資料型態，都是屬於單一的基本資料型態，但生活中所使用的文件資料，通常是多欄位，且欄位的資料型態不一定完全相同。例：學校新生入學所填的學生基本資料、公司新進人員所填的人事基本資料等等。因此，想儲存這類型的文件資料，使用單一基本資料型態是無法辦到的，必須使用新資料型態才能達成。

C語言的一般變數及指標變數只能宣告成單一種基本資料型態；而陣列變數雖然一次可以宣告很多個，但也只能宣告成單一種基本資料型態。因此，必須定義新的資料型態，才能存取類似上列問題中的文件資料內容。以下分別定義C語言之結構、列舉及共用三種不同新資料型態及它們的應用。

12-1 結構資料型態

所謂結構資料型態，是指藉由組合多種基本資料型態而成的一種新資料型態，其為一種C語言的延伸資料型態。結構資料型態中的成員變數，彼此間是有關係的，但成員變數的資料型態可以不同，就像資料庫中的記錄。為了方便起見，我們將結構資料型態簡稱為結構。

一個結構要能正常運作，必須具備以下三個部分：

1. 定義結構。
2. 宣告結構變數。
3. 使用結構變數。

12-1-1 定義結構

結構的架構包括三個部份，分別是以 struct 關鍵字為首的 " 結構名稱 "、以 { } 為範圍的 " 結構內容 " 及結尾符號 ";"。結構的定義語法如下：

```
struct 結構名稱
    {
    資料型態 資料成員1;
    資料型態 資料成員2;
    …

    };
```

說明

1. 關鍵字 struct 是做為定義結構名稱之用。

2. 結構名稱的命名規則與變數相同。當結構被定義後，結構名稱就是一種新的資料型態。

3. 結構名稱中所宣告的資料成員，就是此結構所具備的屬性 (或欄位)。資料成員名稱的命名規則與變數相同。通常資料成員彼此間是有關係的。

4. 資料成員的資料型態，可以是之前所學過的 char、int、float 或 double 等資料型態。

5. 結構被定義後，它所佔的記憶體空間之計算程序如下：

　　步驟 1：計算結構的每一個資料成員的資料型態所佔的記憶體空間，並找出最大值。

　　　　　　（註：資料型態的所佔的記憶體空間，請參考「第二章 C 語言的基本資料型態」）

　　步驟 2：將資料成員由上往下，以連續相同資料型態的資料成員分成一區，遇到資料型態不同的資料成員，則分成另外一區，以此類推。每一區的資料成員所佔記憶體空間為

　　　　　　ceil((float) (各區資料成員所佔的記憶體空間的總和) / 最大值)
　　　　　　* 最大值。

　　步驟 3：累計步驟 2 中的各區資料成員所佔的記憶體空間。

　　例：定義一個儲存學生資料的結構，其內部有 5 個資料成員。資料成員名稱分別為學號、姓名、年齡、電話及住址。

解：

```
struct student
  {
  char code[12];         //學號
  char name[9];          //姓名
  int age;               //年齡
  char tel[11];          //電話
  char address[81];      //住址
};
```

說明

1. struct student 的資料成員 code 的資料型態為 char，所佔的記憶體空間為 sizeof(char)=1(Byte)。struct student 的資料成員 name 的資料型態為

char，所佔的記憶體空間為 sizeof(char)=1(Byte)。資料成員 age 的資料型態為 int，所佔的記憶體空間為 sizeof(int)=4(Bytes)。資料成員 tel 的資料型態為 char，所佔的記憶體空間為 sizeof(char)=1(Byte)。資料成員 address 的資料型態為 char，所佔的記憶體空間為 sizeof(char)=1(Byte)。

2. struct student 的資料成員 code 及 name 的資料型態均為 char，因此將它分在第一區。資料成員 age 的資料型態為 int 結構，分在第二區。資料成員 tel 及 address 的資料型態均為 char，分在第三區。

第一區的資料成員所佔的記憶體空間為

ceil((float) sizeof(code) + sizeof(name) / 4) * 4

= ceil((float) (12 + 9) / 4) * 4 = 24

第二區的資料成員所佔的記憶體空間為

ceil((float) sizeof(age) / 4) * 4 = ceil((float) 4 / 4) * 4 = 4

第三區的資料成員所佔的記憶體空間為

ceil((float) sizeof(tel) + sizeof(address) / 4) * 4

= ceil((float) (11 + 81) / 4) * 4 = 92

3. 因此，struct student 資料型態所佔的記憶體空間為 24+4+92=120(Bytes)

4. student 結構示意圖如圖 12-1：

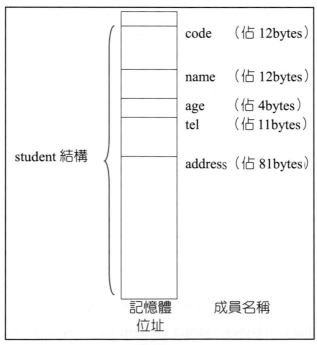

圖12-1

> **注意**　在一個結構中，若有成員變數的資料型態為結構或列舉或共用時，則此結構所佔的記憶體空間，是先以上述的程序算出不含結構或列舉或共用資料型態所佔的記憶體空間，然後再將剩餘的結構或列舉或共用資料型態所佔的記憶體空間一個一個相加。(請參考「12-4 列舉資料型態」及「12-5 共用資料型態」)

12-1-2　宣告結構變數

宣告結構變數的語法：

> struct 結構名稱 結構變數 ;

說明

結構變數使用前必須要宣告過。結構變數可為一般結構變數、結構陣列變數或結構指標變數。

例：承上例，宣告一個結構資料型態為 student 的結構變數 first，一個有兩個元素的結構陣列變數 second，以及一個結構指標變數 three，並指向 first 結構變數。

解：struct student first,second[2]*three=&first;

12-1-3　使用結構變數

結構變數的使用語法：

> 1. 結構變數.結構成員
> 2. 結構指標變數->結構成員

說明

1. 若結構變數為一般結構變數或結構陣列變數時，要存取結構中的成員內容，則必須使用成員存取運算子「.」。

2. 若結構變數為結構指標變數時，要存取結構中的成員內容，則必須使用成員存取運算子「->」。

例：承上例，設定 first 結構變數的 age 成員內容為 24，second[1] 結構陣列變數的 tel 成員內容為 "0951685168"，three 結構指標變數的 address 成員內容為 " 加拿大 "。

解：first.age=24;

　　strcpy(second[1].tel,"0951685168");

　　strcpy(three->address,"加拿大");

注意　1. 為什麼不能寫成 second[1].tel="0951685168"; 及 three->address=" 加拿大 "; 呢？因為要將字串複製給變數，必須使用 strcpy( ) 函式來完成。

　　　2. 在上例時，「three = &first;」。因此，本例執行　strcpy(three->address," 加拿大 "); 後，first.address 的內容也變成 " 加拿大 "。

宣告結構變數並設定初始值的語法：

struct 結構名稱 結構變數 ={data1,data2,…};

例：承上例，宣告一個資料型態為 student 結構的 first 結構變數，並設定它的成員變數的初始值分別為"123201"、"林書豪"、25、"0958888888"及 "美國"。宣告一個資料型態為 student 結構的 second 結構陣列變數，且陣列元素有兩個，並設定它的成員變數的初始值分別為{"123202","曾雅妮",24,"0958885168","臺灣"}、{"993201","盧彥勳",27, "0951688888"," 臺灣"}。宣告一個資料型態為 student 結構的 three 結構指標變數，且設定 three 指向結構變數 first。

解：
```
struct student first={"123201","林書豪",25, "0958888888","美國"};
struct student second[2]={
       {"123202","曾雅妮",24,"0958885168","臺灣"},
       {"993201","盧彥勳",27,"0951688888","臺灣"} };
struct student *three=&first;
```

注意　結構指標變數一定要指向同結構的變數。

例：承上例，印出 first、second[0]、second[1] 及 three 結構變數的成員內容。

解：
```
//印出first結構變數的成員內容
printf("%s %s %d ",first.code,first.name,first.age);
printf("%s %s\n",first.tel,first.address);
//印出second[0],second[1]結構陣列變數的成員內容
for (i=0;i<=1;i++)
 {
    printf("%s %s ",second[i].code,second[i].name);
```

```
        printf("%d %s ",second[i].age,second[i].tel);
        printf("%s\n", second[i].address);
    }
//印出three結構指標變數的成員內容，結果會與first一樣
printf("%s %s ",three->code,three->name);
printf("%d %s ",three->age,three->tel);
printf("%s\n",three->address);
```

≡ 範例 1

寫一程式，練習結構、結構變數、結構陣列變數及結構指標變數的用法。

```
1   #include <stdio.h>
2   #include <stdlib.h>
3   int main(void)
4    {
5      struct student
6      {
7       char code[12];          //學號
8       char name[9];           //姓名
9       int age;                //年齡
10      char tel[11];           //電話
11      char address[81];       //住址
12     };
13     struct student first={"123201","林書豪",25,"0958888888","美國"};
14     struct student second[2]={
15       {"123202","曾雅妮",24,"0958885168","臺灣"},
16       {"993201","盧彥勳",27,"0951688888","臺灣"}};
17
18     //結構指標變數three指向結構變數first
19     struct student *three=&first;
20     int i;
21     //印出first結構變數的成員內容
22     printf("%s %s %d ",first.code,first.name,first.age);
23     printf("%s %s\n",first.tel,first.address);
24
25     //印出second[0],second[1]結構陣列變數的成員內容
26     for (i=0;i<=1;i++)
27      {
28        printf("%s %s ",second[i].code,second[i].name);
29        printf("%d %s ",second[i].age,second[i].tel);
30        printf("%s\n", second[i].address);
31      }
32
33     //印出three結構指標變數的成員內容
34     printf("%s %s ",three->code,three->name);
35     printf("%d %s ",three->age,three->tel);
36     printf("%s\n",three->address);
37     system("pause");
38     return 0;
39    }
```

執行結果

```
123201 林書豪 25 0958888888 美國
123202 曾雅妮 24 0958885168 臺灣
993201 盧彥勳 27 0951688888 臺灣
123201 林書豪 25 0958888888 美國
```

三 程式解說

程式第 34 列~第 36 列

```
printf("%s %s ",three->code,three->name);
printf("%d %s ",three->age,three->tel);
printf("%s\n",three->address);
```

可改成

```
printf("%s %s ",(*three).code,(*three).name);
printf("%d %s ",(*three).age,(*three).tel);
printf("%s\n",(*three).address);
```

結構變數的指定運算子：

結構變數2=結構變數1;

說明

1. 結構變數 1 及結構變數 2 必須都屬於相同的結構，才可使用指定運算子。

2. 將結構變數 2 設定為結構變數 1，則結構變數 2 所有成員的內容等於結構變數 1 的相對應成員的內容。

12-1-4 巢狀結構

在一個結構的成員中，若有一個成員的資料型態為結構型態時，這樣的結構被稱為巢狀結構。當問題中所提到的資料很多，且彼此間有某種關係時，可以使用巢狀結構的方式來撰寫，其主要的目的是將資料分別儲存在不同的結構中，以區分主要結構與從屬結構。

以下例子中，employee 結構表示員工的資料，其中 myparent 成員代表員工父母的資料，由此可以看出員工與父母的資料分別儲存在不同的結構中。

例：

```
struct parent
 {
   char name[9];
   int age;
 };

struct employee
 {
   int id;
   har name[9];
   struct parent myparent;
 };
```

因為 employee 結構的 myparent 成員之資料型態為 struct parent，所以 employee 結構符合巢狀結構的樣式。

注意：定義巢狀結構時，單層結構定義要寫在雙層結構定義上面，雙層結構定義要寫在三層結構定義上面，...，以此類推；否則會出現類似 field '結構名稱' has incomplete type 的錯誤訊息。意思是說結構定義的順序錯誤。

≡ 範例 2

寫一程式，練習巢狀結構、結構變數及結構指標變數的用法。

```
1   #include <stdio.h>
2   #include <stdlib.h>
3   int main(void)
4   {
5     struct parent
6      {
7       char name[9];
8       int age;
9      };
10
11    struct employee
12     {
13      int id;
14      char name[9];
15      struct parent myparent;
16     };
17
18    struct employee a,*c;
19
20    //結構指標變數c指向結構變數a
21    c=&a;
22
23    //設定a結構變數的成員內容
24    a.id=21;
25    strcpy(a.name,"John");
26    strcpy(a.myparent.name,"Mike");
```

```
27      a.myparent.age=50;
28
29      //印出a結構變數的成員內容
30      printf("%d %s ",a.id,a.name);
31      printf("%s %d\n",a.myparent.name, a.myparent.age);
32
33      //設定c結構指標變數的成員內容
34      c->id=22;
35      strcpy(c->name,"David");
36      strcpy(c->myparent.name,"Steven");
37      c->myparent.age=45;
38
39      //印出c結構指標變數的成員內容
40      printf("%d %s ", c->id, c->name);
41      printf("%s %d\n",c->myparent.name, c->myparent.age);
42
43      //重新印出a結構變數的成員內容
44      printf("%d %s ",a.id,a.name);
45      printf("%s %d\n",a.myparent.name, a.myparent.age);
46      system("pause");
47      return 0;
48  }
```

執行結果

```
21 John Mike 50
22 David Steven 45
22 David Steven 45
```

≡ 程式解說

存取巢狀結構的成員時，只需多加幾個成員存取運算子「.」或「->」。例：若巢狀結構為兩層，則想存取最後一層巢狀結構的成員必須使用兩個 .（參考第 27 列），或一個「->」及一個「.」（參考第 37 列），以此類推。

12-2 結構資料排序

不同資料型態的資料若彼此間有某種關係，並將這些資料分別儲存在不同的陣列變數中，想要依據某個陣列變數的資料去排序，則排序後原來的對應關係可能不再正確。主要的原因是依據某個陣列變數的資料去排序，其他陣列變數的資料並不會自動相對去排序（參考下面例子）。要解決這種缺失，則可使用結構來儲存這些資料型態不同且彼此間有某種關係的資料。

例：將下列左邊表格的資料，分別儲存在姓名、年齡及電話陣列變數中，依
據年齡陣列變數排序後，為什麼會產生右邊表格的情形？

姓名	年齡	電話
張三	18	04-2321
王五	19	06-2512
李四	18	02-2226

姓名	年齡	電話
張三	18	04-2321
王五	18	06-2512
李四	19	02-2226

解答

因姓名及電話陣列變數並不會隨年齡陣列變數自動調整順序，所以導致右邊
表格的相關資料與左邊表格不一致。

≡範例 3

假設資一甲的前 3 位同學的通訊資料如下：

姓名	年齡	電話
張三	18	04-2321
王五	19	06-2512
李四	18	02-2226

寫一程式，使用結構來儲存通訊錄資料，依據通訊錄的年齡來排列（從小到大）
並輸出。

```
1   #include <stdio.h>
2   #include <stdlib.h>
3   int main(void)
4   {
5     int i,j;
6     struct tel_book
7      {
8       char name[9];
9       int age;
10      char tel[11];
11     };
12
13    struct tel_book student[3]={{"張三",18,"04-2321"},
14                                {"王五",19,"06-2512"},
15                                {"李四",18,"02-2226"}};
16
17    struct tel_book temp; // 暫存temp結構
18
19    printf("排序前的資料:\n");
20    for (i=0;i<3;i++)
21     {
```

```
22         printf("%s %d ",student[i].name,student[i].age);
23         printf("%s\n", student[i].tel);
24      }
25
26   for (i=1;i<=2;i++)          //執行2(=3-1)個步驟
27     for (j=0;j<3-i;j++)       //第i步驟,執行3-i次比較
28       if (student[j].age > student[j+1].age)
29        {
30         temp=student[j];
31         student[j]=student[j+1];
32         student[j+1]=temp;
33        }
34        //若左邊的資料>右邊的資料,則
35        //將student[j]與student[j+1]的
36        //所有成員之內容互換。
37
38   printf("排序後的資料:\n");
39   for (i=0;i<3;i++)
40    {
41     printf("%s %d ",student[i].name,student[i].age);
42     printf("%s\n", student[i].tel);
43    }
44
45   system("pause");
46   return 0;
47 }
```

執行結果

```
排序前的資料:
張三18 04-2321
王五19 06-2512
李四18 02-2226
排序後的資料:
張三18 04-2321
李四18 02-2226
王五19 06-2512
```

三 程式解說

程式第 26 列 ~ 第 33 列

```
for (i=1;i<=2;i++)          //執行2(=3-1)個步驟
  for (j=0;j<3-i;j++)       //第i步驟,執行3-i次比較
    if (student[j].age>student[j+1].age)
     {
      temp=student[j];
      student[j]=student[j+1];
      student[j+1]=temp;
     }
```

若左邊的資料 > 右邊的資料，所執行的三列指令

```
temp=student[j];
student[j]=student[j+1];
student[j+1]=temp;
```

是將結構 student[j] 與結構 student[j+1] 的內容互換，即將結構 student[j] 與結構 student[j+1] 的所有成員之內容互換，如此才能使每筆資料的內容維持原來的關係。

12-3　結構與函數

呼叫函數時所需的參數之資料型態，除了 C 語言所提供的基本資料型態外，也可以是設計者自定的結構；而且結構還可以當作函數回傳資料的型態之用。

函式的定義語法如下：（參考「第十章 使用者自訂函式」）

函式型態 函式名稱(參數型態 虛擬參數1 , 參數型態 虛擬參數2 , …)
{
  …
        指令敘述
  …
}

說明

(1) 參數型態中至少有一個為 struct 結構名稱，這樣才算包含結構參數。

(2) 若函式型態為 struct 結構名稱，則函數回傳資料的型態為結構。

≡**範例 4**

某公司員工的身高及體重資料如下：

姓名	身高 (cm)	體重 (kg)
張三	168	55
王五	179	53
李四	160	62

寫一程式，使用結構來儲存姓名、身高及體重資料，並設計一函數，且函數的參數之資料型態必須是結構，最後輸出每個人的 BMI。

```
1    #include <stdio.h>
2    #include <stdlib.h>
3    struct employee
4     {
5       char name[9];
6       int height;
7       int weight;
8       float bmi_index;      //BMI：身體質量指數
9     };
10   void bmi(struct employee [],int);
11   int main(void)
12    {
13      struct employee member[3]={{"張三",168,55},
14                                 {"王五", 179,53},
15                                 {"李四", 160,62}};
16
17      bmi(member,3);
18      system("pause");
19      return 0;
20    }
21
22   void bmi(struct employee data[],int size)
23    {
24     int i;
25     for (i=0;i<size;i++)
26      {
27       printf("%s的體重=", data[i].name);
28       printf("%d\n",data[i].weight);
29       data[i].bmi_index=data[i].weight/pow(data[i].height/100.0,2);
30
31       printf("BMI=%.1f\n",data[i].bmi_index);
32       if (data[i].bmi_index<18.5)
33         printf("體重過輕\n");
34       else if (data[i].bmi_index<24)
35         printf("體重在正常範圍\n");
36       else if (data[i].bmi_index<27)
37         printf("體重過重\n");
38       else if (data[i].bmi_index<30)
39         printf("體重輕度肥胖\n");
40       else if (data[i].bmi_index<35)
41         printf("體重中度肥胖\n");
42       else
43         printf("體重重度肥胖\n");
44      }
45    }
```

執行結果

張三的體重=55
BMI=19.5

```
體重在正常範圍
王五的體重=53
BMI=16.5
體重過輕
李四的體重=62
BMI=24.2
體重過重
```

三 程式解說

1. 身體質量指數（Body Mass Index，縮寫爲 BMI），其計算公式：BMI = 體重 (kg) / (身高 (m))^2

成人的體重分級與標準	
分級	身體質量指數
體重過輕	BMI < 18.5
正常範圍	18.5 ≦ BMI < 24
過重	24 ≦ BMI < 27
輕度肥胖	27 ≦ BMI < 30
中度肥胖	30 ≦ BMI < 35
重度肥胖	BMI ≧ 35
資料來源：衛生署食品資訊網 http://consumer.fda.gov.tw/Food/MyBmi.aspx?nodeID=177	

2. 程式第 3 列 ~ 第 9 列

```
struct employee
{
    char name[9] ;
    int height;
    int weight;
    float bmi_index;
};
```

而程式第 13 列 ~ 第 15 列

```
struct employee member[3]={{"張三",168,55},
                           {"王五",179,53},
                           {"李四",160,62}};
```

每個結構陣列變數都只設定前 3 項成員（即 student[0]、student[1] 及 student[2]）的初始值，第 4 個成員主要是儲存計算的結果，所以可以不必設定初始值。

三範例 5

假設資一乙的前 5 位同學 18 歲以前的捐血資料如下：

姓名	捐血次數	姓名	捐血次數	姓名	捐血次數
張三	5	王五	3	李四	7
林二	6	小陳	5		

寫一程式，使用結構來儲存姓名及捐血次數，並設計一函數，函數型態及函數的虛擬參數之資料型態必須是結構。輸出捐血次數最多者的姓名及捐血次數。

```c
1   #include <stdio.h>
2   #include <stdlib.h>
3   struct blood
4    {
5      char name[9];
6      int number;
7    };
8
9   struct blood blood_num(struct blood [],int);
10
11  int main(void)
12   {
13     int i;
14     struct blood student[5]={{"張三",5},{"王五",3},
15                              {"李四",7},{"林二",2},
16                              {"小陳",4}};
17     struct blood big_number;
18     printf("姓名 捐血次數\n");
19     for (i=0;i<5;i++)
20       printf("%s %d\n",student[i].name,student[i].number);
21
22     big_number=blood_num(student,3);
23
24     printf("捐血次數最多者為%s,",big_number.name);
25     printf("捐血次數%d次\n",big_number.number);
26
27     system("pause");
28     return 0;
29   }
30
31  struct blood blood_num(struct blood data[],int size)
32   {
33     int i,j;
34     struct blood temp; //暫存temp結構
35     temp=data[0]; //設定data[0]為捐血次數最多者的結構
36     for (i=1;i<=size-1;i++)  //執行size-1次比較
37     if (temp.number < data[i].number)
38       temp=data[i]; //設定data[i]為捐血次數最多者的結構
39
40     return temp; //傳回捐血次數最多者的姓名及捐血次數
41   }
```

執行結果

```
姓名  捐血次數
張三  5
王五  3
李四  7
林二  2
小陳  4
捐血次數最多者為李四，捐血次數7次
```

12-4　列舉資料型態

　　生活中常常會使用某種名稱（或符號）來代表某種事物。例：使用不同綽號代表不同人名、使用不同顏色代表不同溫度等等。在程式撰寫中，若需要使用到一組固定的整數時，則一樣可以使用一組名稱（或符號）來代表該組整數。而使用一組名稱來代表一組整數的資料型態，被稱為列舉資料型態。為了方便起見，我們將列舉資料型態簡稱為列舉。

　　一個列舉要能正常運作，必須具備以下三個部分：

1. 定義列舉。
2. 宣告列舉變數。
3. 使用列舉變數。

12-4-1　定義列舉

　　定義列舉的語法：

```
enum 列舉名稱
{
  成員名稱1[=資料1],
  成員名稱2[=資料2],
  …
};
```

說明

1. 列舉名稱的命名規則與變數相同。當列舉名稱的資料型態被定義後,列舉名稱就是一種新的資料型態。

2. 列舉名稱中的成員名稱的命名規則與變數相同,且盡量使用有意義的名稱。注意:使用時,成員名稱不可寫在「=」(指定運算子)的左邊。

3. 「…」表示可有可無,視情況而定。

4. 若成員名稱 1 的初始值沒設定,則成員名稱 1 代表的值為 0。

5. 若某成員名稱的初始值沒設定,則該成員名稱代表的值為上一個成員名稱的值加 1。

6. 當某個列舉資料型態被定義後,不管其列舉名稱為何及成員名稱有多少個,此列舉資料型態所佔的記憶體空間都為 4 個位元組 (Byte)。

例:使用列舉的方式,定義 sunday ,monday, tuesday, wednesday, thursday, friday, saturday 分別代表 0 到 6。

解:

```
enum week
 {
    sunday,             //sunday=0
    monday,             //monday=1
    tuesday,            //tuesday=2
    wednesday,          //Wednesday=3
    thursday,           //thursday=4
    friday,             //friday=5
    saturday            //saturday=6
 };
```

說明

1. 因為 sunday 沒設定初始值,所以 sunday=0。

2. 因為 monday, tuesday, wednesday, thursday, friday, saturday 也沒設定初始值,所以

```
monday=sunday+1=1,tuesday=monday+1=2,
wednesday=tuesday+1=3,thursday=wednesday+1=4,
friday=thursday+1=5,saturday=friday+1=6。
```

例:使用列舉的方式,定義 white = 1, black = 2, blue = 5, red = 6, green=7, yellow=9。

解：

```
enum color
  {
    white = 1, black, blue = 5, red, green, yellow=9
  };
```

說明

1. 因為 black 沒設定初始值，所以 black 的值等於 white+1 ＝ 2。
2. 因為 red 沒設定初始值，所以 red 的值等於 blue +1=6。
3. 因為 green 沒設定初始值，所以 green 的值等於 red+1=7。

12-4-2　宣告列舉變數

宣告列舉變數的語法：

> enum 列舉名稱 列舉變數 ;

說明

列舉變數使用前，必須要宣告過。

例：承上例，宣告一個資料型態為 color 列舉的 mycolor 列舉變數。
解答：enum color mycolor;

12-4-3　使用列舉變數

列舉變數的使用語法：

> 列舉變數 = 列舉成員 ;

或

> 列舉變數 = 整數常數 ;

例：承上例，設定 mycolor 列舉變數的值為 2。
解答：mycolor=black; 。

說明

因為 black=2。

≡範例 6

寫一程式，使用列舉定義 sunday, monday, tuesday, wednesday, thursday, friday, saturday 分別代表 0 到 6，輸入一整數列舉變數，輸出今天是星期幾（英文字）。

```c
1   #include <stdio.h>
2   #include <stdlib.h>
3   int main(void)
4    {
5      enum week
6        {
7          sunday,                //sunday=0
8          monday,                //monday=1
9          tuesday,               //tuesday=2
10         wednesday,             //Wednesday=3
11         thursday,              //thursday=4
12         friday,                //friday=5
13         saturday               //saturday=6
14        };
15
16     enum week today;
17
18     printf("輸入一整數(0~6):");
19     scanf("%d",&today);
20
21     switch(today)
22       {
23       case sunday:
24         printf("今天是sunday\n");
25         break;
26       case monday:
27         printf("今天是monday\n");
28         break;
29       case tuesday:
30         printf("今天是tuesday\n");
31         break;
32       case wednesday:
33         printf("今天是wednesday\n");
34         break;
35       case thursday:
36         printf("今天是thursday\n");
37         break;
38       case friday:
39         printf("今天是friday \n");
40         break;
41       case saturday:
42         printf("今天是saturday\n");
43         break;
44       default:
45         printf("輸入錯誤\n");
```

```
46      }
47
48      system("pause");
49      return 0;
50  }
```

執行結果

輸入一整數:3
輸出今天是Wednesday

12-5　共用資料型態

　　人們希望在有限的房屋空間中，能夠創造出寬敞的視覺效果及發揮空間的最大使用率，會請室內設計師在既有的房屋結構下，巧妙地運用空間規劃以滿足自我的需求。

　　同理，在設計程式時，為了讓同樣的一塊記憶體空間可以存放不同型態的變數資料，C語言提供了一種類似於結構資料型態的共用資料型態（或稱聯合資料型態），提升記憶體的使用效率。共用資料型態如同結構資料型態一樣，也是一種使用者自訂資料型態。為了方便起見，我們將共用資料型態簡稱為共用。

　　由於共用資料型態使用同一塊記憶體儲存不同型態的變數資料，因此一次只能存取其中一個成員變數。當共用中的某變數的內容被更改，則其他變數的內容就可能不再與之前的內容相同或不再有意義了。

　　一個共用要能正常運作，必須具備以下三個部分：

1. 定義共用。
2. 宣告共用變數。
3. 使用共用變數。

12-5-1 定義共用

共用的定義語法：

```
union 共用名稱
{
 資料型態 變數1;
 資料型態 變數2;
 …
};
```

說明

1. 共用名稱的命名規則與變數相同。當共用被定義後，共用名稱就是一種新的資料型態。

2. 共用名稱中的變數名稱的命名規則與變數相同，且盡量使用有意義的名稱。

3. 共用中所宣告的變數被稱為共用的成員（或欄位）。

4. 變數的資料型態可以是之前所學過的任何一種資料型態。

5. 變數 1，變數 2，…都是使用同一塊記憶體來儲存資料，但任何時刻都只會正確記錄某個變數的資料。

6. 計算共用資料型態所佔用的記憶空間之程序如下：

   步驟 1：分別計算共用資料型態中各變數所佔記憶體空間，找出最大值。

   步驟 2：將共用資料型態中，各變數的資料型態所佔記憶體空間，分別代入下列公式：

   ceil((float) 最大值 / 各變數的資料型態所佔記憶體空間) *
   各變數的資料型態所佔記憶體空間

   步驟 3：步驟 2 所得到的最大值即為共用資料型態所佔用的記憶空間。

   例：求下列程式片段所定義的 creature 共用資料型態所佔的記憶體空間。

```
union creature
 {
   char name[13];
   char sex;
   int age;
   char eyescolor[5];
   char horn;
 };
union creature animal;
```

解：

步驟 1：animal 變數所佔記憶體空間為 sizeof(animal.name)=13(Bytes)，
sex 變數所佔記憶體空間為 sizeof(animal.sex)=1(Byte)，
age 變數所佔記憶體空間為 sizeof(animal.age)=4(Bytes)，
eyescolor 變數所佔記憶體空間為
sizeof(animal.eyescolor)=5(Bytes)，
horn 變數所佔記憶體空間為 sizeof(animal.horn)=1(Byte)。
最大值為 13(Bytes)。

步驟 2：ceil((float)13/sizeof(char))*sizeof(char)=13，
ceil((float)13/sizeof(int))*sizeof(int)=16。

步驟 3：在步驟 2 中，最大值為 16(Bytes)，所以 creature 共用資料型態
所佔用的記憶空間為 16(Bytes)。

12-5-2　宣告共用變數

共用變數的宣告：
union 共用名稱 共用變數;

說明

共用變數使用前，必須要宣告過。共用變數可為一般共用變數或共用陣列變
數或共用變數指標變數。

例：承上例，宣告一個共用資料型態為 creature 的共用變數 first、一個有兩
個元素的共用陣列變數 second 及一個共用指標變數 three。

解：union creature first,second[2],*three;

12-5-3　使用共用變數

使用共用變數的語法：

1. 共用變數.共用成員
2. 共用指標變數->共用成員

說明

1. 若共用變數爲一般共用變數或共用陣列變數時，要存取共用中的成員內容，則必須使用成員存取運算子「.」。

2. 若共用變數爲共用指標變數時，要存取共用中的成員內容，則必須使用成員存取運算子「->」。

例：承上例，設定 first 共用變數的 age 成員內容爲 18，second[1] 共用陣列變數的 horn 成員內容爲 'N'，three 共用指標變數的 name 成員內容爲 "Dragon"。

解：

```
first.age=18;
secon[1].horn='N'; //沒有角
strcpy(three->name,"Dragon");
```

〔注意〕不可寫成 three->name="Dragon"; 因爲字串不可使用指定運算子直接將字串指定給變數，必須使用 strcpy( ) 函式將字串複製給變數。

宣告一共用變數，並設定其第一個成員的初始值之語法：

union 共用名稱 共用變數 ={ 第一個成員的初始值 };

例：承上例，宣告一個共用資料型態爲 creature 的 first 共用變數，並設定它的成員變數的初始值分別爲 " 莊智淵 "、30、'M' 及 " 棕色 "。宣告一個共用資料型態爲 creature 的 second 共用陣列變數且陣列元素有兩個，並設定它的成員變數的初始值分別爲 {"Goat"、6、'F'、" 棕色 "、'Y'} 及 {"Dog"、3、'M'、" 黑色 "、'N'}。宣告一個共用資料型態爲 creature 的 three 共用指標變數，並設定 three 指向共用變數 first。

解：

```
union creature first={"莊智淵"};
first.age=30;
first.sex='M';
strcpy(first.eyescolor,"棕色");

union creature second[2];
strcpy(second[0].name,"Goat");
second[0].age=6;
second[0].sex='F';
```

```
strcpy(second[0].eyescolor,"棕色");
second[0].horn='Y';

strcpy(second[1].name,"Dog");
second[1].age=3;
second[1].sex='M';
strcpy(second[1].eyescolor,"黑色");
second[1].horn='N';

union creature *three=&first;
```

〔注意〕共用指標變數一定要指向相同的共用資料型態之變數。

例：承上例，印出 first、second[0]、second[1] 及 three 共用變數的成員內容。

解：

```
//印出first共用變數的成員內容
printf("%s %d %c %s\n",first.name,first.age,first.sex,first.eyescolor);

//印出second[0],second[1]共用陣列變數的成員內容
for (i=0;i<=1;i++)
 {
  printf("%s %d ",second[i].name,second[i].age);
  printf("%c %s ",second[i].sex,second[i].eyescolor);
  printf("%c\n",second[i].horn);
 }

//印出three共用指標變數的成員內容
printf("%s %d ",three->name,three->age);
printf("%c %s\n",three->sex,three->eyescolor);
```

　　執行結果如下所示。出現一些奇怪的資料，這是因為同一個共用變數只使用同一塊記憶體，任何時刻都只會正確記錄它的某個成員變數的資料。

```
棕色 -492387148_?棕色 Y藻?-492387239_Y Y藻?Y
N礎?-492387762 N N礎?N
棕色 -492387148 ?棕色
```

12-6 進階範例

≡範例 7

假設資一乙的前 3 位同學的通訊資料如下：

姓名	年齡	電話
王五	19	06-2512
張三	18	04-2321
李四	18	02-2226

寫一程式，使用結構來儲存通訊錄資料，依據通訊錄的年齡及電話來排列 (從小到大) 並輸出。

```c
1   #include <stdio.h>
2   #include <stdlib.h>
3   #include <string.h>
4   int main(void)
5   {
6    int i,j;
7    struct tel_book
8      {
9       char name[9];
10      int age;
11      char tel[11];
12     };
13
14   struct tel_book student[3]={
15          {"王五",19,"06-2512"},
16          {"張三",18,"04-2321"},
17          {"李四",18,"02-2226"} };
18
19   struct tel_book temp; // 暫存temp結構
20
21   printf("排序前的資料:\n");
22   for (i=0;i<3;i++)
23    {
24     printf("%s %d ",student[i].name,student[i].age);
25     printf("%s\n", student[i].tel);
26    }
27
28   for (i=1;i<=2;i++)           //執行2(=3-1)個步驟
29     for (j=0;j<3-i;j++)        //第i步驟,執行3-i次比較
30       //年齡較大者排在後面
31       if (student[j].age>student[j+1].age)
32        {
33          temp=student[j];
```

```
34          student[j]=student[j+1];
35          student[j+1]=temp;
36        }
37      //若年齡相同
38      else if (student[j].age==student[j+1].age)
39        //再依據電話排列
40        if (strcmp(student[j].tel,student[j+1].tel)>0)
41          {
42           temp=student[j];
43           student[j]=student[j+1];
44           student[j+1]=temp;
45          }
46
47      //若左邊的資料>右邊的資料，則
48      //將student[j]與student[j+1]的
49      //所有成員之內容互換。
50
51   printf("排序後的資料:\n");
52   for (i=0;i<3;i++)
53     {
54      printf("%s %d ",student[i].name,student[i].age);
55      printf("%s\n", student[i].tel);
56     }
57
58   system("pause");
59   return 0;
60  }
```

執行結果

```
排序前的資料:
王五  19 06-2512
張三  18 04-2321
李四  18 02-2226
排序後的資料:
李四  18 02-2226
張三  18 04-2321
王五  19 06-2512
```

≣ 範例 8

假設資一甲莊智淵同學本學期修課記錄如下：

姓名	科目代號及名稱	成績	教師代號及姓名
莊智淵	11 程式設計	90	07 邏輯林
莊智淵	21 微積分	92	09 代數陳

寫一程式，使用三層巢狀結構來儲存莊智淵同學本學期修課記錄，並輸出平均成績。

```
1    #include <stdio.h>
2    #include <stdlib.h>
3    #include <string.h>
4    int main(void)
5     {
6      int i,total=0;
7
8      struct teacher
9       {
10       int code;
11       char name[9];
12      };
13
14     struct subject
15      {
16       int code;
17       char name[9];
18       struct teacher teacher;
19      };
20
21     struct major_rec
22      {
23       char name[9];
24       struct subject subject;
25       int score;
26      };
27
28     struct major_rec data[2];
29
30     strcpy(data[0].name,"莊智淵");
31     data[0].subject.code=11;
32     data[0].score=90;
33     strcpy(data[0].subject.name,"程式設計");
34     data[0].subject.teacher.code=7;
35     strcpy(data[0].subject.teacher.name,"邏輯林");
36
37     strcpy(data[1].name,"莊智淵"); //此指令可有可無
38     data[1].subject.code=21;
39     data[1].score=92;
40     strcpy(data[1].subject.name,"微積分   ");
41     data[1].subject.teacher.code=7;
42     strcpy(data[1].subject.teacher.name,"代數陳");
43
44     printf("%s同學本學期修課記錄如下:\n",data[0].name);
45     printf("科目代號 科目名稱\t成績\t教師代號\t教師姓名\n");
46     for (i=0;i<2;i++)
47      {
48       printf("%d\t ",data[i].subject.code);
49       printf("%s\t %d\t",data[i].subject.name,data[i].score);
50       printf("%d\t\t",data[i].subject.teacher.code);
51       printf("%s\n",data[i].subject.teacher.name);
```

```
52      total=total+data[i].score;
53    }
54   printf("平均成績為%.1f\n",(float)total/2);
55
56   system("pause");
57   return 0;
58  }
```

執行結果

莊智淵同學本學期修課記錄如下：

科目代號	科目名稱	成績	教師代號	教師姓名
11	程式設計	90	7	邏輯林
21	微積分	92	9	代數陳

平均成績為91.0

12-7 自我練習

1. 何謂結構？
2. 如何連結結構變數名稱和成員名稱？
3. 在列舉名稱中，若成員名稱 1 未設定常數值，則其值爲何？
4. 在列舉名稱中，若成員名稱 n(>1) 未設定常數值，則其值爲何？
5. 寫一程式，建立一課表結構 classtable，其成員包括 week（星期）、section（時段）及 classname（課程名稱）。輸入學生一星期的課表，並輸出一星期的課表。
6. 寫一程式，建立一成績結構score，其成員包括classname（課程名稱）及score（成績）。輸入學生所修的5門課程名稱及成績，並輸出通過的課程名稱之數目。
7. 假設資一甲的前 3 位同學的通訊資料如下：

姓名	年齡	電話
張三	18	04-2321
王五	19	06-2512
李四	18	02-2226

   寫一程式，使用結構來儲存通訊錄資料，依據通訊錄的電話來排列（從小到大）並輸出。

13

動態配置記憶體

教學目標

13-1　記憶體配置函式malloc( )

13-2　動態配置結構陣列

13-3　自我練習

　　預估需求數量的範圍是一項不容易的學問。例：大到預估今年國家預算；小到預估櫥窗裡展示的毛線衣，需要多少磅毛線才能織成。

　　同樣地，撰寫程式時，有些問題是屬於一般性且範圍（或大小）是不確定的，無法預估程式執行所需的記憶體空間。例：輸入 n 個資料並儲存。若宣告一個有 100 個元素的一維陣列來儲存 n 個資料，會發生什麼現象呢？當 n<100 時，會閒置一些沒有使用到的記憶體空間；當 n>100 時，則預留的記憶體空間又不夠。此時最佳的撰寫方式就是使用動態配置記憶體模式，隨著問題範圍（或大小）的不同，動態向系統要剛剛好的記憶體空間，並在其不再需要或程式結束前，程式設計師可使用 free( ) 函式將其回收歸還系統，使記憶體的空間充分被利用。當問題是屬於需至少動態配置同資料型態兩個單位以上記憶體空間時，使用動態配置記憶體模式撰寫程式才有意義。

13-1　記憶體配置函式malloc( )

　　若程式執行時，才向系統要求配置所需的記憶體空間，則可利用 C 語言所提供的記憶體配置函式 malloc( ) 函式來達成。

函式名稱	malloc( )
函式原型	void *malloc(size_t size); 說明：malloc(無號數整數變數或常數size);
功能	動態配置記憶體空間。
傳回	所配置記憶體空間的起始位址，但此起始位址尚未指向某種資料型態。
原型宣告所在的標頭檔	stdlib.h

≡ 說明

1. malloc( ) 函式被呼叫時，需傳入參數（size），它的資料型態為 size_t，表示必須使用無號數整數變數或常數。

2. malloc( ) 函式被呼叫時，會配置 size 位元組的記憶體空間，並傳回這個記憶體空間之起始位址。

3. 由於不同資料型態的資料所佔記憶體空間大小也有所不同，因此，size 可以設定成 sizeof(資料型態)* 幾個。sizeof(資料型態)，表示某資料型態所佔的記憶體空間。例：動態配置兩個整數資料的記憶體空間，則 size 設定為 2*sizeof(int)。

13-1-1 動態配置一維陣列

動態配置有 n 個元素的一維陣列之語法如下：

資料型態 * 指標名稱 =(資料型態 *) malloc(n * sizeof(資料型態));

說明

1. 因 malloc( ) 函式被呼叫時，會傳回尚未指向某種資料型態的記憶體空間之起始位址，所以必須宣告一個指標來接收。
2. 語法中的每一個資料型態都必須相同。
3. (資料型態 *) 表示將 malloc( ) 函式所配置記憶體空間的起始位址，強制轉型為某資料型態的指標。
4. malloc( ) 函式被呼叫時，所配置記憶體空間並不會自動設定初值。

例：動態配置有兩個元素的一維整數陣列。

int *ptr = (int *) malloc(2 * sizeof(int));

說明

1. 因 sizeof (int)=4，所以動態配置了 2*4=8 個位元組。
2. (int *) 表示將 malloc( ) 函式所配置記憶體空間的起始位址強制轉型為整數型態的指標。
3. 動態宣告的 ptr 雖然是整數指標變數，也可以當一維整數陣列變數，此時陣列元素為 ptr [0] 及 ptr[1]。

≡範例 1

寫一程式,動態配置記憶體給有兩個元素的一維整數陣列使用,並將其元素的值設成1及2。

```
1    #include <stdio.h>
2    #include <stdlib.h>
3    int main(void)
4    {
5      int *ptr = (int *) malloc(2 * sizeof(int));
6      *ptr=1;
7      *(ptr+1)=2;
8
9      printf("*ptr =%d\n", *ptr);
10     printf("*(ptr+1)=%d\n", *(ptr+1));
11     free(ptr);   //回收動態配置的ptr陣列的記憶體
12     system("pause");
13     return 0;
14   }
```

執行結果

```
*ptr=1
*(ptr+1)=2
```

≡ 程式解說

1. 第 6 列～第 10 列

    ```
    *ptr=1;
    *(ptr+1)=2;

    printf("*ptr=%d\n", *ptr);
    printf("*(ptr+1)=%d\n", *(ptr+1));
    ```

    可以改成

    ```
    ptr[0]=1;
    ptr[1]=2;

    printf("ptr[0]=%d\n", ptr[0]);
    printf("ptr[1]=%d\n", ptr[1]);
    ```

    執行結果

    ```
    ptr[0]=1
    ptr[1]=2
    ```

2. 回收一維動態陣列記憶體的語法如下:

    free(指標名稱); // 回收動態配置的一維陣列之記憶體

13-1-2　動態配置二維陣列

動態配置二維陣列時，必須從第一維陣列開始配置。第一維陣列所配置的記憶體，主要是記錄第二維陣列的起始位址，而第二維陣列才是儲存資料的記憶體位址。

第一種：以一維陣列的方式表示二維陣列

動態配置有 m*n 個元素的二維陣列之語法如下：

> 資料型態 *指標名稱= (資料型態 *) malloc(m*n*sizeof(資料型態));

說明

1. 二維陣列其實是多個一維陣列的集合。因此，有 m 列 n 行元素的二維陣列，可以想像成有 m 個一維陣列，且每個一維陣列有 n 個元素，也可以看成有 (m*n) 個元素的一維陣列。
2. 因 malloc( ) 函式被呼叫時，會傳回尚未指向某種資料型態的記憶體空間之起始位址，所以必須宣告一個指標來接收，所以必須宣告一個指標來接收。
3. 語法中的每一個資料型態都必須相同。
4. (資料型態 *) 表示將 malloc( ) 函式所配置記憶體空間的起始位址，強制轉型為某資料型態的指標。
5. malloc( ) 函式被呼叫時，所配置記憶體空間並不會自動設定初值。

例： 動態配置有 2*3 元素的二維單精度浮點數陣列。

> float *ptr = (float *) malloc(2*3*sizeof(float));

說明

1. 2 表示第一維陣列的元素個數，3 表示第二維陣列的元素個數，且 sizeof(float)=4，所以動態配置了 6*4=24 個位元組。
2. (float *) 表示將 malloc( ) 函式所配置記憶體空間的起始位址強制轉型為單精度浮點數型態的指標。
3. 動態宣告的 ptr 雖然是單精度浮點數指標變數，也可以當一維單精度浮點數陣列變數，此時陣列元素為 ptr[0]、ptr[1]、ptr[2]、ptr[3]、ptr[4] 及 ptr[5]。

≡ 範例 2

寫一程式，動態配置記憶體給有 2*3=6 個元素的二維單精度浮點數陣列使用，並將其元素的值設成 1,2,3,4,5,6。

```
1   #include <stdio.h>
2   #include <stdlib.h>
3   int main(void)
4   {
5    int i,j;
6    float k=1.0;
7    float *ptr = (float *) malloc(2*3*sizeof(float));
8    for (i=0;i<6;i++)
9     {
10     *(ptr+i)=i+1;
11     printf("*(ptr+%d)=%.0f\n",i,*(ptr+i));
12    }
13
14   free(ptr); //回收動態配置的ptr陣列的一維記憶體
15
16   system("pause");
17   return 0;
18  }
```

執行結果

```
*(ptr+0)=1
*(ptr+1)=2
*(ptr+2)=3
*(ptr+3)=4
*(ptr+4)=5
*(ptr+5)=6
```

≡ 程式解說

1. 第 10 列中的 ptr+i 代表從第一維陣列的起始記憶體位址，移動 i 個 float 所佔的記憶體位址。

2. 第 8 列 ~ 第 12 列

```
for (i=0;i<6;i++)
  {
    *(ptr+i)=i+1;
    printf("*(ptr+%d)=%.0f\n",i,*(ptr+i));
  }
```

可以改成

```
for (i=0;i<6;i++)
  {
```

```
    ptr[i]=i+1;
    printf("ptr[%d]=%.0f\n",i, ptr[i]);
  }
```

執行結果

```
ptr[0]=1
ptr[1]=2
ptr[2]=3
ptr[3]=4
ptr[4]=5
ptr[5]=6
```

或可以改成

```
for (i=0;i<2;i++)
  for (j=0;j<3;j++)
    {
     *(ptr+3*i+j)=k;
     printf("*(ptr+%d+%d)=%.0f\n",3*i,j,*(ptr+3*i+j));
     k++;
    }
```

執行結果

```
*(ptr+0+0)=1
*(ptr+0+1)=2
*(ptr+0+2)=3
*(ptr+3+0)=4
*(ptr+3+1)=5
*(ptr+3+2)=6
```

3. 回收一維動態陣列記憶體的語法如下：

   free(指標名稱); // 回收動態配置的一維陣列的記憶體

第二種：動態配置有 m*n 個元素的二維陣列之步驟如下：

步驟 1. 配置第一維陣列，其內容為一維指標陣列。

資料型態 **指標名稱= (資料型態 **) malloc(m*sizeof(資料型態 *));

步驟 2. 配置第二維陣列，其內容為一維陣列。

for (i=0;i<m;i++)
　　指標名稱[i]=(資料型態 *) malloc(n*sizeof(資料型態));

說明

1. m 為第一維陣列的元素個數，n 為第二維陣列的元素個數。

2. 步驟中的每一個資料型態都必須相同。

3. (資料型態 **) 表示將 malloc() 函式所配置記憶體空間的起始位址，強制轉型為某資料型態的指標，並指定給第一維陣列。

4. (資料型態 *) 表示將 malloc() 函式所配置記憶體空間的起始位址，強制轉型為某資料型態的指標，並指定給第二維陣列。

例：動態配置有 2*3 個元素的二維單精度浮點數陣列。

```
int i;
float *ptr = (float **) malloc(2 * sizeof(float *));
for (i=0;i<2;i++)
   ptr[i]=(float *) malloc(3*sizeof(float));
```

說明

1. 第一維陣列的元素有 2 個，第二維陣列的元素有 3 個，且 sizeof(float)=4，所以動態配置了 2*3*4=24 個位元組。

2. 動態宣告的 ptr 雖然是單精度浮點數指標變數，也可以當二維單精度浮點數陣列變數，此時陣列元素為 ptr[0][0]、ptr[0][1]、ptr[0][2]、ptr[1][0]、ptr[1][1] 及 ptr[1][2]。

≡範例 3

寫一程式，動態配置記憶體給有 2*3=6 個元素的二維單精度浮點數陣列使用，並將其元素的值設成 1,2,3,4,5,6。

```
1   #include <stdio.h>
2   #include <stdlib.h>
3   int main(void)
4    {
5      int i,j;
6      float k=1;
7      float **ptr = (float **) malloc(2 * sizeof(float *));
8      for (i=0;i<2;i++)
9        ptr[i]=(float *) malloc(3*sizeof(float));
10
11     for (i=0;i<6;i++)
12      {
13       *(*ptr+i)=k;
14       printf("*(*ptr+%d)=%.0f\n",i,*(*ptr+i));
15
```

```
16        k++;
17      }
18
19    //回收動態配置的ptr陣列的第二維記憶體
20    for (i=0;i<2;i++)
21     free(ptr[i]);
22
23    free(ptr); //回收動態配置的ptr陣列的第一維記憶體
24
25    system("pause");
26    return 0;
27  }
```

執行結果

```
*(*ptr+0)=1
*(*ptr+1)=2
*(*ptr+2)=3
*(*ptr+3)=4
*(*ptr+4)=5
*(*ptr+5)=6
```

三 程式解說

1. 第 13 列中的 *ptr+i 代表從第二維陣列的起始記憶體位址，移動 i 個 float 所佔的記憶體位址，且 *ptr 表示第二維陣列儲存資料的記憶體位址。不可寫成 ptr+i，因為其代表第一維陣列儲存資料的記憶體位址，且一次移動 3*i 個 float 所佔的記憶體位址。

2. 第 11 列 ~ 第 17 列

```
for (i=0;i<6;i++)
  {
    *(*ptr+i)=k;
    printf("*(ptr+%d)=%.0f\n",i,*(*ptr+i));

    k++;
  }
```

可以改成：

```
for (i=0;i<2;i++)
  for (j=0;j<3;j++)
  {
    ptr[i][j]=k;
    printf("ptr[%d][%d]=%.0f\n",i,j,ptr[i][j]);
    k++;
  }
```

執行結果

```
ptr[0][0]=1
ptr[0][1]=2
ptr[0][2]=3
ptr[1][0]=4
ptr[1][1]=5
ptr[1][2]=6
```

回收動態配置的二維陣列之記憶體時，要特別注意回收的順序。回收時的順序剛好與配置時的順序相反，即從高維陣列的記憶體往第一維陣列的記憶體。若從低維陣列的記憶體往高維陣列的記憶體，這樣將失去指向高維的指標，即不能再使用高維的指標。

回收有 m*n 個元素的二維動態陣列之步驟如下：

步驟 1. 回收動態配置的第二維陣列的記憶體：

```
for (i=0;i<m;i++)
    free( 指標名稱 [i]);
```

步驟 2. 回收動態配置的第一維陣列的記憶體

```
    free( 指標名稱 );
```

≡**範例 4**

寫一程式，動態配置記憶體給 n 個字串使用，並輸入資料。

```
1   #include <stdio.h>
2   #include <stdlib.h>
3   int main(void)
4    {
5      int num,i,tbyte;
6      printf("輸入動態配置字串的個數:");
7
8      scanf("%d",&num);
9      char **ptr = (char **) malloc(num * sizeof(char *));
10
11     for (i=0;i< num;i++)
12      {
13        printf("輸入第%d個字串要配置多少個字元:",i+1);
14        scanf("%d",&tbyte);
15
16        ptr[i] = (char *) malloc((tbyte+1) * sizeof(char));
```

```
17        printf("輸入第%d個字串的內容:",i+1);
18        scanf("%s", ptr[i]);
19      }
20
21      for (i=0;i< num;i++)
22        printf("第%d個字串的內容: %s\n",i+1,ptr[i]);
23
24      //回收動態配置的ptr陣列的第二維記憶體
25      for (i=0;i< num;i++)
26        free(ptr[i]);
27
28      free(ptr); //回收動態配置的ptr陣列的第一維記憶體
29
30      system("pause");
31      return 0;
32    }
```

執行結果

```
輸出動態配置字串的個數:2
輸入第1個字串要配置多少個字元:4
輸入第1個字串的內容:love
輸入第2個字串要配置多少個字元:5
輸入第2個字串的內容:happy
第1個字串的內容: love
第2個字串的內容: happy
```

三 程式解說

1. 第 11 列 ~ 第 19 列

   由於每個字串的長度不完全一樣，所以必須逐一設定個別的長度，然後才能輸入字串內容。

2. tbyte+1，因字串包括 '\0'，所以配置的記憶體空間還要 +1。

13-1-3　動態配置三維陣列

要動態配置三維陣列，必須從第一維陣列開始配置。第一維陣列所配置的記憶體，主要是記錄第二維陣列的起始位址；接著第二維陣列配置，第二維陣列所配置的記憶體，主要是記錄第三維陣列的起始位址；而第三維陣列才是儲存資料的記憶體位址。

第一種：以一維陣列的方式表示三維陣列

動態配置有 l*m*n 個元素的三維陣列之語法如下：

資料型態 *指標名稱= (資料型態 *) malloc(l*m*n*nsizeof(資料型態));

說明

1. 三維陣列其實是多個二維陣列的集合，且二維陣列其實是多個一維陣列的集合，因此，三維陣列其實也是多個一維陣列的集合。故有 l 層 m 列 n 行元素的三維陣列，可以想像成有 m*n 個一維陣列，且每個一維陣列有 n 個元素，也可以看成有 (l*m*n) 個元素的一維陣列。

2. 因 malloc( ) 函式被呼叫時，會傳回尚未指向某種資料型態的記憶體空間之起始位址，所以必須宣告一個指標來接收，所以必須宣告一個指標來接收。

3. 語法中的每一個資料型態都必須相同。

4. (資料型態 *) 表示將 malloc( ) 函式所配置記憶體空間的起始位址，強制轉型為某資料型態的指標。

5. malloc( ) 函式被呼叫時，所配置記憶體空間並不會自動設定初值。

例：動態配置有 2*3*2 個元素的三維倍精度浮點數陣列。

    double *ptr = (double *) malloc(2*3*2*sizeof(double));

說明

1. 2 表示第一維陣列的元素個數，3 表示第二維陣列的元素個數，2 表示第三維陣列的元素個數，且 sizeof(double)=8，所以動態配置了 2*3*2*8=96 個位元組。

2. 動態宣告的 ptr 雖然是倍精度浮點數指標變數，也可以當一維倍精度浮點數陣列變數，此時陣列元素為 ptr[0]、ptr[1]、ptr[2]、ptr[3]、ptr[4]、ptr[5]、ptr[6]、ptr[7]、ptr[8]、ptr[9]、ptr[10] 及 ptr[11]。

≡ **範例 5**

寫一程式，動態配置記憶體給有 2*3*2=12 個元素的三維倍精度浮點數陣列使用，並將其元素的值分別設成 1 到 12。

```
1   #include <stdio.h>
2   #include <stdlib.h>
3   int main(void)
4    {
5      int i,j;
6      double k=1.0;
7      double *ptr = (double *) malloc(2*3*2*sizeof(double));
8      for (i=0;i<12;i++)
9       {
10       *(ptr+i)=i+1;
11       printf("*(ptr+%d)=%.0f\n",i,*(ptr+i));
12
13       if ((i+1)%3==0)
14         printf("\n");
15
16      }
17
18     free(ptr); //回收動態配置的ptr陣列的一維記憶體
19
20     system("pause");
21     return 0;
22   }
```

執行結果

```
*(ptr+0)=1    *(ptr+1)=2     *(ptr+2)=3
*(ptr+3)=4    *(ptr+4)=5     *(ptr+5)=6
*(ptr+6)=7    *(ptr+7)=8     *(ptr+8)=9
*(ptr+9)=10   *(ptr+10)=11   *(ptr+11)=12
```

≡ **程式解說**

1. 第 8 列~第 16 列

```
for (i=0;i<12;i++)
  {
   *(ptr+i)=i+1;
    printf("*(ptr+%d)=%.0f\n",i,*(ptr+i));
    if ((i+1)%3==0)
    printf("\n");
  }
```

可以改成

```
for (i=0;i<12;i++)
  {
    ptr[i]=i+1;
    printf("ptr[%d]=%.0f\n",i, ptr[i]);
    if ((i+1)%3==0)
      printf("\n");
  }
```

執行結果

```
ptr[0]=1          ptr[1]=2          ptr[2]=3
ptr[3]=4          ptr[4]=5          ptr[5]=6
ptr[6]=7          ptr[7]=8          ptr[8]=9
ptr[9]=10         ptr[10]=11        ptr[11]=12
```

或可以改成

```
for (i=0;i<2;i++)
 for (j=0;j<3;j++)
  for (p=0;p<2;p++)
   {
     *(ptr+3*i+2*j+p)=k;
     printf("*(ptr+%d+%d+%d)=",3*i,2*j,p);
     printf("%.0f\n",*(ptr+3*i+j*2+p));
     k++;
   }
```

執行結果

```
*(ptr+0+0+0)=1      *(ptr+0+0+1)=2      *(ptr+0+2+0)=3
*(ptr+0+2+1)=4      *(ptr+0+4+0)=5      *(ptr+0+4+1)=6
*(ptr+6+0+0)=7      *(ptr+6+0+1)=8      *(ptr+6+2+0)=9
*(ptr+6+2+1)=10     *(ptr+6+4+0)=11     *(ptr+6+4+1)=12
```

第二種動態配置有 l*m*n 個元素的三維陣列之步驟如下：

步驟 1. 配置第一維陣列，其內容為二維指標陣列：

資料型態 ***指標名稱= (資料型態 ***) malloc(l*sizeof(資料型態 **));

步驟 2. 配置第二維陣列，其內容為一維指標陣列：

for (i=0;i<l;i++)
      指標名稱[i]= (資料型態 **) malloc(m*sizeof(資料型態 *));

步驟 3. 配置第三維陣列，其內容為一維陣列：

```
for (i=0;i<l;i++)
    for (j=0;j<m;j++)
        指標名稱[i][j]= (資料型態 *) malloc(n*sizeof(資料型態));
```

說明

1. l為第一維陣列的元素個數，m 為第二維陣列的元素個數，n 為第三維陣列的元素個數。

2. 步驟中的每一個資料型態都必須相同。

3. (資料型態 ***) 表示將 malloc( ) 函式所配置記憶體空間的起始位址，強制轉型為某資料型態的指標，並指定給第一維陣列。

4. (資料型態 **) 表示將 malloc( ) 函式所配置記憶體空間的起始位址，強制轉型為某資料型態的指標，並指定給第二維陣列。

5. (資料型態 *) 表示將 malloc( ) 函式所配置記憶體空間的起始位址，強制轉型為某資料型態的指標，並指定給第三維陣列。

例：動態配置有 2*3*4 個元素的三維倍精度浮點數陣列。

```
int i,j;
double ***ptr = (double ***) malloc(2 * sizeof(double **));

for (i=0;i<2;i++)
    ptr[i]=(double **) malloc(3*sizeof(double *));

for (i=0;i<2;i++)
    for (j=0;j<3;j++)
        ptr[i][j]=(double *) malloc(4*sizeof(double));
```

說明

1. 第一維陣列的元素有 2 個，第二維陣列的元素有 3 個，第三維陣列的元素有4個，且 sizeof(double)=8，所以動態配置了2*3*4*8=192個位元組。

2. 動態宣告的 ptr 雖然是倍精度浮點數指標變數，也可以當三維倍精度浮點數陣列變數，此時陣列元素為：

```
ptr[0][0][0]、ptr[0][0][1]、ptr[0][0][2]、ptr[0][0][3]、ptr[0][1][0]、
ptr[0][1][1]、ptr[0][1][2]、ptr[0][1][3]、ptr[0][2][0]、ptr[0][2][1]、
ptr[0][2][2]、ptr[0][2][3]、
ptr[1][0][0]、ptr[1][0][1]、ptr[1][0][2]、ptr[0][0][3]、ptr[1][1][0]、
ptr[1][1][1]、ptr[1][1][2]、ptr[1][1][3]、ptr[1][2][0]、ptr[1][2][1]、
ptr[1][2][2]及ptr[1][2][3]。
```

≣範例 6

寫一程式，動態配置記憶體給有 2*3*4=24 個元素的三維倍精度浮點數陣列使用，並將其元素的值分別設成 1 到 24。

```
1    #include <stdio.h>
2    #include <stdlib.h>
3    int main(void)
4    {
5      int i,j,p;
6      double k=1;
7      double ***ptr=
8            (double ***) malloc(2 * sizeof(double **));
9      for (i=0;i<2;i++)
10       ptr[i]=(double **) malloc(3*sizeof(double *));
11
12     for (i=0;i<2;i++)
13       for (j=0;j<3;j++)
14         ptr[i][j]=(double *) malloc(4*sizeof(double));
15
16     for (i=0;i<24;i++)
17       {
18         *(**ptr+i)=k;
19         printf("***(ptr+%d)=%.0f\t ",i, *(**ptr+i));
20
21         if ((i+1)%3==0)
22           printf("\n");
23
24         k++;
25       }
26
27     //回收動態配置的ptr陣列的第三維記憶體
28     for (i=0;i<2;i++)
29       for (j=0;j<3;j++)
30         free(ptr[i][j]);
31
32     //回收動態配置的ptr陣列的第二維記憶體
33     for (i=0;i<2;i++)
34       free(ptr[i]);
35
36     free(ptr); //回收動態配置的ptr陣列的第一維記憶體
37
38     system("pause");
39     return 0;
40   }
```

執行結果

```
*(**ptr+0)=1      *(**ptr+1)=2      *(**ptr+2)=3
*(**ptr+3)=4      *(**ptr+4)=5      *(**ptr+5)=6
*(**ptr+6)=7      *(**ptr+7)=8      *(**ptr+8)=9
*(**ptr+9)=10     *(**ptr+10)=11    *(**ptr+11)=12
```

```
*(**ptr+12)=13   *(**ptr+13)=14   *(**ptr+14)=15
*(**ptr+15)=16   *(**ptr+16)=17   *(**ptr+17)=18
*(**ptr+18)=19   *(**ptr+19)=20   *(**ptr+20)=21
*(**ptr+21)=22   *(**ptr+22)=23   *(**ptr+23)=24
```

≡ 程式解說

1. 第 18 列中的 **ptr+i 代表從第三維陣列的起始記憶體位址,移動 i 個 double 所佔的記憶體位址,且 **ptr 表示第三維陣列儲存資料的記憶體位址。不可寫成 ptr+i 或 *ptr+i;因為其分別代表第一維陣列儲存資料的記憶體位址,及第二維陣列儲存資料的記憶體位址,且分別一次移動 12*i 個及 4*i 個 double 所佔的記憶體位址。

2. 第 16 列～第 25 列

```
for (i=0;i<24;i++)
  {
  *(**ptr+i)=k;
  printf("*(**ptr+%d)=%f\t",i, *(**ptr+i));

  if ((i+1)%3==0)
   printf("\n");
  k++;
  }
```

可以改成

```
for (i=0;i<2;i++)
 for (j=0;j<3;j++)
  {
   for (p=0;p<4;p++)
    {
     ptr[i][j][p]=k;
     printf("ptr[%d][%d][%d]=%.0f\t",i,j,p,ptr[i][j][p]);
     k++;
    }
   printf("\n");
  }
```

執行結果

```
ptr[0][0][0]=1     ptr[0][0][1]=2      ptr[0][0][2]=3
ptr[0][0][3]=4     ptr[0][1][0]=5      ptr[0][1][1]=6
ptr[0][1][2]=7     ptr[0][1][3]=8      ptr[0][2][0]=9
ptr[0][2][1]=10    ptr[0][2][2]=11     ptr[0][2][3]=12
ptr[1][0][0]=13    ptr[1][0][1]=14     ptr[1][0][2]=15
ptr[1][0][3]=16    ptr[1][1][0]=17     ptr[1][1][1]=18
ptr[1][1][2]=19    ptr[1][1][3]=20     ptr[1][2][0]=21
ptr[1][2][1]=22    ptr[1][2][2]=23     ptr[1][2][3]=24
```

3. 回收動態配置的三維陣列之記憶體時，要特別注意回收的順序。回收時的順序剛好與配置時的順序相反，即從高維陣列的記憶體往第一維陣列的記憶體。若從低維陣列的記憶體往高維陣列的記憶體，這樣將失去指向高維的指標，即不能再使用高維的指標。

回收有 l*m*n 個元素的三維動態陣列之步驟如下：

步驟 1. 回收動態配置的第三維陣列的記憶體：

```
for (i=0;i<l;i++)
    for (j=0;j<m;j++)
        free( 指標名稱 [i][j]);
```

步驟 2. 回收動態配置的第二維陣列的記憶體：

```
for (i=0;i<l;i++)
    free( 指標名稱 [i]);
```

步驟 3. 回收動態配置的第一維陣列的記憶體：

```
free( 指標名稱 );
```

13-2　動態配置結構陣列

結構陣列也一樣可以使用動態的方式來配置記憶體空間：

動態配置有 n 個元素的一維結構陣列之語法如下：

```
struct 結構名稱 *指標名稱=(struct 結構名稱 *)
                    malloc(n * sizeof(struct 結構名稱));
```

說明

1. 因 malloc( ) 函式被呼叫時，會傳回尚未指向某種資料型態的記憶體空間之起始位址，所以必須宣告一個指標來接收。

2. 語法中的每一個結構名稱都必須相同。

3. (struct 結構名稱 *) 表示將 malloc( ) 函式所配置記憶體空間的起始位址，強制轉型為 struct 結構名稱的指標。

4. malloc( ) 函式被呼叫時，所配置空間並不會自動設定初值。

例：假設結構定義如下：
```
struct student
{
 char name[9];
 int age;
 char tel[11];
}
```
動態配置有 2 個元素的一維結構陣列。

解：
```
struct student *ptr = (struct student *)
                      malloc(2 * sizeof(struct student));
```

說明

1. 因 int 所佔的記憶體空間為 struct student 的成員變數中最大的，且 sizeof(int)=4，所以 sizeof(strut student)= ceil((float)9/4)*4+ ceil((float)4/4)*4+ceil((float)11/4)*4= 12+4+12=28，因此共動態配置了 2*28=56 個位元組。(參考「12-1-1 定義結構資料型態」)
2. (strut student *) 表示將 malloc( ) 函式所配置記憶體空間的起始位址強制轉型為結構型態的指標。
3. 動態宣告的 ptr 雖然是結構指標變數，也可以當一維結構陣列變數，此時結構陣列元素為 ptr[0] 及 ptr[1]。

≡範例 7

寫一程式，動態配置記憶體給有兩個元素的一維結構陣列使用，且結構定義如下：
```
struct student
 {
 char name[9];
 int age;
 char tel[11];
 }
```
輸入一維結構陣列的成員資料並顯示。
```
1  #include <stdio.h>
2  #include <stdlib.h>
3  int main(void)
4  {
5    int i;
6    struct student
```

```
7      {
8       char name[9];
9       int age;
10      char tel[11];
11     };
12
13   struct student *ptr = (struct student *)
14                        malloc(2 * sizeof(struct student));
15   for (i=0;i<2;i++)
16    {
17      printf("輸入第%d個學生的名字:",i+1);
18      scanf("%s",ptr->name);
19      printf("年齡:");
20      scanf("%d",&ptr->age);
21      printf("電話:");
22      scanf("%s",ptr->tel);
23      printf("第%d個學生的名字:",i+1);
24      printf("%s ",ptr->name);
25      printf("年齡:");
26      printf("%d ",ptr->age);
27      printf("電話:");
28      printf("%s\n",ptr->tel);
29    }
30   system("pause");
31   return 0;
32  }
```

執行結果

```
輸入第1個學生的名字:一郎
年齡:19
電話:06-651
第1個學生的名字: 一郎 年齡:19 電話: 06-651
輸入第2個學生的名字:松板
年齡:18
電話:04-239
第2個學生的名字:松板 年齡:18 電話: 04-239
```

13-3　自我練習

1. 寫一程式,動態配置有 10 個元素的一維整數陣列,並輸入 10 個整數到此陣列中,然後輸出此陣列的元素總和。

2. 寫一程式,動態配置一 6*10 的二維字元陣列,並輸入 6 個姓名到此陣列中,然後輸出此陣列的元素爲 mike 共有多少個。

3. 寫一程式,動態配置一2*3*5的三維整數陣列,並輸入2個系,各3個班,每班5個學生的成績;然後輸出2個系,各3個班,每班5個學生的全部成績之平均。

4. 寫一程式,輸出下列行列式的值。

$$\begin{vmatrix} 1 & 2 & 3 \\ 4 & 5 & 6 \\ 7 & 8 & 9 \end{vmatrix}$$

提示:利用動態配置一 3*3 的二維整數陣列,並使用遞迴函式的設計技巧來撰寫。

14

檔案處理

教學目標

14-1 檔案類型

14-2 檔案存取

14-3 隨機存取結構資料

14-4 二進位BMP圖形檔處理

14-5 顯示檔案處理出現錯誤的原因

14-6 進階範例

14-7 自我練習

　　從小時候讀書以來，每個人都寫過無數的作業或報告，並書寫於紙張或記錄於電腦儲存裝置中，以方便繳交或查詢。資料儲存於電腦中是以檔案形式存在，一個檔案可以儲存好幾個作業或報告資料，一個作業或報告資料也可以儲存在幾個檔案中。

　　在「第三章 基本輸出函式及輸入函式」中，我們曾經談到，資料除了可以儲存在變數之外，還可以檔案的形式儲存在硬體裝置中，兩者之間的最大差異為保存時間。若資料儲存在變數，則程式結束時，其所佔用的記憶體空間會被釋放且資料無法永久保存；若資料儲存在檔案，則不會隨程式結束而消失。

　　檔案是由眾多字元所組成的集合體，C 語言將它視為一種資料串流 (stream)。與資料串流有關的資訊，是記錄在一個資料型態為檔案結構 (FILE) 的指標變數，其作用為資料串流與檔案溝通的橋樑，透過這個檔案指標變數，就能對資料串流進行讀寫，如圖 14-1 所示。因此，所謂檔案處理就是資料串流處理。FILE 結構是宣告在 stdio.h 中，故需將 #include <stdio.h> 加入程式中。

圖14-1　資料串流處理示意圖

14-1　檔案類型

對於 C 語言而言，檔案有下列兩種類型：

1. 文字檔 (Text file)：資料中的每一個字元是以其所對應的 ASCII 碼來儲存，較無保密性。文字檔的存取方式，是透過一般的文書編輯軟體（例，NotePad）來處理。

2. 二進位檔（Binary file）：檔案中的每一個字元是以二進位的方式來儲存，具有保密性，必須先經轉譯才能閱讀。一般常見的執行檔、圖形檔及影像聲音檔，都是以二進位檔儲存。一般的文書編輯軟體無法處理二進位檔，必須使用特殊的文書編輯軟體 (例：UltraEdit) 才能閱讀它，否則看到的資料是一堆無法了解的亂碼。

檔案依儲存方式分成下列兩種類型：

1. 循序存取 (Sequential Access)：資料寫入檔案時，是附加在檔案的尾端，讀取資料時，是由檔案的開端由前往後一個字元一個字元讀出，常用於文字檔。以這種方式存取資料的檔案被稱為循序檔 (Sequential File)。

2. 隨機存取 (Random Access)：以固定長度的資料 (例：結構型態的資料) 寫入檔案，且能直接讀取指定的資料，常用於二進位檔。以這種方式存取資料的檔案被稱為隨機存取檔。

14-2　檔案存取

要對一檔案內的資料進行存取時，首先必須將檔案開啟，然後才能進行存取工作。資料存取工作完成後，必須將檔案關閉，避免造成檔案內的資料在電腦系統不穩的狀態下流失。有關檔案的 I/O（輸入 / 輸出）處理，C 語言都是藉由 stdio.h 函式庫中的 I/O 函式來達成。

檔案處理的步驟如下：

　　步驟 1：利用 fopen( ) 函式，開啟指定的檔案。
　　步驟 2：利用資料存取函式（fscanf( ) 函式、fprintf( ) 函式等等）進行存取工作。
　　步驟 3：利用 fclose( ) 函式，關閉指定的已開啟檔案。

14-2-1　開檔函式fopen( )

函式名稱	fopen( )
函式原型	FILE *fopen(const char *filename, const char *mode);
功能	以mode模式開啟filename檔案。
傳回	1. 若檔案開啟成功，則傳回一個FILE指標。 2. 若檔案開啟失敗，則傳回「NULL」（NULL值為0）。
原型宣告所在的標頭檔	stdio.h

☰ 說明

1. fopen( )函式被呼叫時，需傳入兩個參數，第一個參數（filename）代表要開啟的檔案名稱（含路徑）；第二個參數（mode）代表檔案是以何種模式開啟。

2. 第一個參數（filename）與第二個參數（mode）的資料型態均為 const char *，表示必須使用字串常數或字元陣列名稱。

3. fopen( )函式被呼叫後，會傳回一個指向檔案開頭的檔案（FILE）指標，程式可藉由這個 FILE 指標存取檔案內的資料。若檔案（FILE）指標為「NULL」，則表示無法開啟檔案；若檔案（FILE）指標不為「NULL」，則表示開啟檔案成功，且檔案指標會指向檔案的第一個字元。

4. 若 filename 檔案與程式檔位於同一資料夾，則可省略路徑。若 filename 為字串常數，則必須以雙引號將檔案名稱括起來。

   若 filename 有指定檔案路徑，且路徑中有「\」時，則必須在「\」字元前再加上一個「\」字元。

5. 檔案的開啟模式，如「表 14-1 開檔模式」所示：

表14-1　開檔模式

mode模式	開啓成功（作用）	開啓失敗
"r"	開啓一個唯讀的文字檔。	傳回「NULL」。
"w"	開啓一個可寫入的文字檔後，先清除文字檔内容。	會產生一個可寫入的文字檔。
"a"	開啓一個可寫入的文字檔。所寫入的資料是加在檔尾。	會產生一個可寫入的文字檔。
"r+"	開啓一個可讀寫的文字檔。若有資料要寫入，則會將資料寫到目前游標的位置且會覆蓋後面的資料。	傳回「NULL」。
"w+"	開啓一個可讀寫的文字檔後，先清除文字檔内容。	會產生一個可讀寫的文字檔。
"a+"	開啓一個可讀寫的文字檔。所寫入的資料是加在檔尾，作用與"a"一樣。	會產生一個可讀寫的文字檔。
"rb"	開啓一個唯讀的二進位檔。	傳回「NULL」。
"wb"	開啓一個可寫入的二進位檔後，先清除二進位檔内容。	會產生一個可寫入的二進位檔。
"ab"	開啓一個可寫入的二進位檔。所寫入的資料是加在檔尾。	會產生一個可寫入的二進位檔。
"r+b"	開啓一個可讀寫的二進位檔。若有資料要寫入，則會將資料寫到目前游標的位置且會覆蓋後面的資料。	傳回「NULL」。
"w+b"	開啓一個可讀寫的二進位檔後，先清除二進位檔内容。	會產生一個可讀寫的二進位檔。
"a+b"	開啓一個可讀寫的二進位檔。所寫入的資料是加在檔尾，作用與"ab"一樣。	會產生一個可讀寫的二進位檔。

　　當使用 fopen( ) 函式開啓指定的檔案時，C 語言同時會自動開啓三個檔案，分別為標準輸入檔、標準輸出檔及標準錯誤訊息輸出檔，並且分別為它們定義相對應的檔案指標 stdin、stdout 及 stderr。

1. stdin 檔案指標：作為標準輸入之用，以鍵盤為輸入裝置。

　　例：fgetc(stdin); 從標準輸入檔讀出一字元，相當於 getchar();，即從鍵盤輸入一字元。

　　例：fscanf(stdin,"%s",str); 從標準輸入檔讀出一字串，存入 str，相當於 scanf("%s", str);，即從鍵盤輸入一字串，存入 str。

2. stdout 檔案指標：作為標準輸出之用，以螢幕為輸出裝置。

例：fputc('c',stdout); 將字元 'c' 寫入標準輸出檔，相當於 putchar('c');，即將字元 c 顯示於螢幕。

例：fprintf(stdout,"%s\n",str); 將字串 str 寫入標準輸出檔，相當於 printf("%s",str);，即將字串 str 顯示於螢幕。

3. stderr 檔案指標：作為輸出錯誤訊息之用，以螢幕為輸出裝置。例：fprintf(stderr,"%s\n",errormsg); 將字串 errormsg 寫入標準輸出檔，相當於 printf("%s", errormsg);，即將字串 errormsg 顯示於螢幕。

▆ 14-2-2 關檔函式fclose( )

函式名稱	fclose( )
函式原型	FILE *fclose(FILE * fptr);
功能	關閉檔案指標fptr所指向的檔案。
傳回	1. 若關閉檔案成功，則傳回0。 2. 若關閉檔案失敗，則傳回-1。
原型宣告所在的標頭檔	stdio.h

≡ 說明

1. fclose( ) 函式被呼叫時，需傳入一個參數（fptr），代表要關閉的資料串流之檔案指標，其資料型態為 FILE *，表示必須使用檔案指標。

2. 檔案處理完畢後不再使用時，一定要使用 fclose( ) 函式來關閉檔案，並將緩衝區內的資料寫入檔案內，否則緩衝區資料會流失。

3. 當檔案開啟模式變更時，也必須使用 fclose( ) 函式來關閉檔案後，再重新開啟檔案。例：先讀後寫。

≡ 範例 1

寫一程式，輸入一文字檔名稱，然後以唯讀方式開啓該文字檔，然後再將它關閉（假設有一 test.txt 檔案）。

```c
1   #include <stdio.h>
2   #include <stdlib.h>
3   int main(void)
4   {
5       char filename[30];
6       //宣告一個指向"檔案"的檔案指標結構變數
7       FILE *fptr;
8       printf("輸入要開啓的文字檔名稱:");
9       scanf("%s",filename);
10
11      fptr=fopen(filename,"r");//以唯讀的方式開啓檔案
12      if (fptr==NULL)
13        {
14          printf("%s檔案無法開啓!\n",filename);
15          system("pause");
16          //exit( )函式作用為強迫結束程式，並將( )中的參
17          //數值傳給作業系統，若參數值不等於0，
18          //則表示程式執行時發生錯誤。
19          exit(1);
20        }
21      printf("%s檔案已開啓!\n", filename);
22      //關閉fptr所指向的檔案
23      if (fclose(fptr)==-1)
24        {
25          printf("%s檔案無法關閉!\n", filename);
26          system("pause");
27          exit(1);
28        }
29      printf("%s檔案已關閉!\n", filename);
30      system("pause");
31      return 0;
32  }
```

執行結果

```
輸入要開啓的文字檔名稱: test.txt
test.txt檔案已開啓!
test.txt檔案已關閉!
```

≡ 程式解說

程式第 12 列 if(fptr==NULL) 可以改成 if(fptr==0)。

■ 14-2-3　檔案I/O（輸入/輸出）函式

檔案成功開啓後，若要存取檔案內的資料，必須要藉由 C 語言的 stdio.h 函式庫之 I/O 存取函式才能達成。I/O 存取函式分成下列兩類：

1. 有緩衝區的 I/O 存取函式 (Buffered I/O)：又被稱爲標準 I/O 存取函式，是指存取檔案中的資料時，會在記憶體中建立一塊緩衝區 (buffer)，用來存放檔案的資料之函式。讀取緩衝區內的資料時，若緩衝區內有資料，則直接讀取緩衝區內的資料；否則將檔案的資料存入緩衝區內。而寫入資料時，資料是先寫入緩衝區內，若緩衝區空間已滿，則會將緩衝區內的資料寫入檔案中。

2. 無緩衝區的 I/O 存取函式 (Unbuffered I/O)：又被稱爲系統 I/O 存取函式，是指存取檔案中的資料時，是直接對磁碟機內的檔案資料做讀取與寫入動作之函式。

由於記憶體的存取速度比磁碟機快，因此，利用有緩衝區的 I/O 存取函式存取檔案中的資料，比無緩衝區的 I/O 存取函式來得快，但安全性卻是無緩衝區的 I/O 存取函式比較好。

本章只針對標準I/O存取函式的應用做介紹，至於系統I/O存取函式的應用，請有興趣的讀者自行參考相關的書籍。以下分別介紹標準 I/O 存取函式的用法。

1. 字元讀取函式 fgetc( )

函式名稱	fgetc( )
函式原型	int fgetc(FILE *fptr);
功能	從檔案指標fptr所指向的檔案中，讀取一個字元，讀取後，檔案指標fptr會移往下一個字元所在的位址。
傳回	1. 若成功讀取一個字元，則傳回字元所對應的ASCII碼。 2. 若檔案指標fptr指在檔案尾端，則傳回EOF (End Of File：EOF值為-1)。
原型宣告所在的標頭檔	stdio.h

≡ 說明

fgetc( ) 函式被呼叫時，需傳入一個參數（fptr），代表所要讀取資料的資料串流之檔案指標，其資料型態爲 FILE *，表示必須使用檔案指標。

範例 2

寫一程式，開啟 test.txt 文字檔，然後輸出其內容及所佔的空間 (byte)。

假設文字檔 test.txt 的內容如下：

今年農曆大年初一是 2012/1/23

星期一

```
1   #include <stdio.h>
2   #include <stdlib.h>
3   int main(void)
4   {
5       char ch;
6       int filespace=0;   //計算檔案所佔的空間(byte)
7       FILE *fptr;
8       fptr=fopen("test.txt","r");
9       //開啟本資料夾下的test.txt檔案
10      if (fptr==NULL)
11        {
12          printf("test.txt檔案無法開啟!\n");
13          //exit( )函式作用為強迫結束程式，並將( )中的參
14          //數值傳給作業系統，若參數值不等於0，
15          //則表示程式執行時發生錯誤。
16          exit(1);
17        }
18
19      while (1)
20        {
21         ch=fgetc(fptr);
22         if (ch != EOF)
23           {
24            printf("%c",ch);
25               filespace ++;
26           }
27         else
28            break;
29        }
30      printf("\ntest.txt文字檔所佔的空間為");
31      printf("%d byte\n", filespace);
32
33      //關閉本資料夾下的test.txt檔案
34      if (fclose(fptr)==-1)
35        {
36         printf("test.txt檔案無法關閉!\n");
37         exit(1);
38        }
39
40      system("pause");
41      return 0;
42  }
```

執行結果

今年農曆大年初一是2012/1/23
星期一
test.txt文字檔所佔的空間為34 bytes

≡ **程式解說**

1. 因 test.txt 檔案的第一列佔 28bytes（含換列字元），第二列佔 6bytes（不含換列字元），所以所佔的空間為 34bytes。

2. 程式第 22 列 if (ch != EOF) 可以改成 if (ch != -1)。

2. 字元寫入函式 fputc( )

函式名稱	fputc( )
函式原型	int fputc(int c,FILE *fptr);
功能	將一個字元寫入檔案指標fptr所指向的檔案中。
傳回	1. 若c字元成功寫入檔案串流，則傳回c字元所對應的ASCII碼。 2. 若傳回EOF（EOF值為-1），則表示寫入過程中出現錯誤。
原型宣告所在的標頭檔	stdio.h

≡ **說明**

1. fputc( ) 函式被呼叫時，需傳入兩個參數，第一個參數（c），代表要寫入的字元（或字元所對應的 ASCII 碼）；第二個參數（fptr），代表要寫入的資料串流之檔案指標。

2. 第一個參數（c）的資料型態為 int，表示可使用整數變數、整數常數、字元變數或字元常數；第二個參數（fptr）的資料型態為 FILE *，表示必須使用檔案指標。

≡ **範例 3**

（承範例 2）寫一程式，開啟 test.txt 文字檔，然後一個字元一個字元輸入，直到按下 Enter 鍵才結束輸入，並將這些字元加在 test.txt 文字檔內容的後面。

```
1   #include <stdio.h>
2   #include <stdlib.h>
3   int main(void)
4   {
5       char ch;
```

```
6      FILE *fptr;
7      //以新增的方式開啟test.txt檔案
8      fptr=fopen("test.txt","a");
9      if (fptr==NULL)
10      {
11         printf("test.txt檔案無法開啟!\n");
12        //exit( )函式作用為強迫結束程式,並將( )中的參
13        //數值傳給作業系統,若參數值不等於0,
14        //則表示程式執行時發生錯誤。
15         exit(1);
16      }
17
18     printf("請輸入一段文字,");
19     printf("並以按Enter鍵作為輸入之結束:\n");
20     while(1)
21      {
22       ch=getche();
23       if (ch != '\r')
24        {
25         if (fputc(ch , fptr) == EOF)
26          {
27             printf("寫入時,出現錯誤:\n");
28             break;
29          }
30        }
31       else
32        break;
33      }
34
35     //關閉本資料夾下的test.txt檔案
36     if (fclose(fptr)==-1)
37      {
38       printf("test.txt檔案無法關閉!\n");
39       exit(1);
40      }
41
42     system("pause");
43     return 0;
44  }
```

執行結果

請輸入一段文字,並以按Enter鍵作為輸入之結束:
,有七天假

≡ 程式解說

1. 程式執行後 test.txt 檔案內容如下:

今年農曆大年初一是2012/1/23
星期一,有七天假

2. 程式第 25 列 if (fputc(ch , fptr) == EOF)

可以改成 if (fputc(ch , fptr) == -1)

3. 字串讀取函式 fgets( )

函式名稱	fgets( )
函式原型	char *fgets(char *str , int length , FILE *fptr);
功能	從檔案指標fptr所指向的檔案中，讀取長度為length-1之字串，並儲存在字元指標str所指向的記憶體位址。
傳回	1. 若成功讀取字串，則傳回所讀取字串，且將所讀取字串存入字元指標str所指向的記憶體位址。一次最多讀取字串byte數為length-1。 2. 若檔案指標fptr指在檔案尾端，則傳回「NULL」（NULL值為0），且字元指標str所指向的記憶體位置維持上次的內容。
原型宣告所在的標頭檔	stdio.h

說明

1. fgets( )函式被呼叫時，需傳入三個參數：第一個參數（str），用來儲存所讀取的字串；第二個參數（length），代表所要讀取的字串之長度為length-1；第三個參數（fptr），代表要讀取的資料串流之檔案指標。

2. 第一個參數（str）的資料型態為 char *，表示可使用字元陣列變數或字元指標變數；第二個參數（length）的資料型態為 int，表示可使用整數變數或整數常數；第三個參數（fptr）的資料型態為 FILE *，表示必須使用檔案指標。

範例 4

（承範例 3）寫一程式，開啟 test.txt 文字檔，將其內容一次一列輸出。

```
1   #include <stdio.h>
2   #include <stdlib.h>
3   int main(void)
4   {
5      char str[81];
6      FILE *fptr;
7      fptr=fopen("test.txt","r");
8      //開啟本資料夾下的test.txt檔案
9      if (fptr==NULL)
10     {
11        printf("test.txt檔案無法開啟!\n");
12        //exit( )函式作用為強迫結束程式，並將( )中的參
```

```
13          //數值傳給作業系統，若參數值不等於0，
14          //則表示程式執行時發生錯誤。
15          exit(1);
16      }
17   printf("test.txt文字檔的內容為:\n");
18
19   while(fgets(str,81,fptr) != NULL)
20     printf("%s",str);
21
22   printf("\n");
23
24   //關閉本資料夾下的test.txt檔案
25   if (fclose(fptr)==-1)
26     {
27       printf("test.txt檔案無法關閉!\n");
28       exit(1);
29     }
30   system("pause");
31   return 0;
32 }
```

執行結果

```
test.txt文字檔的內容為:
今年農曆大年初一是2012/1/23
星期一,有七天假
```

≡ 程式解說

1. 程式第 19 列中，fgets(str,81,fptr) != NULL 表示一次從檔案中讀取長度最多為 80(=81-1)bytes 的字串，若資料已到檔尾或遇到「Enter」鍵，則結束讀取。第一次讀取的資料為今年農曆大年初一是 2012/1/23，第二次讀取的資料為星期一，有七天假。

2. 程式第 19 列 while(fgets(str,81,fptr) != NULL)
   可以改成 while(fgets(str,81,fptr) != 0)

4. 字串寫入函式 fputs( )

函式名稱	fputs( )
函式原型	int fputs(const char *str,FILE *fptr);
功能	將一個字串寫入檔案指標fptr所指向的檔案中。
傳回	1. 若字串str成功寫入檔案串流，則傳回0。 2. 若傳回EOF，則表示寫入過程中出現錯誤。
原型宣告所在的標頭檔	stdio.h

≡ 說明

1. fputs( )函式被呼叫時，需傳入二個參數：第一個參數（str），代表要寫入的字串；第二個參數（fptr），代表要寫入的資料串流之檔案指標。

2. 第一個參數（str）的資料型態為 const char *，表示 str 為字串常數。[進階用法]str 也可為字元陣列變數或字元指標變數；第二個參數（fptr）的資料型態為 FILE *，表示必須使用檔案指標。

5. 檔案尾端判斷函式 feof( )

函式名稱	feof( )
函式原型	int feof(FILE *fptr);
功能	判斷檔案指標fptr是否指向檔案尾端。
傳回	1.若檔案指標fptr指在檔案尾端，則傳回16。 2.若檔案指標fptr不是指在檔案尾端，則傳回「NULL」（NULL值為0）。
原型宣告所在的標頭檔	stdio.h

≡ 說明

1. feof( )函式被呼叫時，需傳入參數（fptr），代表所要處理的資料串流之檔案指標。

2. 參數（fptr）的資料型態為 FILE *，表示必須使用檔案指標。

≡ 範例 5

寫一程式，將學習程式設計的心得報告存入 learn_c.txt 檔案中，並將其內容從檔案中輸出。

（註：每列最多 80bytes，要結束時，請在該列的最前面按下 Ctrl+Z。）

```
1   #include <stdio.h>
2   #include <stdlib.h>
3   int main(void)
4   {
5       FILE *fptr;
6       int i;
7       char string[81]; //設定一長度為80Bytes的字串
8
9       //以寫入的方式開啟本資料夾下的learn_c.txt檔案
10      fptr = fopen("learn_c.txt","w");
11
12      //若fptr指標指向空的，代表檔案開啟失敗
```

```
13      if(fptr == NULL)
14       {
15          printf("開啟檔案失敗!\n");
16          exit(1);
17       }
18
19      printf("輸入學習程式設計的心得報告:\n");
20      printf("要結束時,請在該列的最前面按Ctrl+Z\n");
21
22      //在一列的最前面,鍵盤輸入不是Ctrl+Z (結束字元)
23      while (gets(string) != NULL) //或while(gets(string)!=0)
24       {
25         fputs(string , fptr); //將字串string寫入檔案裡
26         fputc('\n' , fptr);    //將換列字元寫入檔案
27       }
28
29
30      //關閉檔案,若fclose(fptr)=-1,代表檔案無法關閉
31      if (fclose(fptr)==-1)
32       {
33         printf("檔案無法關閉!\n");
34         exit(1);
35       }
36
37    fptr=fopen("learn_c.txt","r");
38    if (fptr==NULL)
39     {
40       printf("無法開啟learn_c.txt!\n");
41       system("pause");
42       exit(1);
43     }
44
45    printf("learn_c.txt檔案內容為\n");
46    i=0;
47    while (fgets(string,80,fptr) != NULL)
48     {
49       printf("第%d列資料為:%s",i+1,string);
50       i++;
51     }
52
53    //關閉檔案,若fclose(fptr)=-1,代表檔案無法關閉
54    if (fclose(fptr)==-1)
55     {
56       printf("檔案無法關閉!\n");
57       exit(1);
58     }
59    system("PAUSE");
60    return 0;
61  }
```

執行結果

輸入學習程式設計的心得報告：
要結束時,請在該列的最前面按Ctrl+Z
多數的初學者，對學習程式設計的恐懼與排斥，
主要原因有下列兩點：
1.對所要處理的問題之程序不懂
2.上機練習時間不夠
(按Ctrl+Z)
learn_c.txt檔案的內容為
第1列資料為：多數的初學者，對學習程式設計的恐懼與排斥，
第2列的資料為：主要原因有下列兩點：
第3列資料為：1.對所要處理的問題之程序不懂
第4列資料為：2.上機練習時間不夠

三 程式解說

1. 程式執行後，learn_c.txt 檔案的內容如下：

   多數的初學者，對學習程式設計的恐懼與排斥，

   主要原因有下列兩點：

   1. 對所要處理的問題之程序不懂

   2. 上機練習時間不夠

2. 程式第 23 列到 27 列，可以改成

```
gets(string);
//若在一列的最前面,按下Ctrl+Z(結束字元),
//則表示鍵盤(stdin)資料串流的指標在檔案尾端 (EOF),
//故feof(stdin)為真
while (!feof(stdin))
  {
   fputs(string , fptr); //將字串string寫入檔案裡
   fputc('\n' , fptr);    //將換列字元寫入檔案
   gets(string);
  }
```

   其中 while (!feof(stdin)) 又可以改成 while (feof(stdin) == NULL)，或可以
   改成 while (feof(stdin) == 0)，意思都為 "不在標準輸入裝置 (鍵盤) 尾端 "。

6. 格式化資料寫入函式 fprintf( )

函式名稱	fprintf( )
函式原型	int fprintf(FILE *fptr, const char *format, [series]);
功能	將資料串列series分別以指定的format格式寫入檔案指標fptr所指向的檔案。
傳回	1. 若成功寫入資料，則傳回寫入資料的byte數。 2. 若寫入資料出現錯誤，則傳回EOF。
原型宣告所在的標頭檔	stdio.h

≡ 說明

1. fprintf( ) 函式被呼叫時，需傳入三個參數：第一個參數（fptr），代表要寫入的資料串流之檔案指標；第二個參數（format），代表資料以何種格式寫入檔案中：第三個參數（series），代表要寫入的資料串列。

2. 第一個參數（fptr）的資料型態為 FILE *，表示必須使用檔案指標；第二個參數（format），它的資料型態為 const char *，表示 format 為字串常數。[進階用法]format 也可為字元陣列變數或字元指標變數；第三個參數（series）可為常數或變數或運算式或函式。[ ] 表示資料串列 series 可填可不填，視需要而定。

3. 第二個參數（format）及第三個參數（series），可參考「3-1-1 標準廣泛輸出函式 printf( )」。

≡ 範例 6

寫一程式，將下列資料寫入 animal.txt 檔案中。

動物	年齡	身高
馬	2	165
狗	3	35
貓	4	25

```
1   #include <stdio.h>
2   #include <stdlib.h>
3   int main(void)
4   {
5       FILE *fptr;
6       int i;
7       char animal[81]; //設定一長度為80Bytes的字串
8       int age,height;
```

```
9
10       //以寫入的方式開啟資料夾下的animal.txt檔案
11       fptr = fopen("animal.txt","w");
12
13       //若fptr指標指向空的,代表檔案開啟失敗
14        if(fptr == NULL)
15        {
16          printf("開啟檔案失敗!\n");
17          exit(1) ;
18        }
19
20       fprintf(fptr,"動物\t年齡\t身高\n");
21       for (i=1;i<=3;i++)
22        {
23         printf("輸入第%d種動物名稱,年齡及身高:\n",i);
24         scanf("%s %d %d",animal,&age, &height);
25
26         //將字串animal、整數、age、height分別以
27         //%s %d %d的格式,且以\t定位方式寫入檔案指標
28         //fptr所指向的檔案animal.txt,
29         //並將換列字元 ('\n') 一併寫入
30         fprintf(fptr, "%s\t%d\t%d\n",animal,age,height);
31        }
32
33       //關閉檔案,若fclose(fptr)=-1,代表檔案無法關閉
34       if (fclose(fptr)==-1)
35        {
36          printf("檔案無法關閉!\n");
37          exit(1);
38        }
39       system("PAUSE");
40       return 0;
41  }
```

執行結果

輸入第1種動物名稱,年齡及身高:
馬 2 165
輸入第2種動物名稱,年齡及身高:
狗 3 35
輸入第3種動物名稱,年齡及身高:
貓 4 25

三 程式解說

程式執行後 animal.txt 檔案內容如下:

動物	年齡	身高
馬	2	165
狗	3	35
貓	4	25

7. 格式化資料讀取函式 fscanf( )

函式名稱	fscanf( )
函式原型	int fscanf(FILE *fptr, const char *format, series);
功能	以指定的format格式，從檔案指標fptr所指向的檔案中讀取資料，分別存放在series變數位址串列中。
傳回	1. 若成功讀取資料，則傳回所讀取的資料項之數目。 2. 若檔案指標在檔尾或讀檔發生錯誤，則傳回EOF。
原型宣告所在的標頭檔	stdio.h

≡ 說明

1. fscanf( )函式被呼叫時，需傳入三個參數，第一個參數（fptr），代表要讀取的資料串流之檔案指標；第二個參數（format），代表資料以何種格式從檔案中讀取出來：第三個參數（series），代表讀出之資料所要存放的變數位址串列。

2. 第一個參數（fptr）的資料型態為 FILE *，表示必須使用檔案指標；第二個參數（format），它的資料型態為 const char *，表示 format 為字串常數。[進階用法]format 也可為字元陣列變數或字元指標變數；第三個參數（series）可以是一個或多個的變數位址。

3. 第二個參數（format）及第三個參數（series），可參考「3-2-1 標準廣泛輸入函式 scanf( )」。

≡ 範例 7

（承範例 6）寫一程式，計算 animal.txt 檔案中動物的平均年齡及身高，並將結果寫入檔案中。

```
1   #include <stdio.h>
2   #include <stdlib.h>
3   int main(void)
4   {
5       FILE *fptr;
6       char animal[81]; //設定一長度為80Bytes的字串
7       int age,height;
8       float total_age=0,total_height=0;
9       //以可讀寫方式開啓資料夾下的animal.txt檔案
10      fptr = fopen("animal.txt","a+");
11      //若fptr指標指向空的，代表檔案開啓失敗
12      if(fptr == NULL)
```

```
13          {
14            printf("開啓檔案失敗!\n");
15            exit(1) ;
16          }
17
18          //因標題不是計算的部分，所以先將標題讀取出來
19          fscanf(fptr,"%s %s %s",animal,animal,animal);
20
21          //若檔案指標不是指在檔尾，再去讀取年齡及身高
22          while (fscanf(fptr,"%s",animal) != EOF)
23            {
24              fscanf(fptr,"%d %d",&age,&height);
25              total_age= total_age+age;
26              total_height= total_height+height;
27            }
28          printf("平均年齡%.1f,",total_age/3);
29          printf("平均身高%.1f\n",total_height/3);
30          fprintf(fptr, "平均年齡%.1f,",total_age/3);
31          fprintf(fptr, "平均身高%.1f\n",total_height/3);
32          //關閉檔案,若fclose(fptr)=-1,代表檔案無法關閉
33          if (fclose(fptr)==-1)
34            {
35              printf("檔案無法關閉!\n");
36              exit(1);
37            }
38          system("PAUSE");
39          return 0;
40      }
```

執行結果

平均年齡3.0,平均身高75.0

☰ 程式解說

程式執行後，animal.txt 檔案內容如下：

動物	年齡	身高
馬	2	165
狗	3	35
貓	4	25

平均年齡3.0,平均身高75.0

以下兩個 I/O 存取函式，主要的作用是將結構型態的資料以二進位的方式寫入檔案資料中或從檔案資料中讀取出來。

8. 結構區塊資料寫入函式 fwrite( )

函式名稱	fwrite( )
函式原型	size_t fwrite(const void *struct_var , size_t struct_size , size_t n , FILE *fptr);
功能	將結構指標struct_var所指向的結構資料中連續n筆資料，寫入檔案指標fptr 所指向的檔案內（每筆結構資料的長度為struct_size (byte)）。
傳回	1. 若成功寫入資料，則傳回所寫入的結構資料之筆數 n。 2. 若寫入資料失敗，則傳回實際寫入的結構資料之筆數(< n)。
原型宣告所在的 標頭檔	stdio.h

≡ 說明

1. fwrite( )函式被呼叫時，需傳入四個參數：第一個參數（struct_var），代表要寫入的結構型態資料之起始位址；第二個參數（struct_size），代表結構型態資料所佔的空間大小：第三個參數（n），代表要寫入的結構型態資料之總筆數；第四個參數(fptr)，代表要寫入的資料串流之檔案指標。

2. 第一個（struct_var），它的資料型態為 const void *，表示 struct_var 為結構變數所在的記憶體位址。[進階用法]struct_var 也可為結構陣列變數或結構指標變數；第二個參數（struct_size），它的資料型態為 size_t，表示必須使用無號數的整數；第三個參數（n），它的資料型態為 size_t，表示必須使用無號數的整數；第四個參數（fptr）的資料型態為 FILE *，表示必須使用檔案指標。

≡ **範例 8** ....

寫一程式，定義如下的電影資訊之結構資料型態：

```
struct cinema
 {
  char name[10];        //電影名稱
  char date[9];         //上映日期
  char place[7];        //上映廳處
  int price;            //票價
 }
```

每次輸入一筆電影資訊後，立刻以二進位的方式寫入 movie.bin，直到回答 n（或 N）才停止輸入。

```
1   #include <stdio.h>
2   #include <stdlib.h>
3   #include <conio.h>
4   #include <ctype.h>
5   int main(void)
6   {
7       FILE *fptr;
8
9       //定義cinema結構資料型態
10      struct cinema
11      {
12        char name[10];        //電影名稱
13        char date[9];         //上映日期
14        char place[7];        //上映廳處
15        int price;            //票價
16      };
17
18      //宣告movie為struct cinema結構變數
19      struct cinema movie;
20
21      //以二進位寫入的方式開啓資料夾下的movie.bin
22      fptr = fopen("movie.bin","wb");
23
24      //若fptr指標指向空的，代表檔案開啓失敗
25      if(fptr == NULL)
26       {
27         printf("開啓檔案失敗!\n");
28         exit(1) ;
29       }
30
31      do
32       {
33        printf("\n請輸入電影名稱:");
34        scanf("%s", movie.name);
35        printf("上映日期:");
36        scanf("%s", movie.date);
37        printf("上映廳處:");
38        scanf("%s", movie.place);
39        printf("票價:");
40        scanf("%d",&movie.price);
41
42        //一次寫入1筆cinema結構型態的資料
43        //到fptr所指向的檔案
44        fwrite(&movie,sizeof(struct cinema),1,fptr);
45
46        printf("是否繼續輸入? (y/n):");
47       } while (toupper(getche()) == 'Y' );
48
49      // 注意:getche宣告在conio.h
50      //       toupper宣告在ctype.h
```

```
51
52      printf("\n");
53      //關閉檔案,若fclose(fptr)=-1,代表檔案無法關閉
54      if (fclose(fptr)==-1)
55        {
56         printf("檔案無法關閉!\n");
57         exit(1);
58        }
59
60      system("PAUSE");
61      return 0;
62   }
```

執行結果

請輸入電影名稱:鼠x寶
上映日期:2012/01/02
上映廳處:勤益廳
票價:100
是否繼續輸入 ? (y/n):y

請輸入電影名稱:x豪宅
上映日期:2012/02/01
上映廳處:清華廳
票價:100
是否繼續輸入? (y/n):n

三 程式解說

1. 程式第 44 列 fwrite(&movie,sizeof(struct cinema),1,fptr); 將結構變數 movie 的內容共 32 bytes 寫入檔案指標 fptr 所指向的檔案內（每筆 movie 結構資料所佔的空間大小為 32（=sizeof(struct cinema)=ceil(float(10+9+7)/4)*4+4）bytes）。

2. 程式執行後,movie.bin 的內容為二進位檔,若使用文書編輯軟體開啓,則所看到的資料是一堆無法了解的亂碼。想正確知道其內容,可以使用 fread() 函式將資料讀取出來。

三 範例 9

（承範例 8）一次輸入兩筆電影資訊後,立刻以二進位的新增方式寫入 movie. bin,直到回答 n（或 N）才停止輸入。

```
1    #include <stdio.h>
2    #include <stdlib.h>
3    #include <conio.h>
4    #include <ctype.h>
```

```
5   int main(void)
6   {
7       int i;
8       FILE *fptr;
9
10      //定義cinema結構資料型態
11      struct cinema
12       {
13         char name[10];      //電影名稱
14         char date[9];       //上映日期
15         char place[7];      //上映廳處
16         int price;          //票價
17       };
18
19      //宣告movie為struct cinema結構陣列變數
20      struct cinema movie[2];
21
22      //以二進位寫入的方式開啟資料夾下的movie.bin
23      fptr = fopen("d:\\movie.bin","ab");
24
25      //若fptr指標指向空的，代表檔案開啟失敗
26      if(fptr == NULL)
27       {
28         printf("開啟檔案失敗!\n");
29         exit(1) ;
30       }
31
32      do
33       {
34        for (i=0;i<2;i++)
35         {
36           printf("\n請輸入電影名稱:");
37           scanf("%s", movie[i].name);
38           printf("上映日期:");
39           scanf("%s", movie[i].date);
40           printf("上映廳處:");
41           scanf("%s", movie[i].place);
42           printf("票價:");
43           scanf("%d",&movie[i].price);
44         }
45
46        //一次寫入2筆cimena結構型態的資料
47        //到fptr所指向的檔案
48        fwrite(movie,sizeof(struct cinema),2,fptr);
49
50        printf("是否繼續輸入? (y/n):");
51       }while (toupper(getche()) == 'Y' );
52
53      // 注意:getche宣告在conio.h
54      //      toupper宣告在ctype.h
55
56      printf("\n");
57      //關閉檔案，若fclose(fptr)=-1，代表檔案無法關閉
```

```
58        if (fclose(fptr)==-1)
59         {
60          printf("檔案無法關閉!\n");
61          exit(1);
62         }
63
64      system("PAUSE");
65      return 0;
66   }
```

執行結果

請輸入電影名稱:x光城
上映日期:2012/03/02
上映廳處:交通廳
票價:110

請輸入電影名稱:x險記
上映日期:2012/04/01
上映廳處:雙十廳
票價:120
是否繼續輸入? (y/n):n

三 程式解說

1. 程式第 48 列 fwrite(movie,sizeof(struct cinema),2,fptr); 將結構陣列變數 movie 的內容共 64(=32*2) bytes，寫入檔案指標 fptr 所指向的檔案內。

2. 結構陣列變數 movie 名稱本身就是記憶體位址，所以 movie 前面不需要加「&」。

9. 結構區塊資料讀取函式 fread( )

若使用結構區塊資料寫入函式 fwrite( ) 函數，以二進位方式將結構型態資料寫入檔案，則可使用結構區塊資料讀取函式 fread( ) 函數結合迴圈結構，將結構型態資料一筆一筆循序讀出。

函式名稱	fread( )
函式原型	size_t fread(void *struct_var , size_t struct_size , size_t n , FILE *fptr);
功能	從檔案指標fptr所指向的檔案內，讀取n筆結構資料，存入結構指標struct_var所指向的位址（每筆結構資料的長度為struct_size (byte)）。
傳回	1. 若成功讀取資料，則傳回所讀取的結構資料之筆數n，fptr檔案指標會往後移動n * struct_size byte。 2. 若讀取資料失敗，則傳回實際讀取的結構資料之筆數(< n)。
原型宣告所在的標頭檔	stdio.h

說明

1. fread( )函式被呼叫時，需傳入四個參數：第一個參數（struct_var），代表要存入的結構型態資料之起始位址；第二個參數（struct_size），代表結構型態資料所佔的空間大小：第三個參數（n），代表要存入的結構型態資料之總筆數；第四個參數(fptr)，代表要讀取的資料串流之檔案指標。

2. 第一個（struct_var），它的資料型態為 void *，表示 struct_var 為結構變數所在的記憶體位址。[進階用法]struct_var 也可為結構陣列變數或結構指標變數；第二個參數（struct_size），它的資料型態為 size_t，表示必須使用無號數的整數；第三個參數（n），它的資料型態為 size_t，表示必須使用無號數的整數；第四個參數（fptr）的資料型態為 FILE *，表示必須使用檔案指標。

範例 10

（承範例 9）寫一程式，以二進位的方式，從 movie.bin 檔案內一次讀取一筆電影資訊。

```
1  #include <stdio.h>
2  #include <stdlib.h>
3  int main(void)
4  {
5    FILE *fptr;
6
7    //定義cinema結構資料型態
8    struct cinema
9     {
10     char name[10];      //電影名稱
11     char date[9];       //上映日期
12     char place[7];      //上映廳處
13     int price;          //票價
14    };
15
16    //宣告movie為struct cinema結構變數
17    struct cinema movie;
18
19    //以二進位讀取的方式開啓資料夾下的movie.bin
20    fptr = fopen("movie.bin","rb");
21
22    //若fptr指標指向空的，代表檔案開啓失敗
23    if(fptr == NULL)
24     {
25       printf("開啓檔案失敗!\n");
26       exit(1) ;
```

```
27          }
28
29      while (!feof(fptr))  //檔案指標不在檔尾
30        {
31         //一次讀取1筆cimena結構型態的資料
32         //並存入movie結構變數
33         if (fread(&movie,sizeof(struct cinema),1,fptr)==1)
34           {
35             printf("電影名稱:%s\t", movie.name);
36             printf("上映日期:%s\n", movie.date);
37             printf("上映廳處:%s\t", movie.place);
38             printf("票價:%d\n", movie.price);
39           }
40        }
41
42      //關閉檔案，若fclose(fptr)=-1，代表檔案無法關閉
43       if (fclose(fptr)==-1)
44         {
45          printf("檔案無法關閉!\n");
46          exit(1);
47         }
48      system("PAUSE");
49      return 0;
50  }
```

執行結果

```
電影名稱:鼠x寶    上映日期:2012/01/02
上映廳處:勤益廳   票價:100
電影名稱:x豪宅    上映日期:2012/02/01
上映廳處:清華廳   票價:100
電影名稱:x光城    上映日期:2012/03/02
上映廳處:交通廳   票價:110
電影名稱:x險記    上映日期:2012/04/01
上映廳處:雙十廳   票價:120
```

三 程式解說

1. 程式第 29 列 while (!feof(fptr)) 表示檔案指標不在檔尾，才可進入 while 迴圈。

2. 程式第 33 列 if (fread(&movie,sizeof(struct cinema),1,fptr)==1)，若從檔案讀取的資料剛好為一筆 struct cinema 結構資料，則將資料存入結構變數 movie 所在的記憶體位址。

≡範例 11

（承範例9）寫一程式，以二進位的方式，從 movie.bin 檔案內一次讀取兩筆電影資訊。

```c
1   #include <stdio.h>
2   #include <stdlib.h>
3   int main(void)
4   {
5     int i;
6     FILE *fptr;
7
8     //定義cinema結構資料型態
9     struct cinema
10     {
11      char name[10];       //電影名稱
12      char date[9];        //上映日期
13      char place[7];       //上映廳處
14      int price;           //票價
15     };
16
17     //宣告movie為struct cinema結構陣列變數
18     struct cinema movie[2];
19
20
21     //以二進位讀取的方式開啓資料夾下的movie.bin
22     fptr = fopen("movie.bin","rb");
23
24     //若fptr指標指向空的，代表檔案開啓失敗
25     if(fptr == NULL)
26     {
27       printf("開啓檔案失敗!\n");
28       exit(1) ;
29     }
30
31     while (!feof(fptr))
32     {
33     //一次讀取2筆cimena結構型態的資料
34     //並存入movie結構陣列變數
35     if (fread(movie,sizeof(struct cinema),2,fptr)==2)
36      {
37       for (i=0;i<2;i++)
38        {
39           printf("電影名稱:%s\t", movie[i].name);
40           printf("上映日期:%s\n", movie[i].date);
41           printf("上映廳處:%s\t", movie[i].place);
42           printf("票價:%d\n", movie[i].price);
43        }
44      }
45     else
```

```
46        {
47            printf("電影名稱:%s\t", movie[0].name);
48            printf("上映日期:%s\n", movie[0].date);
49            printf("上映廳處:%s\t", movie[0].place);
50            printf("票價:%d\n", movie[0].price);
51        }
52      }
53
54      //關閉檔案,若fclose(fptr)=-1,代表檔案無法關閉
55      if (fclose(fptr)==-1)
56        {
57          printf("檔案無法關閉!\n");
58          exit(1);
59        }
60      system("PAUSE");
61      return 0;
62  }
```

執行結果

```
電影名稱:鼠x寶      上映日期:2012/01/02
上映廳處:勤益廳     票價:100
電影名稱:x豪宅      上映日期:2012/02/01
上映廳處:清華廳     票價:100
電影名稱:x光城      上映日期:2012/03/02
上映廳處:交通廳     票價:110
電影名稱:x險記      上映日期:2012/04/01
上映廳處:雙十廳     票價:120
```

三 程式解說

1. 程式第 35 列 if (fread(movie,sizeof(struct cinema),2,fptr)==2)，若從檔案讀取的資料剛好為 2 筆 struct cinema 結構資料，則將資料存入結構陣列變數 movie 所在的記憶體位址（每筆 movie 結構資料所佔的空間大小為 32bytes）。

2. 結構陣列變數 movie 本身就是記憶體位址，所以 movie 前面不需要加 &。

14-3　隨機存取結構資料

　　檔案每次被開啟後，檔案指標一定指在第一個字元，若使用循序存取的方式來處理資料，是非常沒有效率的。例：想要讀取檔案的第 101 個字元，則必須先將檔案前面 100 個字元讀取完後，檔案指標才會移動到第 101 個字元所在的位置。為了解決這樣的困擾，C 語言提供下列函式，讓檔案指標隨意往前或往後移動，快速達到隨機存取檔案中資料。

1. 移動檔案指標位置函式 fseek( )

函式名稱	fseek( )
函式原型	int fseek(FILE *fptr , long offset , int postion);
功能	移動檔案指標fptr的位置。將檔案指標fptr從位置postion移動offset個 bytes。
傳回	1. 若成功移動位置，則傳回0。 2. 若移動位置失敗，則傳回非0的數。
原型宣告所在的標頭檔	stdio.h

≡ 說明

1. fseek( ) 函式被呼叫時，需傳入三個參數：第一個參數（fptr），代表要讀取的資料串流之檔案指標；第二個參數（offset），代表從 postion 處移動 offset 個 bytes：第三個參數（postion），代表檔案指標從檔案的什麼位置開始移動。

2. 第一個（fptr）的資料型態為 FILE *，表示必須使用檔案指標；第二個參數（offset），它的資料型態為 long，表示必須使用長整數；第三個參數（postion），它的資料型態為 int，表示必須使用整數。

3. postion 有下列三種選項：
   SEEK_SET：檔案開頭。
   SEEK_CUR：檔案目前位置。
   SEEK_END：檔案尾端。

4. 若 offset 為正，則表示往後移動；否則往前移動。

≡ 範例 **12**

（承範例9）寫一程式，顯示 movie.bin 檔案內所有的電影名稱，並設定序號（從1開始），輸入電影名稱的序號，輸出該電影名稱的相關資訊。

```
1   #include <stdio.h>
2   #include <stdlib.h>
3   int main(void)
4   {
5       FILE *fptr;
6
7       //定義cinema結構資料型態
8       struct cinema
```

```
9      {
10       char name[10];        //電影名稱
11       char date[9];         //上映日期
12       char place[7];        //上映廳處
13       int price;            //票價
14     };
15
16   //宣告movie為struct cinema結構陣列變數
17   struct cinema movie;
18
19   int i;
20   int no; //電影名稱序號
21
22   //以二進位讀取的方式開啟資料夾下的movie.bin
23   fptr = fopen("movie.bin","rb");
24
25   //若fptr指標指向空的，代表檔案開啟失敗
26   if (fptr == NULL)
27    {
28      printf("開啟檔案失敗!\n");
29      exit(1) ;
30    }
31
32   i=1;
33
34   while (!feof(fptr))
35    {
36     //讀取長度為sizeof(struct cinema)的結構資料
37     fread(&movie,sizeof(struct cinema),1,fptr);
38     printf("%d.電影名稱:%s\n",i,movie.name);
39     i++;
40    }
41   printf("\n輸入要看之電影名稱的序號:");
42   scanf("%d",&no);
43
44   //將檔案指標移動到距離檔頭
45   //sizeof(struct cinema)(no-1) bytes的位置
46   fseek(fptr,sizeof(struct cinema)*(no-1),SEEK_SET);
47
48   //讀取長度為sizeof(struct cinema)的結構資料
49   fread(&movie,sizeof(struct cinema),1,fptr);
50
51   printf("\n%s的相關資訊為:\n", movie.name);
52   printf("上映日期:%s\t", movie.date);
53   printf("上映廳處:%s\t", movie.place);
54   printf("票價:%d\n", movie.price);
55
56   //關閉檔案，若fclose(fptr)=-1，代表檔案無法關閉
57   if (fclose(fptr)==-1)
58    {
59     printf("檔案無法關閉!\n");
```

```
60       exit(1);
61       }
62
63     system("PAUSE");
64     return 0;
65  }
```

執行結果

```
1. 鼠x寶
2. x豪宅
3. x光城
4. x險記

輸入要看之電影名稱的序號:2

x豪宅的相關資訊為:
上映日期:2012/02/01        上映廳處:清華廳 票價:100
```

fseek( )函式除了用在固定的移動方式，也經常用在越過檔案開頭的特殊資料區（例：欄位標題），移動到真正結構資料區，讀取結構資料。

在不知檔案內的資料為何之情況下，另外一種直接搜尋方法，可參考下面範例。

☰範例 13

（承範例 9）寫一程式，從 movie.bin 檔案內搜尋資料，並顯示詳細資訊。

```
1   #include <stdio.h>
2   #include <stdlib.h>
3   int main(void)
4   {
5     FILE *fptr;
6
7     //定義cinema結構資料型態
8     struct cinema
9      {
10      char name[10];       //電影名稱
11      char date[9];        //上映日期
12      char place[7];       //上映廳處
13      int price;           //票價
14      };
15
16    //宣告movie為struct cinema結構陣列變數
17    struct cinema movie;
18
19    char data[81]; //搜尋之資料:
```

```
20
21     //以二進位讀取的方式開啓資料夾下的movie.bin
22     fptr = fopen("movie.bin","rb");
23
24     //若fptr指標指向空的，代表檔案開啓失敗
25     if (fptr == NULL)
26      {
27        printf("開啓檔案失敗!\n");
28        exit(1) ;
29      }
30
31     printf("輸入要搜尋之電影名稱:");
32     scanf("%s",data);
33     printf("搜尋結果:\n");
34     while (!feof(fptr))
35      {
36       fread(&movie,sizeof(struct cinema),1,fptr);
37
38       if (strcmp(data,movie.name)==0)
39        {
40         printf("電影名稱:%s\t", movie.name);
41         printf("上映日期:%s\n", movie.date);
42         printf("上映廳處:%s\t", movie.place);
43         printf("票價:%d\n", movie.price);
44        }
45      }
46
47     //關閉檔案，若fclose(fptr)=-1，代表檔案無法關閉
48     if (fclose(fptr)==-1)
49      {
50       printf("檔案無法關閉!\n");
51       exit(1);
52      }
53
54     system("PAUSE");
55     return 0;
56 }
```

執行結果

```
輸入要搜尋之電影名稱:x豪宅
搜尋結果:
電影名稱:x豪宅      上映日期:2012/02/01
上映廳處:清華廳    票價:100
```

2. 設定檔案指標在檔案開頭的函式 rewind( )

函式名稱	rewind( )
函式原型	void rewind(FILE *fptr);
功能	將檔案指標fptr的位置，移至檔案的開頭位置。
傳回	無
原型宣告所在的 標頭檔	stdio.h

≡ 說明

1. rewind( )函式被呼叫時，需傳入參數（fptr），代表要讀取的資料串流之 檔案指標。

2. 參數（fptr）的資料型態為 FILE *，表示必須使用檔案指標。

3. 當檔案內容被全部讀取過一次後，檔案指標會停在檔尾。若要從頭讀取 資料時，則必須先將檔案指標設定在檔案的開頭處，才能再次讀取。

≡ 範例 14

範例 12 的第 46 列

```
fseek(fptr,sizeof(struct cinema)*(no-1),SEEK_SET);
```

可以改成

```
rewind(fptr);
fseek(fptr,sizeof(struct cinema)*(no-1),SEEK_CUR);
```

3. 取得檔案指標位置的函式 ftell( )

函式名稱	ftell( )
函式原型	long ftell(FILE *fptr);
功能	取得目前檔案指標fptr的位置。
傳回	1. 若成功取得，則傳回檔案指標fptr的位置。即：檔案指標在檔案的第幾 個byte的位置。(檔案位置，從0開始) 2. 若取得失敗，則會傳回-1。
原型宣告所在的 標頭檔	stdio.h

≡ 說明

1. ftell( ) 函式被呼叫時，需傳入參數（fptr），代表要讀取的資料串流之檔案指標。

2. 參數（fptr）的資料型態為 FILE *，表示必須使用檔案指標。

≡ **範例 15**

寫一程式，開啟 data.txt 文字檔，然後一個字元一個字元輸出，並顯示該字元在檔案內的位置（第幾個 byte）。

（假設 data.txt 的內容為：1+2=3）

```
1   #include <stdio.h>
2   #include <stdlib.h>
3   int main(void)
4   {
5     char ch;
6     FILE *fptr;
7     fptr=fopen("data.txt","r");
8     //開啟資料夾下的data.txt檔案
9     if (fptr==NULL)
10     {
11       printf("data.txt檔案無法開啟!\n");
12       //exit( )函式作用為強迫結束程式，並將( )中的
13       //參數值傳給作業系統，若參數值不等於0，
14       //則表示程式執行時發生錯誤。
15       exit(1);
16     }
17
18     while (1)
19      {
20
21       ch=fgetc(fptr);
22       if (ch != EOF)
23        {
24          //取得目前檔案指標fptr的位置
25          printf("檔案的第%dbyte ",ftell(fptr));
26          printf("的字元為%c\n",ch);
27        }
28       else
29         break;
30      }
31
32     //關閉資料夾下的data.txt檔案
33     if (fclose(fptr)==-1)
34      {
35       printf("data.txt檔案無法關閉!\n");
36       exit(1);
```

```
37        }
38
39     system("pause");
40     return 0;
41  }
```

執行結果

```
檔案的第0byte的字元為1
檔案的第1byte的字元為+
檔案的第2byte的字元為2
檔案的第3byte的字元為=
檔案的第4byte的字元為3
```

14-4 二進位BMP圖形檔處理

一個圖形檔以何種形式存在是與其檔頭格式有關。不同檔頭格式，代表不同之圖形檔。要了解一個檔案是何種格式之圖形檔，最簡單的方式就是看檔案的副檔名，例如：.BMP、.JPG、.GIF、…等等。以下僅就 .BMP 圖形檔為例大略說明，其他格式的圖檔，請自行參考相關書籍。

.BMP 為點陣圖，為 Microsoft Windows 內部所採用之圖形檔儲存格式。由於點陣圖沒有經過壓縮處理，因此其佔據的磁碟空間比其他格式之圖形檔大，但其能符合快速呈現視窗畫面之需求。BMP 圖形檔的內容依序包含下列兩段資料：

一、BMP 圖形檔的第一段資料，包含下列兩部份：

1. BMP 檔頭資訊區：主要記錄點陣圖的一般性資訊，位置從從點陣圖檔案之 Byte 0 至 Byte 13，共 14 個 Bytes。

位元組(Byte)	位元組數	資料型態	內容	說明
0 ~ 1	2	unsigned char	424D	點陣圖的識別符號。作為檢視此檔案是否為BMP點陣圖之用。
2 ~ 5	4	unsigned int		檔案大小，單位為Byte。
6 ~ 7	2	unsigned short	0000	保留未使用。
8 ~ 9	2	unsigned short	0000	保留未使用。
10 ~ 13	4	unsigned int		點陣圖圖像之起始位元組，單位為Byte。

說明：

(1) 若 Byte 0 及 Byte 1 的內容分別為 42 及 4D(十六進位)，即，'B' 及 'M'，則為 BMP 點陣圖；否則非 BMP 點陣圖。

(2) 若 Byte 2~Byte 5 的內容為 8e12ce00(十六進位) 時，其中 8e 代表 Byte 2 的內容，12 代表 Byte 3 的內容，ce 代表 Byte 4 的內容，00 代表 Byte 5 的內容。此 4 個位元組代表檔案大小，其真正的值應為 00ce128e(從高位元組到低位元組填寫)，其十進位值則為 13505166。BMP 檔案大小 也等於 BMP 之圖像寬度 x BMP 之圖像高度 x 顏色深度 + BMP 圖像之起始位元組

(3) 若 Byte 10~Byte 13 的內容為 36000000(十六進位) 時，其中 36 代表 Byte 10 的內容，00 代表 Byte 11 的內容，00 代表 Byte 12 的內容，00 代表 Byte 13 的內容。此 4 個位元組代表圖像資料之起始位元組，其真正的值應為 00000036(從高位元組到低位元組填寫)，因此其十進位值為 54，即圖像資料從第 54 位元組開始。一般 BMP 圖像資料都是從第 54 位元組開始，至於新的格式規定就不一定了。

2. BMP 圖像資訊區：主要記錄 BMP 圖像部份的相關資訊，位置從從 BMP 檔案之 Byte 14 至 Byte (點陣圖圖像之起始位元組 - 1)。一般 BMP 圖像資訊區都是從 Byte 14 至 Byte 53，至於新的格式規定就不一定了。

位元組(Byte)	位元組數	資料型態	內容	說明
14 ~ 17	4	unsigned int	點陣圖圖像之起始位元組-14	記錄點陣圖圖像資訊區所使用的位元組數，單位為Byte。
18 ~ 21	4	int		點陣圖之圖像資料寬度，單位Pixel。
22 ~ 25	4	int		點陣圖之像素資料高度，單位Pixel。
26 ~ 27	2	unsigned short	0100	彩色平面數，常數值1。
28 ~ 29	2	unsigned short		點陣圖中每一個像素所使用的色彩深度，單位為Bit。
30 ~ 33	4	unsigned int	0	0：表示點陣圖未使用壓縮方式儲存資料。
34 ~ 37	4	unsigned int		點陣圖之圖像大小，單位Byte。

38 ~ 41	4	int		圖像的水平解析度(dpm)，即在水平方向，每公尺內有多少像素點dot)。
42 ~ 45	4	int		圖像的垂直解析度(dpm)，即在垂直方向，每公尺內有多少像素點(dot)。
46 ~ 49	4	unsigned int		調色盤之顏色數目。
50 ~ 53	4	unsigned int		使用重要顏色之數目。

說明：

(1) 若點陣圖像素資料之高度 (Byte 22~Byte 25) 爲正時，則表示點陣圖是由左下角的像素往右上角的像素，依序存入點陣圖像素資料陣列中。即，點陣圖的最後一列、倒數第二列、…、第一列依序存入點陣圖像素資料陣列中；若爲負，則表示由左上角往右下的方式掃描存入檔案。即，點陣圖的第一列、第二列、…、最後一列依序存入點陣圖像素資料陣列中。

(2) 若 Byte 26~Byte 27 的內容爲 1 時，則表示點陣圖爲靜態影像檔；若 Byte 26~Byte 27 的內容爲 n(>1) 時，則表示爲 n 張連續撥放動畫檔。

(3) 若 Byte 28~Byte 29 的內容爲 1800(十六進位) 時，則表示色彩深度爲 24 bits(全彩)，即使用 2^{24}(=16777216) 種顏色來呈現圖形。若 Byte 28~Byte 29 的內容爲 0800(十六進位) 時，則表示色彩深度爲 8 bits(灰階)，即使用 2^8(=256) 種顏色來呈現圖形。

(4) 若 Byte 50~Byte 53 的內容爲 00000000(十六進位) 時，表示所有顏色都一樣重要。

二、BMP 圖形檔的第二段資料，主要記錄點陣圖之圖像資料，位置從 Byte (點陣圖之圖像起始位元組) 至 Byte (點陣圖之圖像大小 - 1)，共 (點陣圖之圖像大小) 個 Bytes。

≡範例 16

寫一程式，將牡丹水庫 .bmp 檔頭資訊及圖像資訊顯示出來。

```
1    #include <stdlib.h>
2    #include <stdio.h>
3
4    //紀錄BMP檔案之表頭資訊區,共14個Byte(Byte 0~Byte 13)
5    unsigned char bmp_header[14];
6
7    //紀錄BMP檔案之圖像資訊區,所使用的空間大小=
8    //(bmp_header[10]~bmp_header[13]的圖像起始位元組)-14
9    //14為BMP檔案之檔頭資訊區使用的空間大小
10   unsigned char *bmp_information;
11
12   void four_byte_hex_to_ten(unsigned char *,int *,int ,int);
13   int main(void)
14    {
15     FILE *fptr1;
16     int i,j;
17
18     //BMP檔案大小
19     int bmpfilesize;
20
21     //BMP檔案之圖像之起始位元組(單位為Byte)
22     int imagestartbyte;
23
24     //紀錄BMP檔案之圖像資訊區,所使用的空間大小
25     int bmp_information_space;
26
27     //BMP檔案之圖像寬度,高度及圖像的大小
28     int image_width,image_height,image_size;
29
30     //調色盤顏色數目
31     int color_palette;
32
33     //重要顏色數目
34     int important_color_num;
35
36     if ((fptr1 = fopen("牡丹水庫.bmp", "rb")) == NULL)
37      {
38       printf("無法開啓牡丹水庫.bmp檔.\n");
39       system("pause");
40       exit(0);
41      }
42
43     //從.BMP檔案讀取14個Byte,存入bmp_header字元陣列
44     fread(bmp_header,sizeof(unsigned char),14,fptr1);
45
46     //判別是否為BMP點陣圖
47     if (!(bmp_header[0]=='B' && bmp_header[1]=='M'))
```

```
48      {
49       printf("牡丹水庫.bmp不是BMP點陣圖.\n");
50       system("pause");
51       exit(0);
52      }
53
54    //BMP檔案大小(單位為Byte),紀錄於
55    //BMP檔頭資訊區之Byte 2 ~ Byte 5
56    //ex:    01020304
57    //byte: 18192021    byte18的值01是最低位元組
58    //所以其真正的值為 04030201H=0*(16的7次方)+
59    //4*(16的7次方)+0*(16的5次方)+3*(16的4次方)+
60    //0*(16的3次方)+2*(16的2次方)+0*(16的1次方)+1
61
62    //讀取BMP檔案大小(單位為Byte)
63    four_byte_hex_to_ten(bmp_header,&bmpfilesize,2,5);
64    printf("牡丹水庫.bmp檔案大小為");
65    printf("%d Byte.\n",bmpfilesize);
66
67    //讀取BMP檔案之圖像之起始位元組(單位為Byte),
68    //點陣圖所佔的磁碟空間,紀錄於點陣圖檔頭資訊區
69    //之Byte 10 ~ Byte 13
70    four_byte_hex_to_ten(bmp_header,&imagestartbyte,10,13);
71
72    printf("牡丹水庫.bmp之圖像起始位元組為");
73    printf("%d Byte.\n",imagestartbyte);
74
75    //BMP檔案之圖像資訊區,所使用的空間大小
76    bmp_information_space=imagestartbyte-14;
77
78    //動態配置 bmp_information_space Byte的BMP圖像資訊區
79    bmp_information=(unsigned char *) malloc(
80                 sizeof(unsigned char)*bmp_information_space);
81
82    //從BMP檔案讀取bmp_information_space個Byte,
83    //存入bmp_information字元陣列
84    fread(bmp_information,sizeof(unsigned char) ,
85    bmp_information_space,fptr1);
86
87    //取得BMP檔案之圖像寬度
88    //BMP檔案之圖像寬度紀錄於BMP檔案之圖像資訊區的
89    //第4~7Byte中
90    four_byte_hex_to_ten(bmp_information,&image_width,4,7);
91
92    printf("牡丹水庫.bmp之圖像資料寬度為");
93    printf("%d Pixel.\n",image_width);
94
95    //取得BMP檔案之圖像高度
96    //BMP檔案之圖像高度紀錄於BMP檔案之圖像資訊區的
97    //第8~11Byte
98    four_byte_hex_to_ten(bmp_information,&image_height,8,11);
```

```
99
100    printf("牡丹水庫．BMP之圖像資料高度為");
101    printf("%d Pixel.\n",image_height);
102
103    //取得BMP檔案之圖像大小
104    //BMP檔案之圖像大小紀錄於BMP檔案之圖像資訊區的
105    //第20~23Byte
106    //其實圖像大小(image_size) 也等於 image_width*image_height*3;
107    //3(Byte)為每一個puxel的色彩深度,BGR各佔一個Byte
108    four_byte_hex_to_ten(bmp_information,&image_size,20,23);
109
110    printf("牡丹水庫.bmp之圖像資料大小為");
111    printf("%d Byte.\n",image_size);
112
113    //取得BMP檔案之圖像的調色盤顏色數目
114    four_byte_hex_to_ten(bmp_information,&color_palette,32,35);
115    printf("牡丹水庫.bmp之調色盤顏色數目為");
116    printf("%d.\n",color_palette);
117
118    //取得BMP檔案之圖像的重要顏色數目
119    four_byte_hex_to_ten(bmp_information,&important_color_num,36,39);
120    printf("牡丹水庫.bmp之重要顏色數目為");
121    printf("%d.\n",important_color_num);
122
123    fclose(fptr1);
124    system("pause");
125    return 0;
126 }
127
128 //將4個Byte的十六進位資料(低位元組到高位元組)轉成十進位
129 void four_byte_hex_to_ten(unsigned char *section,int *size ,
130 int beginbyte,int endbyte)
131 {
132    int i,j;
133    int lowbit;   //每個Byte的第0~3bit
134    int highbit; //每個Byte的第4~7bit
135
136    //ex:假設01020304(十六進位)分別儲存於byte 2到byte 5
137    //即,01,02,03,04分別為 byte 2到byte 5的內容
138    //但其真正的值為 04030201(十六進位)=
139    //0*(16的7次方)+ 4*(16的7次方) + 0*(16的5次方)+
140    //3*(16的4次方)+ 0*(16的3次方) + 2*(16的2次方)+
141    //0*(16的1次方)+1
142
143    j=1;
144    *size=0;
145    for (i=beginbyte;i<=endbyte;i++)
146      {
147       //1個Byte長的數字以16進位表示,會有前4個Bit及
148       //後4個Bit所以 %16代表取出數字的0~3bit值
149       //       /16代表取出數字的4~7bit值
```

```
150        lowbit=section[i]%16;
151        highbit=section[i]/16;
152        *size=*size+(int)pow(16,2*j-1)*highbit+(int)pow(16,2*j-2)*lowbit;
153        j++;
154      }
155 }
```

執行結果

牡丹水庫.bmp檔案大小為13505166 Byte.
牡丹水庫.bmp之圖像起始位元組為54 Byte.
牡丹水庫.bmp之圖像資料寬度為2568 Pixel.
牡丹水庫.bmp之圖像資料高度為1753 Pixel.
牡丹水庫.bmp之圖像資料大小為 13505112 Byte.
牡丹水庫.bmp之調色盤顏色數目為0.
牡丹水庫.bmp之重要顏色數目為0.

☰範例 17

寫一程式,將牡丹水庫.bmp檔以左右相反方式存入牡丹水庫_左右相反.bmp檔。

```
1   #include <stdlib.h>
2   #include <stdio.h>
3
4   //定義每個像素(pixel)的三原色,藍(Blue),紅(Red),綠(Green)
5   //3(Byte)為每一個puxel的顏色深度,BGR各佔一個Byte
6   struct BGR
7     {
8      unsigned char B;
9      unsigned char G;
10     unsigned char R;
11    };
12
13  //紀錄BMP檔案之檔頭資訊區,共14個Byte(Byte 0~Byte 13)
14  unsigned char bmp_header[14];
15
16  //紀錄BMP檔案之圖像資訊區,所使用的空間大小=
17  //(bmp_header[10]~bmp_header[13]的圖像起始位元組)-14
18  //14為BMP檔頭資訊區使用的空間大小
19  unsigned char *bmp_information;
20
21  void four_byte_hex_to_ten(unsigned char *,int *,int ,int);
22  int main(void)
23    {
24     FILE *fptr1,*fptr2;
25     int i,j;
26
27     //BMP檔案之圖像之起始位元組(單位為Byte)
28     int imagestartbyte;
29
```

```
30      //紀錄BMP檔案之圖像資訊區,所使用的空間大小
31      int bmp_information_space;
32
33      //BMP檔案之圖像寬度及高度
34      int image_width,image_height;
35
36      //BMP圖像的寬度x高度
37      int pixel_size;
38
39      //宣告struct BGR點陣圖圖像結構,存取每個圖素的BGR三原色
40      struct BGR *bmppixel;
41
42      if ((fptr1 = fopen("牡丹水庫.bmp", "rb")) == NULL)
43        {
44         printf("無法開啓牡丹水庫.bmp檔.\n");
45         system("pause");
46         exit(1);
47        }
48
49      if ((fptr2 = fopen("牡丹水庫_左右相反.bmp", "wb")) == NULL)
50        {
51         printf("無法建立牡丹水庫_左右相反.bmp檔\n");
52         system("pause");
53         exit(1);
54        }
55
56      //從BMP檔案讀取14個Bytes,存入bmp_header字元陣列
57      fread(bmp_header,sizeof(unsigned char),14,fptr1);
58
59      //判別是否為BMP點陣圖
60      if (!(bmp_header[0]=='B' && bmp_header[1]=='M'))
61        {
62         printf("牡丹水庫.bmp不是BMP點陣圖.\n");
63         system("pause");
64         exit(0);
65        }
66
67      //將BMP檔案之檔頭資訊區資料,存入fptr2,共14個Byte
68      fwrite(bmp_header,sizeof(unsigned char),14,fptr2);
69
70      //讀取BMP檔案之圖像之起始位元組(單位為Byte),
71      //點陣圖所佔的磁碟空間,紀錄於點陣圖檔頭資訊區
72      //之Byte 10 ~ Byte 13
73      four_byte_hex_to_ten(bmp_header,&imagestartbyte,10,13);
74
75      //BMP檔案之圖像資訊區,所使用的空間大小(單位為Byte)
76      bmp_information_space=imagestartbyte-14;
77
78      //動態配置 bmp_information_space Byte的BMP檔案之圖像資訊區
79      bmp_information=(unsigned char *) malloc(
80                      sizeof(unsigned char)*bmp_information_space);
```

```
81
82    //再從BMP檔案讀取bmp_information_space個Bytes,
83    //存入bmp_information字元陣列
84    fread(bmp_information,sizeof(unsigned char) , bmp_information_space,fptr1);
85
86    //將BMP檔案之圖像資訊區資料,存入fptr2
87    //共bmp_information_space個Byte
88    fwrite(bmp_information,sizeof(unsigned char) , bmp_information_space,fptr2);
89
90    //取得BMP檔案之圖像寬度
91    //圖像的寬度紀錄於BMP檔案之圖像資訊區的第4~7Byte中
92    four_byte_hex_to_ten(bmp_information,&image_width,4,7);
93
94    //取得BMP檔案之圖像高度
95    //圖像的高度紀錄於BMP檔案之圖像資訊區的第8~11ByteByte中
96    four_byte_hex_to_ten(bmp_information,&image_height,8,11);
97
98    //設定BMP檔案之圖像的struct BGR 結構陣列大小
99    pixel_size=image_width*image_height;
100
101   bmppixel=(struct BGR *)malloc(sizeof(struct BGR)*pixel_size);
102
103   //取得BMP檔案之圖像陣列資料
104   fread(bmppixel,sizeof(struct BGR),pixel_size,fptr1);
105
106   //將原始圖案作左右相反
107   //對每個圖素(pixel)的位置,依照下列方式移動
108   //第i列第j行的圖素變成第i列第bmpwidth-(j+1)行的圖素,
109   //第i列第bmpwidth-(j+1)行的圖素變成第i列第j行的圖素
110   for (i=0;i<image_height;i++)       //高度代表列數
111     for (j=image_width-1;j>=0;j--) //寬度代表行數
112        fwrite(bmppixel+i*image_width+j,sizeof(struct BGR),1,fptr2);
113
114   fclose(fptr1);
115   fclose(fptr2);
116   printf("牡丹水庫_左右相反.bmp已製作完成.\n");
117   system("pause");
118
119   //開啟牡丹水庫_左右相反.bmp圖形檔
120   system("start 牡丹水庫_左右相反.bmp");
121   return 0;
122 }
123
124 //將4個Byte的十六進位資料(低位元組到高位元組)轉成十進位
125 void four_byte_hex_to_ten(unsigned char *section,int *size ,
126 int beginbyte,int endbyte)
127 {
128   int i,j;
129   int lowbit;   //每個Byte的第0~3bit
130   int highbit; //每個Byte的第4~7bit
131
```

```
132     //ex:假設01020304(十六進位)分別儲存於byte 2到byte 5
133     //即,01,02,03,04分別為 byte 2到byte 5的內容
134     //但其真正的值為 04030201(十六進位)=
135     //0*(16的7次方)+ 4*(16的7次方) + 0*(16的5次方)+
136     //3*(16的4次方)+ 0*(16的3次方) + 2*(16的2次方)+
137     //0*(16的1次方)+1
138
139     j=1;
140     *size=0;
141     for (i=beginbyte;i<=endbyte;i++)
142      {
143       //1個Byte長的數字以16進位表示,會有前4個Bit及後4個Bit
144       //所以 %16代表取出數字的0~3bit值
145       //      /16代表取出數字的4~7bit值
146       lowbit=section[i]%16;
147       highbit=section[i]/16;
148       *size=*size+(int)pow(16,2*j-1)*highbit+(int)pow(16,2*j-2)*lowbit;
149       j++;
150      }
151 }
```

執行結果

牡丹水庫_左右相反.bmp已製作完成.

☰ 範例 18

寫一程式,將牡丹水庫.bmp檔轉換成灰階,存入牡丹水庫_灰階.bmp。

```
1   #include <stdlib.h>
2   #include <stdio.h>
3
4   //定義每個像素(pixel)的三原色,藍(Blue),綠(Green),紅(Red)
5   //3(Byte)為每一個puxel的顏色深度,BGR各佔一個Byte
6   struct BGR
7    {
8     unsigned char B;
9     unsigned char G;
10    unsigned char R;
11   };
12
13  //紀錄BMP檔案之檔頭資訊區,共14個Bytes(Byte 0~Byte 13)
14  unsigned char bmp_header[14];
15
16  //紀錄BMP檔案之圖像資訊區,所使用的空間大小=
17  //(bmp_header[10]~bmp_header[13]的圖像起始位元組)-14
18  //14為點陣圖檔頭資訊區使用的空間大小
19  unsigned char  *bmp_information;
20
21  void four_byte_hex_to_ten(unsigned char *,int *,int ,int);
```

```
22
23 void ten_to_hex_four_byte(unsigned char * ,int ,int ,int);
24
25 int main(void)
26  {
27   FILE *fptr1,*fptr2;
28   int i,j;
29
30   //BMP檔案大小
31   int bmpfilesize;
32
33   //BMP檔案之圖像之起始位元組(單位為Byte)
34   int imagestartbyte;
35
36   //紀錄BMP檔案之圖像資訊區,所使用的空間大小
37   int bmp_information_space;
38
39   //BMP檔案之圖像的寬度、高度及圖像的大小
40   int image_width,image_height,image_size;
41
42   //宣告struct BGR點陣圖圖像結構,存取每個圖素的BGR三原色
43   struct BGR bmppixel;
44
45   //牡丹水庫_灰階.bmp檔案之圖像點(dot)
46   unsigned char grappixel;
47
48   int color_plate_num;
49   if((fptr1 = fopen("牡丹水庫.bmp", "rb")) == NULL)
50    {
51     printf("無法開啓牡丹水庫.bmp.\n");
52     system("pause");
53     exit(1);
54    }
55
56    if((fptr2 = fopen("牡丹水庫_灰階.bmp", "wb")) == NULL)
57    {
58     printf("建立牡丹水庫_灰階.bmp檔\n");
59     system("pause");
60     exit(1);
61    }
62   //從BMP檔案讀取14個Bytes,存入bmp_header字元陣列
63   fread(bmp_header,sizeof(unsigned char),14,fptr1);
64
65   //判別是否為BMP點陣圖
66   if (!(bmp_header[0]=='B' && bmp_header[1]=='M'))
67    {
68     printf("牡丹水庫.bmp不是BMP點陣圖.\n");
69     system("pause");
70     exit(0);
71    }
72
```

```
73      //BMP檔案大小(單位為Byte),紀錄於
74      //點陣圖檔頭資訊區之Byte 2 ~ Byte 5
75      four_byte_hex_to_ten(bmp_header,&bmpfilesize,2,5);
76
77      //如何計算 bmpfilesize(十六進位值)的十進位值
78      //ex:   01020304
79      //byte:  2 3 4 5 (Byte 2之值01是最低位元組)
80      //所以其真正的值為 04030201H=0*(16的7次方)+
81      //4*(16的6次方)+0*(16的5次方)+3*(16的4次方)+
82      //0*(16的3次方)+2*(16的2次方)+0*(16的1次方)+1
83
84      //讀取BMP檔案之圖像之起始位元組(單位為Byte),
85      //紀錄於點陣圖檔頭資訊區之Byte 10 ~ Byte 13
86      four_byte_hex_to_ten(bmp_header,&imagestartbyte,10,13);
87
88      //BMP檔案之圖像資訊區,所使用的空間大小(單位為Byte)
89      bmp_information_space=imagestartbyte-14;
90
91      //動態配置 bmp_information_space Byte的點陣圖圖像資訊區
92      bmp_information=(unsigned char *) malloc(
93              sizeof(unsigned char)*bmp_information_space);
94
95      //從BMP檔案讀取bmp_information_space個Byte,
96      //存入bmp_information字元陣列
97      fread(bmp_information,sizeof(unsigned char) , bmp_information_space,fptr1);
98
99      //取得BMP檔案之圖像寬度
100     //圖像的寬度紀錄於BMP檔案之圖像資訊區的第4~7Byte中
101     four_byte_hex_to_ten(bmp_information,&image_width,4,7);
102
103     //取得BMP檔案之圖像高度
104     //圖像的高度紀錄於BMP檔案之圖像資訊區的第8~11ByteByte中
105     four_byte_hex_to_ten(bmp_information,&image_height,8,11);
106
107     //取得bmp圖像資料大小
108     //圖像資料大小紀錄於BMP檔案之圖像資訊區的第20~23ByteByte中
109     four_byte_hex_to_ten(bmp_information,&image_size,20,23);
110
111     //設定牡丹水庫_灰階.bmp檔案大小
112     bmpfilesize=(bmpfilesize-imagestartbyte)+imagestartbyte+1024;
113
114     //將牡丹水庫_灰階.bmp檔案大小 轉成十六進位,存入
115     //bmp_header[2] ~ bmp_header[5]
116     ten_to_hex_four_byte(bmp_header,bmpfilesize,2,5);
117
118     //灰階圖必須要使用調色盤,
119     //新的圖像之起始位元組＝
120     //imagestartbyte+(2的(bmp_information[14])次方)*4
121     //                    (每個顏色以4Bytes的數值來表示)
122     //色彩深度=8,為灰階 , 色彩深度=24,為全彩
123     bmp_information[14]=8;
```

```
124
125   //牡丹水庫_灰階.bmp檔案之調色盤每個顏色佔用4個Byte
126   //1024=(2的8次方)(色)*4=256(色)*4
127   imagestartbyte=imagestartbyte+1024;
128
129   //將牡丹水庫_灰階.bmp檔案之圖像起始位元組轉成十六進位,
130   //存入bmp_header[10] ~ bmp_header[13]
131   ten_to_hex_four_byte(bmp_header,imagestartbyte,10,13);
132
133   //寫入牡丹水庫_灰階.bmp檔案之檔頭資訊區資料
134   fwrite(bmp_header,sizeof(unsigned char),14,fptr2);
135
136   //牡丹水庫_灰階.bmp檔案之圖像資料大小=
137   //全彩點陣圖圖像資料大小 / 3
138   //因 8(顏色深渡) = 24(顏色深渡) / 3
139   image_size=image_size/3;
140
141   //將牡丹水庫_灰階.bmp檔案之圖像資料大小轉成十六進位,存入
142   //bmp_information[20] ~ bmp_information[23]
143   ten_to_hex_four_byte(bmp_information,image_size,20,23);
144
145   //牡丹水庫_灰階.bmp檔案之調色盤顏色數目256
146   color_plate_num=256;
147
148   //將調色盤顏色數目256轉成十六進位,存入
149   //bmp_information[32] ~ bmp_information[35]
150   ten_to_hex_four_byte(bmp_information,color_plate_num,32,35);
151
152   //寫入牡丹水庫_灰階.bmp檔案之圖像資訊區資料
153   fwrite(bmp_information,sizeof(unsigned char) ,
154                     bmp_information_space,fptr2);
155
156   //寫入牡丹水庫_灰階.bmp檔案之調色盤
157   //設定256色灰階調色盤,每個顏色以4Bytes的數值
158   //來表示,依序為B,G,R及α(=0),分別代表
159   //藍、綠、紅及alpha(保留欄位)
160   //灰階其實是B,G及R的值都一樣的意思
161   for (i=0;i<256 ; i++)
162    {
163     //將bmppixel.B=i , bmppixel.G=i , bmppixel.R=i 及α=0
164     //合計4個Bytes寫入灰階BMP檔案中
165     fprintf(fptr2,"%c%c%c%c", i , i , i ,0);
166    }
167
168   //寫入牡丹水庫_灰階.bmp檔案之圖像資料
169   for (i=0;i<image_height;i++)    //高度代表列數
170     for (j=0;j<image_width;j++)   //寬度代表行數
171       {
172        //取得原始圖像陣列資料
173        fread(&bmppixel,sizeof(struct BGR),1,fptr1);
174
```

```
175          //將全彩圖像素點以BGR三原色的平均值轉成灰階圖像素點
176          grappixel=(bmppixel.B+bmppixel.G+bmppixel.R) / 3;
177
178          fprintf(fptr2,"%c",grappixel);
179        }
180
181  fclose(fptr1);
182  fclose(fptr2);
183  printf("牡丹水庫_灰階.bmp已製作完成\n");
184  system("pause");
185
186  //開啓牡丹水庫_灰階.bmp圖形檔
187  system("start 牡丹水庫_灰階.bmp");
188  return 0;
189 }
190
191 //將4個Byte的十六進位資料(低位元組到高位元組)轉成十進位
192 void four_byte_hex_to_ten(unsigned char *section,int *size ,
193                           int beginbyte,int endbyte)
194 {
195   int i,j;
196   int lowbit;   //每個Byte的第0~3bit
197   int highbit; //每個Byte的第4~7bit
198
199   //ex:假設01020304(十六進位)分別儲存於byte 2到byte 5
200   //即,01,02,03,04分別為 byte 2到byte 5的內容
201   //但其真正的值為 04030201(十六進位)=
202   //0*(16的7次方)+ 4*(16的7次方) + 0*(16的5次方)+
203   //3*(16的4次方)+ 0*(16的3次方) + 2*(16的2次方)+
204   //0*(16的1次方)+1
205
206   j=1;
207   *size=0;
208   for (i=beginbyte;i<=endbyte;i++)
209    {
210     //1個Byte長的數字以16進位表示,會有前4個Bit及後4個Bit
211     //所以 %16代表取出數字的0~3bit值
212     //      /16代表取出數字的4~7bit值
213     lowbit=section[i]%16;
214     highbit=section[i]/16;
215     *size=*size+(int)pow(16,2*j-1)*highbit+(int)pow(16,2*j-2)*lowbit;
216     j++;
217    }
218 }
219
220 //十進位資料轉成4個Byte的十六進位資料(低位元組到高位元組)
221 void ten_to_hex_four_byte(unsigned char *section,
222         int data,int beginbyte,int endbyte)
223 {
224  int i;
225  for (i=beginbyte;i<=endbyte;i++)
```

```
226   {
227    section[i]=data%256;
228    data=data/256;
229   }
230  }
```

執行結果

牡丹水庫_灰階.bmp已製作完成.

三 程式解說

　　調色盤主要的作用為紀錄圖像所使用的顏色。以 BMP 圖像為例，8 bits 灰階圖像，因其圖像之色彩深度為 8 bits(=1 Bytes) 無法表示 BGR 三原色，所以需要使用調色盤 (即，額外的記憶體) 來記錄所使用的顏色，且調色盤顏色數目為 256(=2^8)；而 24 bits 全彩圖像，因其圖像之色彩深度為 24 bits(=3 Bytes) 正好足以表示 BGR 三原色，不需額外的記憶體來記錄所使用的顏色，所以不必使用調色盤且調色盤顏色數目為 0。

　　調色盤中的每一種顏色佔用之記憶體空間都是 4 個 Bytes，每一種顏色存入記憶體時，從低位元組到高位元組依序為 B(藍)，G (綠)，R(紅) 及 α (alpha)，其中 α 值為 0，表示保留未使用。以 8 bit 灰階 BMP 圖像為例，其圖像顏色共有 256(=2^8) 種顏色，所以必須使用 1024(=256 x 4) 個 Bytes 才能完整紀錄圖像所使用的顏色。若 BMP 檔頭資訊區之 Byte 10 至 Byte 13 內容為 m，則調色盤存放的位置就從 Byte m 開始存放，且原來的 Byte 10 至 Byte 13 內容會變成 m+1024 且 BMP 檔圖像存放的位置就從 Byte (m+1024) 開始。

　　若一圖像只有明暗變化，而無色彩呈現 (即像素點上 B，G，R 的值都一樣及 α 值為 0 的意思)，則被稱為灰階圖像。

　　以下為設定 256 色灰階調色盤全部顏色的程式：

```
for (i=0;i<256 ; i++)
{
 //將bmppixel.B=i , bmppixel.G=i , bmppixel.R=i 及α=0
 //合計4個Bytes寫入灰階BMP檔案中
 fprintf(fptr2,"%c%c%c%c", i , i , i ,0);
}
```

　　計算一像素點 BGR 三原色之明暗度 (稱為灰度或灰階值)，常用的做法有下列兩種：

1. 取 BGR 三原色的平均值：$(B + G + R) / 3$。

2. 取 BGR 三原色的加權平均：$B_w \times B + G_w \times G + R_w \times R$。

其中 B_w，G_w 及 R_w 分別為 B，G 及 R 的權重值且 $B_w + G_w + R_w = 1$，可隨個人之眼睛構造對色彩明亮度感受度不同而有所調整。

以下為將全彩圖像轉成 256 色灰階圖像的程式：

```
for (i=0;i<image_height;i++)      //高度代表列數
  for (j=0;j<image_width;j++)        //寬度代表行數
   {
    //取得原始圖像陣列資料
    fread(&bmppixel,sizeof(struct BGR),1,fptr1);

    //將全彩圖像素點以BGR三原色的平均值轉成灰階圖像素點
    grappixel=(bmppixel.B +bmppixel.G+bmppixel.R)/3 ;

    fprintf(fptr2,"%c",grappixel);
   }
```

14-5　顯示檔案處理出現錯誤的原因

當資料寫入檔案或從檔案中讀取資料，難免會發生一些意想不到的狀況（例：開啟一個不存在的檔案，或磁碟損壞，或磁碟空間不足），則可以使用 C 語言所提供的 ferror( ) 及 perror( ) 函式，顯示錯誤原因。

1. 判斷處理檔案時是否出現錯誤函式 ferror( )

函式名稱	ferror( )
函式原型	int ferror(FILE *fptr);
功能	判斷處理檔案時，是否出現錯誤。
傳回	1. 若處理檔案出現錯誤，則傳回非0數值。 2. 若處理檔案沒出現錯誤，則傳回0數值。
原型宣告所在的標頭檔	stdio.h

≡ 說明

1. ferror( )函式被呼叫時，需傳入參數（fptr），代表資料串流之檔案指標。

2. 參數（fptr）的資料型態為 FILE *，表示必須使用檔案指標。

3. 例：在檔案開啟指令敘述後，對檔案進行讀取或寫入資料後，可以使用 ferror(fptr) 判斷是否出現錯誤；若出現錯誤，則可以使用 perror( )函式顯示系統所產生的錯誤信息。

2. 顯示系統錯誤信息函式 perror( )

函式名稱	perror( )
函式原型	void perror(const char *string);
功能	顯示string的內容:系統所產生的錯誤信息。
傳回	無
原型宣告所在的標頭檔	stdio.h

≡ 說明

1. perror ( )函式被呼叫時，需傳入參數（string），參數（string）的資料型態為 const char *，表示 string 為字串常數。[進階用法]string 也可為字元陣列變數或字元指標變數。

2. 例：開啟一個不存在的檔案時，則 perror(" 錯誤原因 "); 指令敘述會顯示 " 錯誤原因 : no such file or directory"。

≡ **範例 19**

寫一程式，開啟 test.txt，並將檔案中的資料顯示在螢幕中。若有錯誤，請將錯誤訊息顯示在螢幕中。

```
1   #include <stdio.h>
2   #include <stdlib.h>
3   int main(void)
4   {
5     FILE *fptr;
6     char string[81];
7     fptr = fopen("test.txt","r");
8     if (fptr == NULL)
9      {
10      perror("開檔錯誤之原因");
11      system("PAUSE");
```

```
12      exit(1);
13      }
14    while (!feof(fptr))
15      {
16      fgets(string,81,fptr);
17      printf("%s",string);
18      if (ferror(fptr)) //讀取錯誤時
19        perror("讀取資料錯誤之原因");
20      }
21    printf("\n");
22    if (fclose(fptr)==-1)
23      {
24      printf("檔案無法關閉!\n");
25      exit(1);
26      }
27    system("PAUSE");
28    return 0;
29  }
```

14-6　進階範例

≣範例 20

寫一程式，使用 fwrite( ) 函式，將以下資料以二進位方式寫入 daily_expense.bin 檔案中。

1010917 cocola 20

1010917 salt 30

1010918 clothes 250

1010919 gasoline 600

1010919 rent 4000

1010921 book 1200

```
1   #include <stdio.h>
2   #include <stdlib.h>
3   int main(void)
4   {
5     FILE *fptr;
6
7     //定義daily_expense結構資料型態
8     struct daily_expense
9       {
10      char date[8];//日期
11      char item[9];//項目
12      int money;   //金額
```

```
13      };
14
15      //宣告day為struct daily_expense結構變數
16      struct daily_expense day;
17
18      int i;
19
20      //以二進位寫入的方式,
21      //開啓目前資料夾下的daily_expense.bin
22      fptr = fopen("daily_expense.bin","wb");
23
24       //若fptr指標指向空的, 代表檔案開啓失敗
25       if (fptr == NULL)
26        {
27         printf("開啓檔案失敗!\n");
28         exit(1) ;
29        }
30
31       for(i=0;i<6;i++)
32        {
33         printf("輸入第%d筆資料:\n",i+1);
34         printf("消費日期 消費項目 消費金額:");
35         scanf("%s %s %d",day.date,day.item,&day.money);
36
37         //一次寫入1筆daily_expense結構資料到.
38         //fptr所指向的檔案
39         fwrite(&day,sizeof(struct daily_expense),1,fptr);
40        }
41
42       printf("\n");
43
44       //關閉檔案,若fclose(fptr)=-1,代表檔案無法關閉
45       if (fclose(fptr)==-1)
46        {
47         printf("檔案無法關閉!\n");
48         exit(1);
49        }
50
51       system("PAUSE");
52       return 0;
53   }
```

執行結果

```
輸入第1筆資料:
消費日期 消費項目 消費金額:1010917 cocola 20
輸入第2筆資料:
消費日期 消費項目 消費金額:1010917 salt 30
輸入第3筆資料:
消費日期 消費項目 消費金額:1010918 clothes 250
輸入第4筆資料:
```

消費日期　消費項目　消費金額:1010919 gasoline 600
輸入第5筆資料:
消費日期　消費項目　消費金額:1010919 rent 4000
輸入第6筆資料:
消費日期　消費項目　消費金額:1010921 book 1200

≡**範例 21**

（承上題）寫一程式，使用 fread( ) 函式，將 daily_expense.bin 檔案內所花費的金額累計輸出。

```
1   #include <stdio.h>
2   #include <stdlib.h>
3   int main(void)
4   {
5     FILE *fptr;
6
7     //定義daily_expense結構資料型態
8     struct daily_expense
9       {
10      char date[8]; //消費日期
11      char item[9]; //消費項目
12      int money;    //消費金額
13      };
14
15    //宣告day為struct daily_expense結構變數
16    struct daily_expense day;
17
18    int total=0;
19
20    //以二進位讀取的方式
21    //開啓資料夾下的daily_expense.bin
22    fptr = fopen("daily_expense.bin","rb");
23
24    //若fptr指標指向空的, 代表檔案開啓失敗
25    if (fptr == NULL)
26      {
27        printf("開啓檔案失敗!\n");
28        exit(1) ;
29      }
30
31   printf("消費日期 項目      金額\n");
32   while (!feof(fptr)) //檔案指標不在檔尾
33    {
34     //一次讀取1筆daily_expense結構型態的資料
35     //並存入daily結構變數
36     if (fread(&day,sizeof(struct daily_expense),1,fptr)==1)
37      {
38
```

```
39      printf("%s\t %s\t %5d\n", day.date,day.item,day.money);
40      total=total+day.money;
41     }
42    }
43  printf("花費的金額累計:%d\n", total);
44
45  //關閉檔案,若fclose(fptr)=-1,代表檔案無法關閉
46  if (fclose(fptr)==-1)
47    {
48     printf("檔案無法關閉!\n");
49     exit(1);
50    }
51   system("PAUSE");
52   return 0;
53 }
```

執行結果

```
消費日期 項目        金額
1010917 cocola      20
1010917 salt        30
1010918 clothes    250
1010919 gas        600
1010919 rent      4000
1010921 book      1200
花費的金額累計:6100
```

≡範例 22

（承上題）寫一程式，使用 fread( ) 函式，將 daily_expense.bin 檔案內日期為 1010919 的花費金額累計輸出。

```
1  #include <stdio.h>
2  #include <stdlib.h>
3  int main(void)
4   {
5   FILE *fptr;
6
7   //定義daily_expense結構資料型態
8   struct daily_expense
9    {
10    char date[8];//日期
11    char item[9];//項目
12    int money;    //金額
13    };
14
15   //宣告day為struct daily_expense結構變數
16   struct daily_expense day;
17
```

```
18     int total=0;
19
20     //以二進位讀取的方式,開啓資料夾下的daily_expense.bin
21
22     fptr = fopen("daily_expense.bin","rb");
23
24     //若fptr指標指向空的, 代表檔案開啓失敗
25     if (fptr == NULL)
26      {
27       printf("開啓檔案失敗!\n");
28       exit(1) ;
29      }
30     printf("消費日期 消費項目 消費金額\n");
31     while (!feof(fptr)) //檔案指標不在檔尾
32      {
33       //一次讀取1筆daily_expense結構型態的資料
34       //並存入daily結構變數
35       if (fread(&day,sizeof(struct daily_expense),1,fptr)==1)
36        {
37         printf("%s %s %d\n",day.date,day.item,day.money);
38         if (strcmp(day.date,"1010919")==0)
39           total=total+day.money;
40        }
41     }
42     printf("1010919花費的金額累計:%d\n", total);
43
44     //關閉檔案,若fclose(fptr)=-1,代表檔案無法關閉
45     if (fclose(fptr)==-1)
46      {
47       printf("檔案無法關閉!\n");
48       exit(1);
49      }
50     system("PAUSE");
51     return 0;
52    }
```

執行結果

```
消費日期 消費金額
1010919 600
1010919 4000
1010919花費的金額累計:4600
```

≣範例 23

寫一程式,將親朋好友的通訊錄記錄於檔案中,並可做新增、查詢、修改及刪除等功能操作。通訊錄的欄位結構如下:

姓名 關係 電話 地址

```
1   #include <stdio.h>
2   #include <stdlib.h>
3   #include <string.h>
4   #include <ctype.h>
5   int i,j;
6
7   //定義通訊錄的結構型態
8   struct phone_book
9    {
10    char name[9];       //姓名
11    char relation[9]; //關係
12    char phone[11];    //電話
13    char address[43]; //地址
14    };
15
16  void addition(void);
17  void search(int);
18  FILE *fptr;
19
20  int main(void)
21   {
22    int function;//功能選項
23    while (function)
24     {
25       printf("\t親朋好友的通訊錄\n\n");
26       printf("1.新增 2.查詢 3.修改 4.刪除 0.結束:");
27       if (scanf("%d",&function)!=1)
28        {
29         printf("輸入錯誤,重新輸入!\a\n\n");
30         fflush(stdin);//清除殘留在鍵盤緩衝區內之資料
31         continue;
32        }
33       if (!(function>=0 && function<=4))
34        {
35         printf("無%d之選項,重新輸入!\a\n\n",function);
36         continue;
37        }
38
39       fflush(stdin);//清除殘留在鍵盤緩衝區內之資料
40       switch (function)
41        {
42        case 1:
43           addition();
44           break;
```

```
45          case 2:
46             search(2);
47             break;
48          case 3:
49             search(3);
50             break;
51          case 4:
52             search(4);
53       }
54    }
55
56   system("pause");
57   return 0;
58 }
59
60 void addition(void)
61 {
62   //宣告通訊錄的結構變數who
63   struct phone_book who;
64
65   //以新增的方式，開啓二進位檔phone_book.bin
66   fptr=fopen("phone_book.bin","ab");
67
68   //若fptr指標指向空的, 代表檔案開啓失敗
69   if (fptr == NULL)
70    {
71     printf("開啓檔案失敗!\n");
72     exit(1) ;
73    }
74
75   printf("\n輸入姓名欄位資料:");
76   gets(who.name);
77   printf("輸入關係欄位資料:");
78   gets(who.relation);
79   printf("輸入電話欄位資料:");
80   gets(who.phone);
81   printf("輸入地址欄位資料:");
82   gets(who.address);
83
84   //一次寫入1筆phone_book結構資料到fptr所指向的檔案
85   fwrite(&who,sizeof(struct phone_book),1,fptr);
86
87   //關閉檔案,若fclose(fptr)=-1,代表檔案無法關閉
88   if (fclose(fptr)==-1)
89    {
90     printf("檔案無法關閉!\n");
91     exit(1);
92    }
93   printf("%s的通訊錄資料已寫入完成.\n\n",who.name);
94 }
95
```

```
96 void search(int item)
97 {
98   //宣告通訊錄的結構變數record及backup
99   struct phone_book record,backup;
100  char who[9]; //要查詢之姓名資料
101  int found;//0:沒找到   1:找到
102
103  //以可讀寫的方式,開啓二進位檔 phone_book.bin
104  fptr=fopen("phone_book.bin","r+b");
105
106  //若fptr指標指向空的, 代表檔案開啓失敗
107  if (fptr == NULL)
108   {
109    printf("開啓檔案失敗!\n");
110    exit(1) ;
111   }
112
113  if (item==2)   //選查詢
114    printf("\n輸入要查詢通訊錄資料之姓名:");
115  else if (item==3) //選修改
116    printf("\n輸入要修改通訊錄資料之姓名:");
117  else              //選刪除
118    printf("\n輸入要刪除通訊錄資料之姓名:");
119  gets(who);
120
121  found=0;
122  while (!feof(fptr))
123   {
124    //讀取長度為sizeof(struct phone_book)的結構資料
125    fread(&record,sizeof(struct phone_book),1,fptr);
126
127     //游標不在檔尾且找到資料
128    if (!feof(fptr) && stricmp(who,record.name)==0)
129     {
130      printf("姓名:%s\n",record.name);
131      printf("關係:%s\n",record.relation);
132      printf("電話:%s\n",record.phone);
133      printf("地址:%s\n\n",record.address);
134      found=1;
135      break;
136     }
137   }
138  if (found==0)
139    printf("\n沒找到%s的通訊錄資料\a\n\n",who);
140  else
141   {
142    //游標位置移到目前找到的這筆通訊錄資料的起始位置
143    fseek(fptr,-1*sizeof(struct phone_book),SEEK_CUR);
144
145    switch (item)
146     {
```

```
147        case 3:
148          printf("要修改此筆通訊錄資料嗎?(Y/N)");
149          if (toupper(getche())=='Y')
150            {
151            //目前找到的這筆通訊錄資料備份到temp
152            backup=record;
153
154            printf("\n輸入新的姓名欄位資料(不想修改直接按Enter):");
155            gets(record.name);
156            if (strlen(record.name)==0)
157               strcpy(record.name,backup.name);
158
159            printf("輸入新的關係欄位資料(不想修改直接按Enter):");
160            gets(record.relation);
161            if (strlen(record.relation)==0)
162               strcpy(record.relation,backup.relation);
163
164            printf("輸入新的電話欄位資料(不想修改直接按Enter):");
165            gets(record.phone);
166            if (strlen(record.phone)==0)
167               strcpy(record.phone,backup.phone);
168
169            printf("輸入新的地址欄位資料(不想修改直接按Enter):");
170            gets(record.address);
171            if (strlen(record.address)==0)
172               strcpy(record.address,backup.address);
173
174            //一次寫入1筆phone_book結構資料到fptr所指向的檔案
175            fwrite(&record,sizeof(struct phone_book),1,fptr);
176            printf("\a%s通訊錄資料已修改完成.\n\n",record.name);
177
178            }
179          break;
180        case 4:
181          printf("要刪除此筆通訊錄資料嗎?(Y/N)");
182          if (toupper(getche())=='Y')
183            {
184            //將此筆通訊錄資料內容設定成空的
185            strcpy(record.name,"");
186            strcpy(record.relation,"");
187            strcpy(record.phone,"");
188            strcpy(record.address,"");
189            fwrite(&record,sizeof(struct phone_book),1,fptr);
190            printf("\a\n通訊錄資料已刪除完成.\n\n");
191            }
192     }
193   }
194
195 //關閉檔案,若fclose(fptr)=-1,代表檔案無法關閉
196 if (fclose(fptr)==-1)
197   {
```

```
198      printf("檔案無法關閉!\n");
199      exit(1);
200    }
201 }
```

執行結果

親朋好友的通訊錄

新增 2.查詢 3.修改 4.刪除 0.結束:1

輸入姓名欄位資料:小遲
輸入關係欄位資料:朋友
輸入電話欄位資料:0958581x8
輸入地址欄位資料:台北市中山區
小遲的通訊錄資料已寫入完成.

☰範例 24

寫一程式,開啓大學聯考考生姓名資料檔.txt(內容自行輸入或到網路搜尋),分別輸出名字相同最多的男生與女生之名字。

```
1  #include <stdio.h>
2  #include <stdlib.h>
3  FILE *fptr;
4
5  //定義student(考生性別及姓名)的結構資料型態
6  struct student
7   {
8    char sex;
9    char name[7];
10  };
11
12 void find_name(int , int);
13 int main(void)
14  {
15   //宣告enroll為student結構變數
16   struct student enroll; //錄取的學生
17
18   int boy=0,girl=0; //男生,女生人數
19
20   //開啓資料夾下的大學聯考考生姓名資料檔.txt
21   fptr = fopen("大學聯考考生姓名資料檔.txt","r");
22
23   //若fptr指標指向空的, 代表檔案開啓失敗
24   if (fptr == NULL)
25    {
26     printf("開啓檔案失敗!\n");
27     exit(1) ;
```

```
28       }
29
30    while (!feof(fptr)) //檔案指標不在檔尾
31      {
32       //一次讀取1筆student結構型態的資料
33       //並存入enroll結構變數
34       fscanf(fptr,"%c %s ",&enroll.sex,enroll.name);
35       if (enroll.sex=='1')
36         boy++;
37       else
38         girl++;
39      }
40    rewind(fptr);
41    find_name(boy,girl);
42
43    //關閉檔案,若fclose(fptr)=-1,代表檔案無法關閉
44    if (fclose(fptr)==-1)
45      {
46       printf("檔案無法關閉!\n");
47       exit(1);
48      }
49    system("PAUSE");
50    return 0;
51  }
52
53 void find_name(int boy,int girl)
54  {
55     int i;
56
57     //定義student_firstname(名字及人數)的結構資料型態
58     struct student_firstname
59      {
60       char name[5];
61       int number;
62      };
63
64     //動態宣告一維陣列結構變數,記錄最多的男生,女生的名字及人數
65     struct student_firstname *boylist=(struct student_firstname *)
66                          calloc(boy , sizeof(struct student_firstname));
67     struct student_firstname *girllist=(struct student_firstname *)
68                          calloc(girl , sizeof(struct student_firstname));
69
70     struct student enroll;
71     int boy_num=0,girl_num=0;
72     char temp[5];
73
74     //人數最多的男生及女生名字
75     char boy_most_name[5],girl_most_name[5];
76
77     //最多的男生及女生人數
78     int boy_most_number,girl_most_number;
```

```
79
80      while (!feof(fptr)) //檔案指標不在檔尾
81       {
82        //一次讀取1筆student結構型態的資料
83        //並存入enroll結構變數
84        fscanf(fptr,"%c %s ",&enroll.sex,enroll.name);
85        if (enroll.sex=='1')
86         {
87          strcpy(boylist[boy_num].name,strcpy(temp,enroll.name+2));
88          if (boy_num==0)
89            boylist[boy_num].number++;
90          else
91           {
92            for (i=boy_num-1;i>=0;i--)
93              if (strcmp(boylist[boy_num].name,boylist[i].name)==0)
94                break;
95            if (i>=0)
96              boylist[boy_num].number=boylist[i].number+1;
97            else
98              boylist[boy_num].number++;
99           }
100         boy_num++;
101        }
102       else
103        {
104         strcpy(girllist[girl_num].name,strcpy(temp,enroll.name+2));
105         if (girl_num==0)
106           girllist[girl_num].number++;
107         else
108          {
109           for (i=girl_num-1;i>=0;i--)
110             if (strcmp(girllist[girl_num].name,girllist[i].name)==0)
111               break;
112           if (i>=0)
113             girllist[girl_num].number=girllist[i].number+1;
114           else
115             girllist[girl_num].number++;
116          }
117         girl_num++;
118        }
119      }
120
121   boy_most_number=boylist[0].number;
122   for (i=1;i<boy;i++)
123     if (boy_most_number<=boylist[i].number)
124      {
125       boy_most_number=boylist[i].number;
126       strcpy(boy_most_name,boylist[i].name);
127      }
128   printf("人數最多的男生為%s,共有%d個.\n",boy_most_name,boy_most_number);
129
```

```
130    girl_most_number=girllist[0].number;
131    for (i=1;i<girl;i++)
132      if (girl_most_number<=girllist[i].number)
133        {
134          girl_most_number=girllist[i].number;
135          strcpy(girl_most_name,girllist[i].name);
136        }
137    printf("人數最多的女生為%s,共有%d個.\n",girl_most_name,girl_most_number);
138  }
```

執行結果

人數最多的男生為子豪,共有5個.
人數最多的女生為明珠,共有3個.

14-7 自我練習

1. （模擬檔案拷貝）寫一程式，輸入一檔案名稱（.txt），並以fgets( )函式讀取其內容，並以fputs( )函式將資料寫入backupfile.txt中。

2. 寫一程式，使用 fprintf( ) 函式，將以下資料寫入 daily_expense.txt。

1010917	cocola	20
1010917	salt	15
1010918	clothes	250
1010919	gasoline	600
1010919	rent	4000
1010921	book	1200

3. （承上題）寫一程式，使用 fscanf( ) 函式，將 daily_expense.txt 內所花費的金額累計輸出。

4. （承上題）寫一程式，使用 fscanf( ) 函式，將 daily_expense.txt 內日期為 1010919 的花費金額累計輸出。

5. （承上題）寫一程式，使用 fgets( ) 函式，將 daily_expense.txt 內日期為 1010919 的花費金額累計輸出。

6. 寫一程式，開啟一個 .bmp 檔，然後將原圖上下顛倒左右相反的圖案，加入同名的 .bmp 檔的尾端。

國家圖書館出版品預行編目資料

程式設計與生活：使用 C 語言/邏輯林編著. --
五版. -- 新北市：全華圖書股份有限公司,
2021.10
　面；　公分
ISBN 978-986-503-867-0(平裝附光碟片)

1.C(電腦程式語言)

312.32C　　　　　　　　　110014319

程式設計與生活－使用 C 語言（第五版）
(附範例光碟)

作者 / 邏輯林

發行人 / 陳本源

執行編輯 / 王詩蕙

封面設計 / 戴巧耘

出版者 / 全華圖書股份有限公司

郵政帳號 / 0100836-1 號

印刷者 / 宏懋打字印刷股份有限公司

圖書編號 / 06206047

五版三刷 / 2023 年 10 月

定價 / 新台幣 520 元

ISBN / 978-986-503-867-0　 (平裝附光碟片)

全華圖書 / www.chwa.com.tw

全華網路書店 Open Tech / www.opentech.com.tw

若您對書籍內容、排版印刷有任何問題，歡迎來信指導 book@chwa.com.tw

臺北總公司(北區營業處)
地址：23671 新北市土城區忠義路 21 號
電話：(02) 2262-5666
傳真：(02) 6637-3695、6637-3696

南區營業處
地址：80769 高雄市三民區應安街 12 號
電話：(07) 381-1377
傳真：(07) 862-5562

中區營業處
地址：40256 臺中市南區樹義一巷 26 號
電話：(04) 2261-8485
傳真：(04) 3600-9806(高中職)
　　　(04) 3601-8600(大專)

歡迎加入 全華會員

● 會員獨享

會員享購書折扣、紅利積點、生日禮金、不定期優惠活動…等。

● 如何加入會員

掃 QRcode 或填妥讀者回函卡直接傳真 (02) 2262-0900 或寄回，將由專人協助登入會員資料，待收到 E-MAIL 通知後即可成為會員。

如何購買 全華書籍

1. 網路購書

全華網路書店「http://www.opentech.com.tw」，加入會員購書更便利，並享有紅利積點回饋等各式優惠。

2. 實體門市

歡迎至全華門市（新北市土城區忠義路 21 號）或各大書局選購。

3. 來電訂購

(1) 訂購專線：(02) 2262-5666 轉 321-324
(2) 傳真專線：(02) 6637-3696
(3) 郵局劃撥（帳號：0100836-1　戶名：全華圖書股份有限公司）
※ 購書未滿 990 元者，酌收運費 80 元。

OpenTech 全華網路書店.com.tw

全華網路書店 www.opentech.com.tw
E-mail: service@chwa.com.tw

※ 本會員制如有變更則以最新修訂制度為準，造成不便請見諒。